普通高等院校计算机基础教育“十三五”规划教材

大学计算机实验教程

文海英　王凤梅　李中文　主　编
肖辉军　宋　梅　戴振华　胡美新　副主编
刘倩兰　李艳芳　郭美珍

中国铁道出版社有限公司
CHINA RAILWAY PUBLISHING HOUSE CO., LTD.

内 容 简 介

本书是《大学计算机（微课）》（中国铁道出版社有限公司，文海英、李艳芳、郭美珍主编）一书的配套实验指导用书，设计了与课堂教学相配合的相关实验，包括预备实验、Windows 7 操作系统实验、Word 2010 文字处理软件实验、Excel 2010 电子表格处理软件实验、PowerPoint 2010 演示文稿制作软件实验、Access 2010 应用技术实验及计算机网络基础与应用实验。

本书适合作为高等院校计算机基础课程的配套教材，也可作为全国计算机等级考试二级 MS Office 的自学参考书及普通读者提高办公自动化应用能力的参考书。

图书在版编目（CIP）数据

大学计算机实验教程/文海英，王凤梅，李中文主编. —北京：中国铁道出版社有限公司，2019.8
普通高等院校计算机基础教育“十三五”规划教材
ISBN 978-7-113-25906-8

Ⅰ.①大… Ⅱ.①文… ②王…③李… Ⅲ.①电子计算机-高等学校-教材 Ⅳ.①TP3

中国版本图书馆 CIP 数据核字（2019）第 169692 号

书　　名：大学计算机实验教程
作　　者： 文海英　王凤梅　李中文

策　　划： 韩从付　　　　**编辑部电话：** 010-63589185 转 2003
责任编辑： 刘丽丽　冯彩茹
封面设计： 刘　颖
责任校对： 张玉华
责任印制： 郭向伟

出版发行： 中国铁道出版社有限公司（100054，北京市西城区右安门西街 8 号）
网　　址： http://www.tdpress.com/51eds/
印　　刷： 三河市兴博印务有限公司
版　　次： 2019 年 8 月第 1 版　2019 年 8 月第 1 次印刷
开　　本： 787 mm×1 092 mm　1/16　**印张：** 12.5　**字数：** 274 千
书　　号： ISBN 978-7-113-25906-8
定　　价： 32.00 元

前　言

计算机技术是当今发展最为迅速的新兴学科，掌握计算机基础知识，熟悉计算机应用技能，是21世纪人才必须具备的基本素质。Microsoft Office办公软件的Word具有强大的文字处理能力，Excel具有丰富的电子表格制作及数据分析处理能力，PowerPoint具有方便的演示文稿制作和演示功能，Access具有完善的数据库管理功能，它们已被广泛用于行政、财务、教学、金融等众多领域。因此，掌握计算机基础知识，熟练使用计算机技术进行信息处理是当代大学生必备的素质和能力。

计算机基础课程有其自身的特点，有着极强的实践性，学习它很重要的一点就是要通过上机实践加深对基本操作和基本技能的理解和掌握。本书是《大学计算机（微课）》（中国铁道出版社有限公司，文海英、李艳芳、郭美珍主编）一书的配套实验教程，与课堂教学内容相对应，是对主教材的有益补充，能帮助学习者掌握各种软件的基本功能及操作方法，提高应用能力。

本书的一大特色是每个实验都有相应的案例，学生结合实验任务，通过上机操作，可自主完成实验任务。另一个特色是内容循序渐进、由浅入深、难度适中。本书充分考虑了教学安排与学生的接受能力，对于基础薄弱的读者，可通过基础操作及案例进行学习；对于有一定基础的读者，可通过高级应用技术的案例及实验任务进行学习。

全书共分7章，第1章为预备实验，主要介绍计算机硬件的组装及设置，Windows 7操作系统的安装、启动与关闭，学习上网与下载资料，学习收发电子邮件等，使初学者对计算机有初步的认识，为后面内容的学习打好基础。第2章为Windows 7操作系统实验，主要介绍Windows 7操作系统基本操作和文件与文件夹管理的基本方法等，使读者能熟练运用操作系统管理计算机的软、硬件资源。第3章为Word 2010文字处理软件实验，主要介绍利用Word 2010的基本操作，并以毕业论文的编辑排版为例，循序渐进地介绍Word 2010的高级应用技术。第4章为Excel 2010电子表格处理软件实验，主要介绍利用Excel 2010的基本操作、公式和函数、数据管理以及图表进行数据分析等，使读者能熟练运用Excel基本操作和高级应用技术制作电子表格、进行数据分析与数据处理。第5章为PowerPoint 2010演示文稿制作软件实验，主要介绍演示文稿的外观设置、内容编辑及放映设置的基本方法和应用技巧，并以毕业论文答辩演示文稿为例，循序渐进地介绍利用PowerPoint 2010的设计、制作、美化、放映及保护输出演示文稿的高级应用技术和技巧。第6章为Access 2010数据库应用技术实验，主要介绍Access数据库的基本操作、数据查询及建立报表等功能。第7章为计算机网络基础及应用实验，主要介绍Internet的使用、局域网的组建等，使读者能了解和使用计算机网络。

学习本书大约需要 24 学时。本书旨在培养读者应用计算机分析问题、解决问题的能力，融知识、思维与操作于一体，体现了“计算思维”的理念，适用于高等院校非计算机专业的学生使用，也可作为全国计算机等级考试二级 MS Office 的参考书及普通读者提高计算机应用能力和办公自动化应用能力的参考书。

本书由文海英、王凤梅、李中文任主编，肖辉军、宋梅、戴振华、胡美新、刘倩兰、李艳芳、郭美珍任副主编。其中，第 1 章由胡美新、郭美珍编写，第 2 章由刘倩兰编写，第 3 章由王凤梅和李中文编写，第 4 章由李艳芳和宋梅编写，第 5 章由文海英编写，第 6 章由戴振华编写，第 7 章由肖辉军编写。全书由文海英统稿。在本书的编写过程中，得到了尹向东教授、陈泽顺副教授、李小武副教授的大力支持，在此由衷地向他们表示感谢！此外，本书的编写还参考了大量的文献资料，在此也向这些文献资料的作者表示深深的谢意。

由于编者水平有限，书中难免存在疏漏和不足之处，欢迎读者对本书提出宝贵意见和建议。读者如果遇到问题，敬请与我们联系，电子邮箱：512000487@qq.com，我们将全力提供帮助。

编　者

2019 年 7 月

目 录

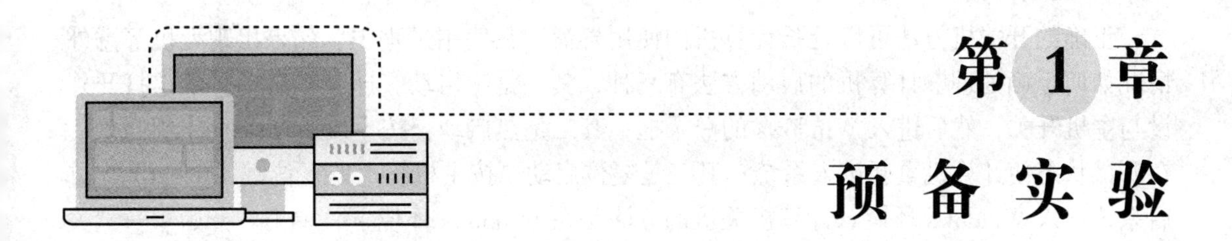

第 1 章 预备实验

电子计算机是一种能高速、精确处理信息的现代化电子设备，是 20 世纪最伟大的发明之一。伴随计算机技术和网络技术的飞速发展，计算机已渗透到社会的各个领域，对人类社会的发展产生了极其深远的影响。

实验 1-1 微机系统的硬件连接与设置

一、实验目的

（1）熟悉微型计算机系统的基本硬件组成结构。

（2）掌握最基本的计算机的外部线路连接方法。

（3）掌握显示器和主机箱的基本操作。

（4）了解普通计算机的组装过程。

（5）熟悉计算机的开机、关机方法。

（6）了解 BIOS 中的常用设置方法及过程。

二、实验示例

1. 计算机的硬件

计算机的硬件是计算机赖以工作的实体，是指计算机中看得见、摸得着的一些实体设备，从微机外观上看，主要由主机、显示器、鼠标和键盘等部分组成。其中主机背面有许多插孔和接口，用于接通电源，连接键盘、鼠标、打印机、扬声器等外设，而主机箱内包括 CPU、主板、内存、硬盘、各种数据线等硬件。

2. 注意事项

（1）对计算机各个硬件部件要轻拿轻放，不要碰撞。安装主板要稳固，防止主板变形及对主板上的电子线路造成永久性损伤，在安装过程中一定要采用正确的安装方法。

（2）防止液体进入计算机内部，特别是计算机内部的板卡上。

（3）防止人体所带静电对电子器件造成损伤，在组装硬件前，先消除身上的静电，在拆装过程中，由于不断的摩擦也会产生静电，所以隔一段时间要释放身上的静电，比如摸一摸自来水管或洗手等。

3．正确开机、关机

正确的开关机方法可以延长计算机的使用寿命。在使用过程中，如果出现死机等意外情况如何正确处理？计算机的启动方法有三种，其一是冷启动，即开机启动，依次打开外设与主机开关，然后进入 Windows 的登录框；其二是热启动，按【Ctrl+Alt+Del】组合键，在开机状态使计算机重新进入系统；其三是复位启动，按主机箱上的复位键（Reset），重启系统进入 Windows 环境。计算机关机的方法是在 Windows 环境下，单击"开始"→"关机"命令。

【例 1-1】了解计算机主要组成部件。

（1）熟悉计算机硬件的外观组成。在关机状态下，了解台式计算机的主要组成部件，如图 1-1 和表 1-1 所示。

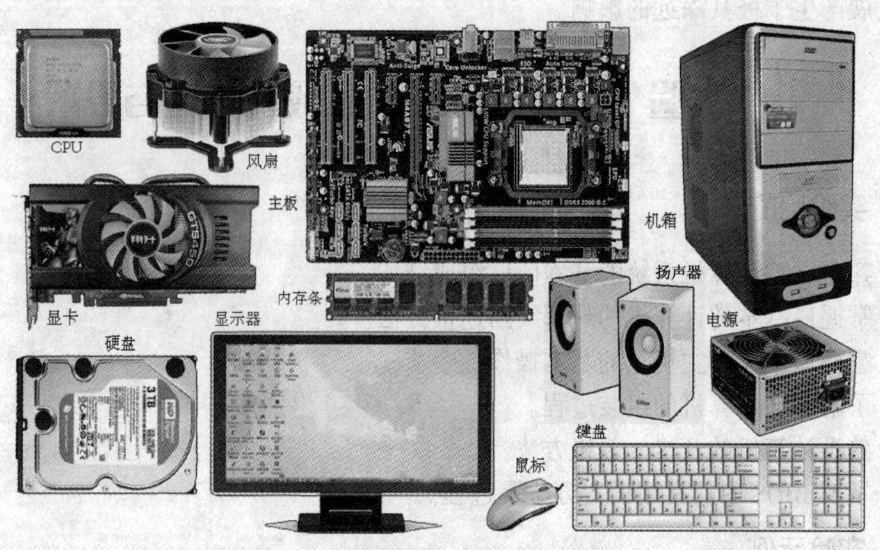

图 1-1　台式计算机主要组成部件示意图

表 1-1　台式计算机主要部件一览表

序号	部件名称	数量	说　明	序号	部件名称	数量	说　明
1	CPU	1	必配	9	电源	1	必配
2	CPU 散热风扇	1	必配	10	机箱	1	必配
3	主板	1	必配	11	键盘	1	必配
4	内存条	1	必配	12	鼠标	1	必配
5	显卡	1	必配	13	扬声器	1 对	选配
6	显示器	1	必配	14	传声器	1	选配
7	硬盘	1	必配	15	ADSL Modem	1	选配
8	光驱	1	选配	16	外接电源盒	1	必配

（2）了解显示器和主机箱的基本操作。

① 显示器。观察所用显示器的尺寸大小、屏幕电源开关的位置及控制屏幕属性（亮度、对比度、色彩、水平相位、垂直相位、宽度、消磁、大小等）按钮的操作方法。

② 主机箱。计算机的所有外围设备都与主机箱相连接，主机箱有立式机箱与卧式机箱之分。认识主机箱前面板上的主机开关、复位键开关、光盘驱动器、电源指示灯及前面板附带的音频插口和 USB 接口，如图 1-2 所示。

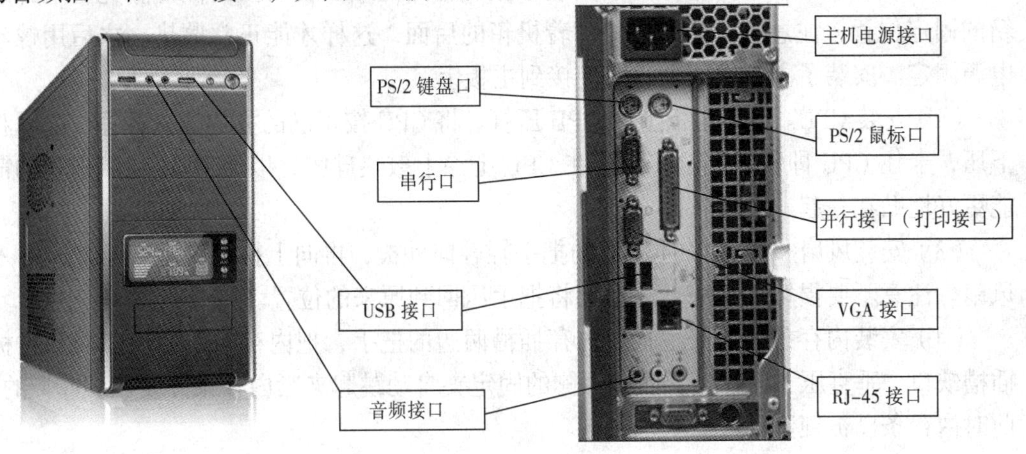

图 1-2　主机箱面板

【例 1-2】了解外部线路的连接与接口。

（1）电源的连接。将主机箱与外部电源插座相连接。

（2）显示器的连接。将显示器信号电缆与主机显示接口相连接。

（3）键盘、鼠标的连接。键盘和鼠标的安装很简单，只需将其插头对准缺口方向插入主板上的键盘及鼠标插口即可。

键盘或鼠标的串口接法是将一个五针的圆形插头插入到对应的插孔中，连接键盘接口时要注意其方向，即插头上的小舌头一定要对准插孔中的方形孔。

（4）打印机的连接。将打印机与主机并行接口相连接。

（5）其他各种外设接口。

【例 1-3】常用台式计算机的组装过程。

计算机要正常使用，首先要将计算机的各个硬件按部就班地放置在机箱内，即完成计算机的组装。台式计算机由主机、显示器、键盘、鼠标四大部件组成。主机中包含 CPU、内存、硬盘等多个部件，如图 1-3 所示。

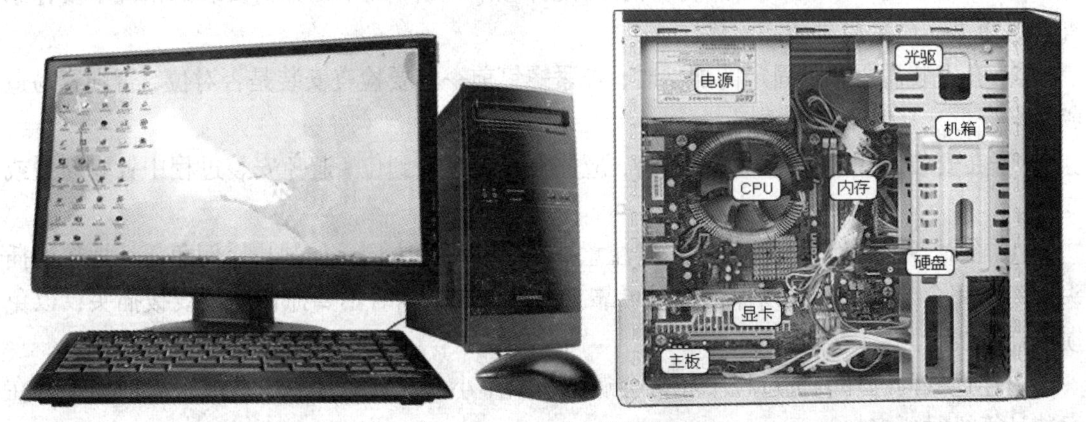

图 1-3　主机箱内的硬件

在组装计算机之前，需准备好螺丝刀、尖嘴钳、镊子等装机工具。

具体操作如下：

（1）安装电源。主机电源一般安装在主机箱的上端靠后的预留位置。先将电源装在机箱的固定位置，注意电源的风扇要对着机箱的后面，这样才能正常散热。之后用螺丝刀将电源固定。安装了主板后把电源线连接到主板上。

（2）安装 CPU。抬起主板上的 CPU 压杆，将 CPU 按正确的方向插入插座，之后将压杆下压，卡住 CPU 即安装到位。然后在 CPU 上涂上散热硅胶，以便 CPU 和风扇上的散热片能更好地贴在一起。

（3）安装风扇。将 CPU 插槽旁的把手轻轻向外拨，再向上拉起到垂直位置，插入 CPU 风扇。注意不要损坏了 CPU，之后再将把手压回到原来的位置。

（4）安装内存条。掰开主板上内存插槽两边的把手，把内存条上的缺口对齐主板内存插槽缺口，垂直压下内存条，插槽两侧的固定夹自动跳起夹紧内存条并发出“咔”的一声，此时内存条已被锁紧。

（5）安装主板。将机箱水平放置，将主板上面的定位孔对准机箱上的主板定位螺钉孔，用螺钉把主板固定在机箱上，注意上螺钉时拧到合适的程度即可，以防止主板变形。

（6）安装硬盘。安装硬盘时首先把硬盘用螺钉固定在机箱上，插上电源线，连上 IDE 数据线，之后将数据线的另一端和主板的 IDE 接口连接。

（7）安装显卡、声卡、网卡等板卡。有很多主板集成了这些板卡的功能，但如果对集成的显卡、声卡、网卡等的性能不满意，可以按需安装新的扩展卡，并在 BIOS 中设置屏蔽该集成的设备。安装各种板卡时首先需确定插槽的位置，然后将板卡对准插槽并用力插到底，最后用螺钉固定。

（8）连接电源线，为主板、光驱、硬盘等连接电源线。

（9）连接数据线，连接硬盘和光驱数据线。

（10）装挡板、整理机箱。

（11）盖上机箱盖，连接外围设备，如鼠标、键盘、音响、显示器等。

至此，计算机组装完成。在组装计算机时，要注意以下问题：

① 在组装过程中，要对计算机的各个配件轻拿轻放，在不知如何安装的情况下要仔细查看说明书，严禁粗暴装卸配件。

② 在安装需要螺钉固定的配件时，拧紧螺钉前一定要检查安装是否对位，否则容易造成板卡变形、接触不良等情况。

③ 在安装那些带有针脚的配件时，应注意安装是否到位，避免安装过程中针脚断裂或变形。

④ 在对各个配件进行连接时，应注意插头、插座的方向，如缺口、倒角等。插接的插头一定要完全插入插座，以保证接触可靠。另外，在拔插时不要抓住连接线拔插头，以免损伤连接线。

上述这些问题在装机过程中经常会遇到，稍不小心就会对计算机造成很大的伤害，在组装计算机时要多加注意。

【例 1-4】计算机的开机与关机。

（1）正确的开机方式：

① 连接所有外围设备。将显示器、鼠标、键盘、扬声器等外围设备接好。

② 把外部电源打开。将显示器、鼠标、键盘、扬声器等外围设备的电源打开。

③ 把总电源打开。接通主机与显示器的总电源（开计算机前应首先打开显示器）。

④ 再开主机。打开显示器后，按主机的“电源”按钮。

（2）正确的关机方式：

① 结束所有的任务。即关闭所有程序及对话框。

② 关闭计算机主机。结束所有的任务再关闭主机。

③ 关闭显示器、鼠标、键盘、传声器等外围设备的电源。

④ 关闭总电源。

如果计算机在使用过程中，出现死机等意外情况，首先要考虑的是进行热启动（按【Ctrl+Alt+Del】组合键），如果无效再进行复位启动（按【Reset】键），或长按【Power】键强制关机，但文件会丢失。

【例 1-5】BIOS 中的常用设置。

计算机组装结束后，需要安装操作系统等必要的软件才能使计算机正常工作。在安装操作系统前，首先要对 BIOS 进行必要的设置。BIOS（Basic Input Output System，基本输入/输出系统）是一组固化到计算机内主板的一个 ROM 芯片上的程序，它保存着计算机最重要的基本输入输出程序、系统设置信息、开机后自检程序和系统自启动程序，其主要功能是为计算机提供最底层的、最直接的硬件设置和控制。目前市面上比较流行的 BIOS 类型有 Award BIOS、AMI BIOS、Phoenix BIOS 三种，其中台式机使用 Award BIOS 的比较多，笔记本电脑使用 Phoenix BIOS 的比较多。这里以 Award BIOS 为例介绍 BIOS 的常用设置方法。

（1）BIOS 界面介绍。开机时按【Delete】（或【Del】）键不放，即可进入 BIOS 界面，如图 1-4 所示。其菜单共有 13 项，每项的功能如下：

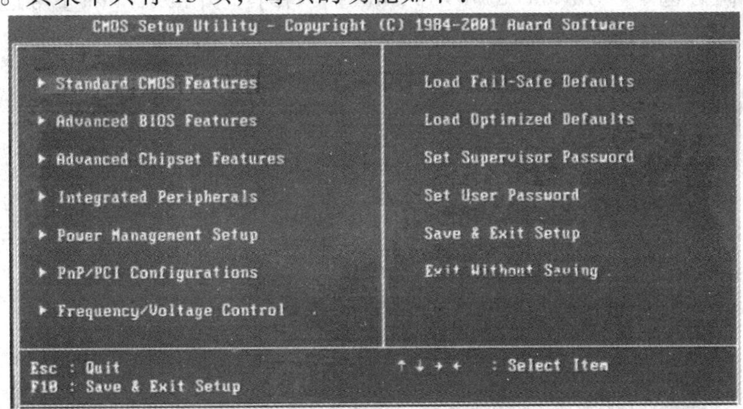

图 1-4　BIOS 设置界面

① Standard CMOS Features（标准 CMOS 功能设定）：设定日期、时间、软硬盘规格及显示器种类。

② Advanced BIOS Features（高级 BIOS 功能设定）：对系统的高级特性进行设定，如病毒警告设置、启动顺序设置等。

③ Advanced Chipset Features（高级芯片组功能设定）：设定主板所用芯片组的相关参数。

④ Integrated Peripherals（外围设备设定）：使设定菜单包括所有外围设备的设定。如声卡、Modem、USB 键盘是否打开等。

⑤ Power Management Setup（电源管理设定）：设定 CPU、硬盘、显示器等设备的节电功能运行方式。

⑥ PnP/PCI Configurations（即插即用/PCI 参数设定）：设定 ISA 的 PnP 即插即用界面及 PCI 界面的参数，此项仅在系统支持 PnP/PCI 时才有效。

⑦ Frequency/Voltage Control（频率/电压控制）：设定 CPU 的倍频，设定是否自动侦测 CPU 频率等。

⑧ Load Fail-Safe Defaults（载入最安全的默认值）：使用此菜单载入工厂默认值作为稳定的系统使用。

⑨ Load Optimized Defaults（载入高性能默认值）：使用此菜单载入最好的性能但有可能影响稳定的默认值。

⑩ Set Supervisor Password（设置超级用户密码）：使用此菜单可以设置超级用户的密码。

⑪ Set User Password（设置用户密码）：使用此菜单可以设置用户密码。

⑫ Save & Exit Setup（保存后退出）：保存对 CMOS 的修改，然后退出 Setup 程序。

⑬ Exit Without Saving（不保存退出）：放弃对 CMOS 的修改，然后退出 Setup 程序。

（2）BIOS 设置举例——改变系统的启动顺序。

当需要对硬盘分区或者重装系统时，往往需要使用 U 盘启动计算机，但计算机默认先从硬盘启动，这就需要修改系统的启动顺序。

具体操作如下：

① 利用方向键选中“Advanced BIOS Features”菜单，并按【Enter】键进入“Advanced BIOS Features”子菜单界面，如图 1-5 所示。

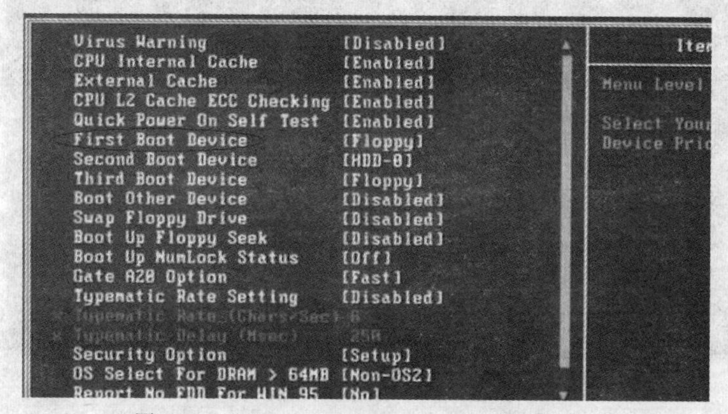

图 1-5 “Advanced BIOS Features”子菜单界面

② 在图 1-5 中，选中“First Boot Device”项，将其设置为“USB-FDD”。安装系统正常使用后建议设为“HDD-0”。

③ 设置完成后，按【F10】键保存并退出 BIOS 设置；或者按【Esc】键退回上一级主菜单，在主菜单中选择“Save & Exit Setup”并按【Enter】键，在弹出的确认窗口中输入“Y”并按【Enter】键，保存对 BIOS 的设置。

三、实验任务

【任务一】认识显示器面板。在显示器正常工作时，通过面板上的按钮调节亮度、色度、对比度等。认识主机前面板、背面。观察电源指示灯及硬盘指示灯的位置，了解常用的接口及功能，注意每个接口都有方向性，不要用力插入。

【任务二】将微机的主要部件拆卸下来，观察各个部件的主要特征，再重新组装，连接好各种数据线及电源线，使其重新恢复工作。

【任务三】用正确的操作方法对计算机进行开机、关机操作。

【任务四】进入 BIOS 界面，修改计算机系统的启动顺序为光盘启动，并保存修改设置。然后再将其改回常用的硬盘启动方式，即“HDD-0”。

实验 1-2　初识 Windows 7 操作系统

一、实验目的

（1）了解 Windows 7 操作系统的安装方法。

（2）掌握鼠标、键盘的使用方法。

（3）掌握 Windows 7 的启动与退出方法。

（4）了解 Windows 7 的桌面内容及相关操作方法。

二、实验示例

【例 1-6】Windows 7 操作系统的安装。

计算机在安装各种应用软件之前，首先应安装操作系统。操作系统有多种安装方法，它们各有优点和缺点。例如，从光盘进行安装、从 U 盘进行安装、从硬盘进行安装、从网络进行安装等。在此以安装 Windows 7 操作系统为例进行介绍。

1. 操作系统安装前的准备

（1）准备系统安装软件，制作系统安装 U 盘。

具体操作如下：

在网络上下载 Windows 7 镜像文件（文件扩展名为.ISO）。然后再下载一个 U 盘引导文件制作软件，如“魔方”。魔方的使用非常简单，安装后运行“软媒-魔方”，选择“U 盘启动”功能，如图 1-6 所示。在计算机 USB 接口插入一个 4 GB 大小的 U 盘，在“选择您的设备”栏中选择 U 盘，再单击“浏览”按钮选择下载的 Windows 7 镜像文件，单击“制作 USB 启动盘”按钮即可。

图 1-6　魔方软件 USB 启动盘制作界面

（2）数据备份。对将要安装操作系统的硬盘进行数据备份。

（3）BIOS 设置。安装操作系统前，在 BIOS 中屏蔽一些不需要的功能。例如，部分主板芯片组支持 AC '97 音频系统，一般应当将它屏蔽；在 BIOS 的 Power Management Setup 菜单项中，将 ACPI（高级电源管理接口）功能设置为 Enabled（允许），这样操作系统才可以使用电源管理功能，否则操作系统安装好后，会在“设备管理器”中出现有黄色“？”标识的设备。

2．操作系统安装过程

（1）在关机状态下插入自己制作的 Windows 7 启动 U 盘，开机。

（2）开机后不久按【Del】键进入 BIOS 设置界面，找到 Advanced BIOS Features，按【Enter】键，用键盘方向键盘选定“1st Boot Device”（第 1 引导设备），用【PgUp】或【PgDn】键翻页，将它右边的“HDD-0”（硬盘启动）改为 USB-HDD，如图 1-7 和图 1-8 所示，按【F10】键，再输入 Y，按【Enter】键，保存退出。

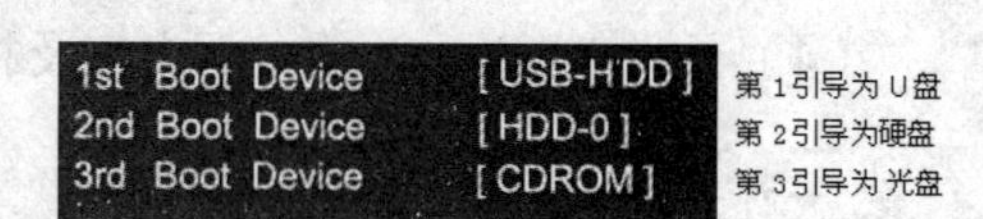

图 1-7　在传统 BIOS 中设置 U 盘启动

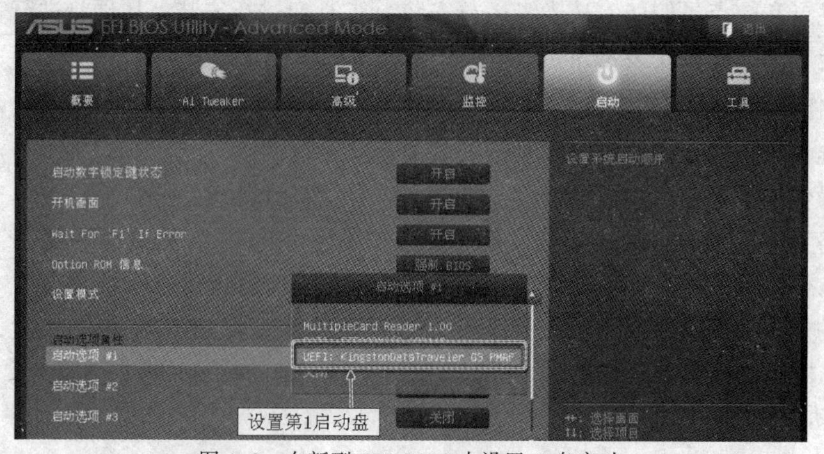

图 1-8　在新型 EFI-BIOS 中设置 U 盘启动

3．安装系统

启动后进入 Windows 7 安装文件目录，执行 Windows 7 中的 Install.wim 安装文件。这时系统会自动开始安装操作系统。系统盘开始复制文件，加载硬件驱动，进入安装向导中文界面。系统第 1 次重启时，拔出 U 盘，系统开始从硬盘中安装操作系统。在安装过程中，按提示操作即可。

4．检查系统

系统安装成功后，检查系统是否工作正常。右击“开始”按钮，在弹出的快捷菜单中选择“打开 Windows 资源管理器”命令，右击“计算机”图标，选择“属性”命令，打开“系统属性”对话框，单击“设备管理器”按钮，打开“设备管理器”窗口，选项中出现黄色问号（?）或叹号（！）的选项，表示设备未识别，没有安装驱动程序。右击，选择“重新安装驱动程序”命令，放入相应的驱动程序光盘，选择“自动安装”命令，系统会自动识别对应驱动程序并安装完成。需要安装的驱动程序一般有主板、显卡、声卡、网卡等。

操作系统安装完成，可看到图 1-9 所示的 Windows 7 桌面。

图 1-9　Windows 7 桌面

操作系统安装完成之后，还需要安装好各种系统补丁及应用软件，如 IE 浏览器、杀毒软件、Office 办公软件等，这样计算机就可以正常使用。

【例 1-7】正常启动和退出 Windows 7。

计算机的整个运行过程都是由操作系统控制和管理的，启动计算机就意味着驱动操作系统，Windows 7 在运行过程中可以根据不同的需要执行关闭计算机、重新启动计算机、休眠与睡眠、锁定计算机、切换与注销用户等操作。

具体操作如下：

（1）启动。开启计算机电源，进入 Windows 7 界面，在“登录到 Windows”对话框中，输入用户名和密码，单击“确定”按钮或按【Enter】键。

（2）退出 Windows 7。关闭所有程序，单击“开始”菜单中的“关闭计算机”命令，单击“关闭”按钮退出 Windows 7 系统 。

提示：① 在 Windows 操作系统中，当屏幕出现可以关机的提示时，才能关闭电源，切记不可直接关闭电源。如果没有正常关机，则在下次启动时，将自动执行磁盘扫描程序。

② 在使用过程中，如果出现死机等意外情况，解决的方法就是重启计算机。

【例 1-8】鼠标的基本操作。

鼠标的基本操作包括单击、右击、双击、指向、拖动。

（1）单击。按下鼠标左键，立即释放。单击用于选定对象。

（2）右击。按下鼠标右键，立即释放。单击鼠标右键后，弹出所选对象的快捷菜单。快捷菜单是命令最方便的表示形式，几乎所有的菜单命令都有对应的快捷菜单命令。

（3）双击。快速进行两次单击（连击左键两次）。双击用于运行某个应用程序或打开某个文件夹窗口及文档。

（4）指向。在未按下鼠标键的情况下，移动鼠标指针到某一对象上。“指向”操作的用途是“打开子菜单”或“突出显示一些说明性的文字”。

（5）拖动。按住鼠标左键的同时移动鼠标指针。拖动前，先把鼠标指针指向要拖动的对象，然后拖动到目的地后释放鼠标左键。拖动的主要作用是复制或移动文件（文件夹）。

【例 1-9】键盘的基本操作及指法。

键盘由一组按键开关组成。常用的键盘如图 1-10 所示，整个键盘分为五个小区：上面一行是功能键区和状态指示区；下面的一行是主键盘区、控制键区和数字键区。其中，部分按键上有两个符号，在上面的字符称为上档字符，下面的字符为下档字符。

图 1-10　键盘示意图

键位的指法区域分布如图 1-11 所示。凡折线范围内的字键，都必须由规定的同一手指管理和击键，这样既便于操作，也便于记忆。主键盘区域的“ASDF”和“JKL；”这 8 个键位定为基准键位，输入前，左右手指除大拇指以外的 8 个手指轻放在这 8 个基准键位上。

在进行键盘操作时，必须要用的正确姿势与击键方法。在录入过程中，正确地使用计算机快捷键及组合键，可以提高录入速度，最常见的快捷键及组合键如图 1-12 所示。

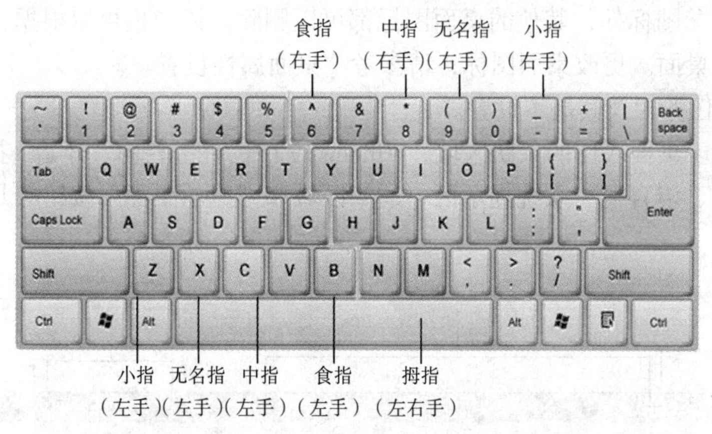

图 1-11 指法手指分区图

F5：刷新	Delete：删除	Tab：改变焦点
Ctrl+C：复制	Ctrl+X：剪切	Ctrl+V：粘贴
Ctrl+A：全选	Ctrl+Z：撤销	Ctrl+S：保存
Alt+F4：关闭	Ctrl+Y：恢复	Alt+Tab：切换
Ctrl+F5：强制刷新	Ctrl+W：关闭	Ctrl+F：查找
Shift+Delete：永久删除	Ctrl+Alt+Del：任务管理	Shift+Tab：反向切换
Ctrl+空格：中英文输入切换	Ctrl+Shift：输入法切换	Ctrl+Esc：“开始”菜单
Ctrl+Alt+Z：QQ快速提取消息	Ctrl+Alt+A：QQ截图工具	Ctrl+Enter：QQ发消息
Win+D：显示桌面	Win+R：打开“运行”对话框	Win+L：屏幕锁定
Win+E：打开“计算机”窗口	Win+F：搜索文件或文件夹	Win+Tab：项目切换
cmd：CMD命令提示符		

图 1-12 最常见的快捷键及组合键

【例 1-10】桌面图标。

桌面上主要包含桌面图标、“开始”按钮、桌面背景和任务栏等项，如图 1-13 所示。

图 1-13 Windows 7 系统桌面显示

桌面图标实际上是一种快捷方式，用于快速地打开相应的项目及程序。在 Windows 7

中，除“回收站”图标外，其他的桌面图标都可以删除。用户也可以根据自己的习惯创建快捷方式放置于桌面。更改桌面图标，请参考“桌面属性设置”。

【例 1-11】任务栏及其基本设置。

任务栏是位于桌面底部的条状区域，Windows 7 中的任务栏由“开始”按钮、快速启动区、程序按钮区、语言栏、系统提示区、通知区域和“显示桌面”按钮等几部分组成，如图 1-14 所示。

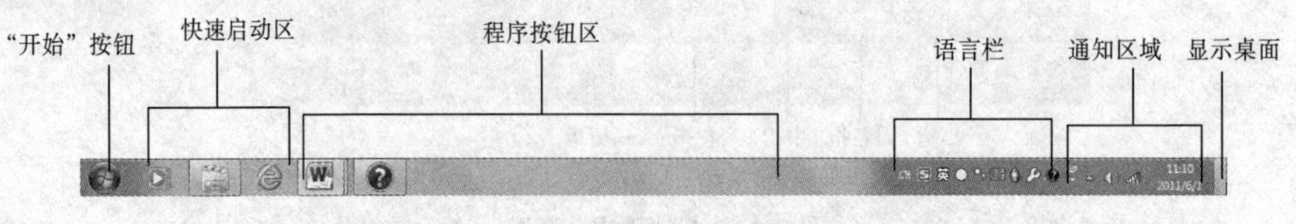

图 1-14 任务栏

任务栏的基本设置如下：

（1）打开“开始”菜单。“开始”菜单是计算机程序文件夹和设置的主菜单。通过该菜单可完成计算机管理的主要操作。

方法：单击屏幕左下角的“开始”按钮，或者按【Win】键，单击“开始”按钮，打开图 1-15 所示的“开始”菜单。

图 1-15 “开始”菜单

说明：“开始”菜单可以理解为 Windows 的导航控制器，在这里可以实现 Windows 的一切功能，只要熟练掌握 Windows 的“开始”菜单，使用 Windows 将易如反掌。

（2）快速启动。用户可以将自己常用的程序图标拖动到快速启动栏，通过单击快速启动区的图标即可启动相应的应用程序。

若要将图标从快速启动区删除，则右击快速启动区中的该图标，选择“将应用程序从任务栏解锁”命令。

（3）程序按钮。程序按钮是在系统中打开的每一个应用程序或窗口的“最小化”按钮，通过单击任务栏中某程序按钮，可将该程序或窗口变成当前窗口。

（4）语言区。在输入文字过程中，通过它可以切换各种输入方法。默认的键盘中西文切换方法是按【Ctrl+Space】组合键，各输入法之间切换的快捷方式是按【Ctrl+Shift】组合键。可通过设置语言区，添加或删除各种已经安装的输入法。

（5）通知区域。在默认情况下，此区域中可见的图标仅为四个系统图标和时钟。

（6）“显示桌面”按钮。单击此按钮，可将系统当前打开的所有窗口最小化，显示出桌面。

【例 1-12】熟悉窗口、对话框的组成。

（1）窗口的组成。虽然每个窗口的内容各不相同，但所有窗口都始终在桌面显示，且大多数窗口都具有相同的基本部分，主要包括标题栏、菜单栏、搜索栏、工具栏及状态栏等。下面以 Windows 7 中的“记事本”窗口为例，如图 1-16 所示，介绍窗口的组成。

① 标题栏：位于窗口的顶端，用于显示窗口的名称。用户可以通过标题栏来移动窗口、改变窗口大小和关闭窗口。

② 菜单栏：包含程序中可单击进行选择的项目。

③ 窗口控制按钮：最小化、最大化和关闭按钮。这些按钮分别可以隐藏窗口、放大窗口使其填充整个屏幕以及关闭窗口。

④ 滚动条：可以滚动窗口的内容以查看当前视图之外的信息。

⑤ 边框和角：可以用鼠标指针拖动这些边框和角以更改窗口的大小。

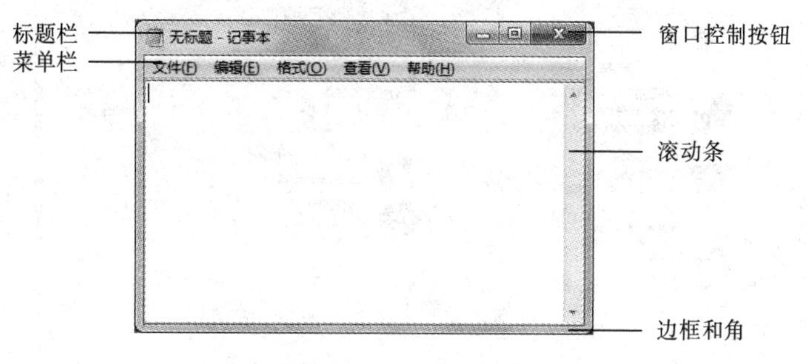

图 1-16 “记事本”窗口

（2）对话框的组成。右击任务栏，选择“属性”命令，打开图 1-17 所示的对话框。对话框是特殊类型的窗口，可以提出问题，允许用户选择选项来执行任务，或者提供信息，与常规窗口不同，多数对话框无法最大化、最小化或调整大小，但是它们可以被移动。

① 标题栏：用于显示对话框的名称。用鼠标拖动标题栏可移动对话框。

② 复选框：列出可以选择的选项，用户可以根据不同的需要选择一个或多个选项。复选框被选中后，在框中会出现一个“√”。

③ 下拉列表框：单击下拉列表框的向下箭头可以打开列表供用户选择，列表关闭时显示被选中的对象。

④ 选项卡：用于区别其他组类型的属性设置。

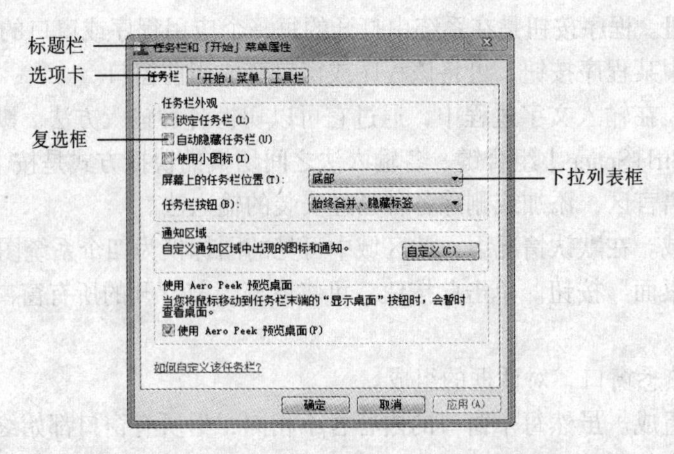

图 1-17 “任务栏和「开始」菜单属性”对话框

【例 1-13】控制面板的使用。

利用 Windows 7 的控制面板可以调整和配置计算机的各种系统属性，用户可以根据自己的需要配置系统，它也是 Windows 系统工具中的一个重要文件夹。如图 1-18 所示，使用控制面板可以更改 Windows 的设置。而这些设置几乎包括了有关 Windows 外观和工作方式的所有设置，并允许用户对 Windows 进行设置，使其适合用户的需要。

图 1-18 “控制面板”窗口

打开控制面板的方法有三种：

① 单击“开始”按钮，在“开始”菜单中单击“控制面板”命令。

② 在“资源管理器”窗口中，单击导航窗格中的“计算机”选项，然后单击工具栏上的“打开控制面板”按钮。

③ 单击“开始”→“所有程序”→“附件”→“系统工具”→“控制面板”命令。

三、实验任务

【任务一】用正确的方式开机、关机，掌握鼠标的使用方法，熟悉键盘，并能用正确的指法击打，使用《金山打字通》进行指法训练。

【任务二】启动画图、写字板、记事本等应用程序，创建 Word 2010 的快捷方式。

【任务三】在任务栏中进行如下的操作：向任务栏中添加工具、向任务栏中添加 Word 2010 快速启动图标、调整任务栏高度、改变任务栏位置并设置任务栏属性。

【任务四】打开 Word 2010 对话框，练习对话框的移动、关闭等操作。

实验 1-3　学习上网和下载资料及 Office 2010 的安装

一、实验目的

（1）初步掌握浏览网页的操作方法。

（2）网页保存的基本方法。

（3）掌握 IE 浏览器的属性设置、收藏夹的添加与管理。

（4）掌握搜索引擎的使用方法。

（5）了解从 WWW 网站下载文件的方法。

（6）了解从 FTP 网站下载文件的方法。

二、实验示例

【例 1-14】启动 Internet Explorer 浏览器，浏览网页。

要浏览网页，首先要打开网页。通过 IE 浏览器，便可浏览到 Internet 上的众多信息。Internet Explorer 是 Microsoft 公司开发的浏览器软件，通常被简称为 IE 浏览器。IE 浏览器主要包括 4 个部分：菜单栏、工具栏、地址栏和显示区。其中工具栏中的快捷按钮可以快速完成常用操作。

除了 IE 浏览器之外，常用的浏览器主要包括 Google Chrome、Mozilla Firefox、Apple Safari、Opera，以及含 IE 内核的 360 安全浏览器、搜狗高速浏览器、猎豹安全浏览器、2345 浏览器等。

（1）启动 Internet Explorer 浏览器，浏览主页。

启动 Internet Explorer 浏览器的方法有以下几种：

① 单击“开始”菜单中的“所有程序”命令，在出现的级联菜单中选择 Internet Explorer 命令。

② 在 Windows 7 桌面上双击图标。

③ 在 Windows 7 任务栏的工具按钮区单击图标。

IE 浏览器的基本功能是浏览网页，用户可以通过直接输入 URL 地址，也可以通过超链接打开网页。在通过 URL 地址打开网页时，主要包括以下几种操作：在地址栏中直接输入、通过地址栏的下拉列表、通过工具栏中的快捷按钮、通过历史记录等。

在 Windows 7 环境下启动 IE 浏览器，默认打开设置的主页。如果没有设置主页，将显示空白页。根据需要在地址栏中输入所需的网址，并按【Enter】键，便可进入相应的网站。

图 1-19 所示为输入网址 https://www.sina.com.cn/后打开的新浪网首页。

图 1-19　输入网址并打开网页

（2）浏览网页详细内容。超链接是网页中保存链接地址的重要元素，通过单击超链接可以跳转到其他网页，或打开它链接的文件（如文本、图形、音频与视频等）。超链接包括两种类型：文本超链接与图形超链接。

在浏览器中输入网址并按【Enter】键后，浏览器会打开对应的网页，并在网页浏览区中显示该网页所有内容和超链接。单击各超链接，即可查看相关详细内容。例如在新浪网中浏览电影，单击网页中的“电影”超链接进入电影专题网页，再分别单击各超链接即可查看详细内容，如图 1-20 所示。

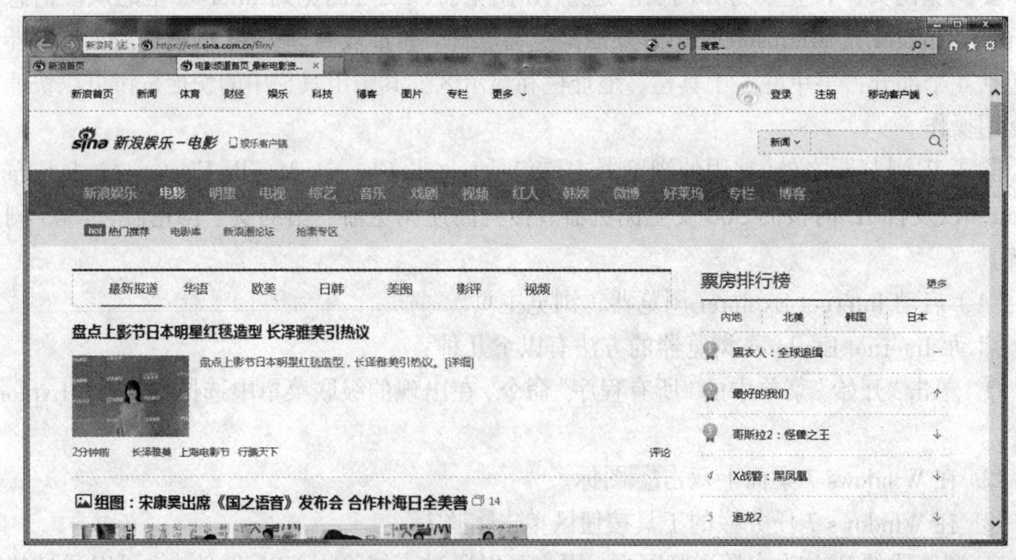

图 1-20　查看电影网页的内容

【例 1-15】保存网页。

在浏览网页的过程中，若感到某些网页很有保存价值，希望下次还能轻松找到并查看时，可以将其保存下来。

（1）保存完整的网页内容。

打开要保存的网页，在 IE 浏览器中单击“文件”→“另存为”命令，打开“保存网页”对话框，在左侧选择文件的保存路径，在“文件名”文本框中输入文件名称，在“保存类型”下拉列表框中选择保存的类型，单击“保存”按钮，如图 1-21 所示。

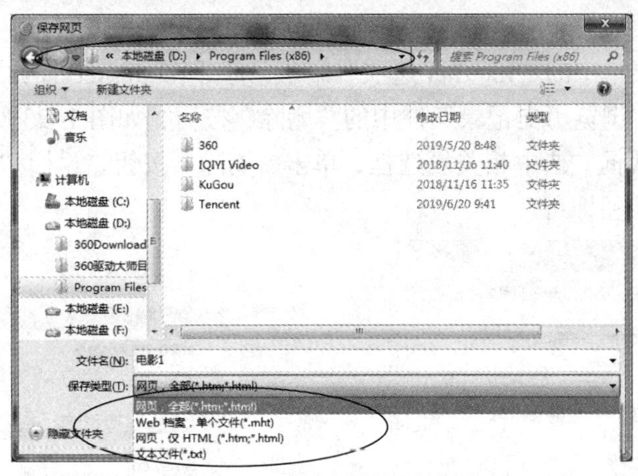

图 1-21　“保存网页”对话框

说明：在进行保存类型的设置时，如果选择的是“文本文件(*.txt)”，则只保留其中的文本内容，图片、动画、音频等将不会被保存下来。

（2）保存文字资料。

选择所需的文字，右击，在弹出的快捷菜单中选择“复制”命令（也可按【Ctrl+C】组合键），同时新建一个空白 Word 文档或写字板，在文字输入区右击，在弹出的快捷菜单中选择“粘贴”命令（也可按【Ctrl+V】组合键）完成文字的粘贴，然后保存文档。

说明：并不是所有网页上的文字都可以被复制，有的网站对此功能进行了设置，需要一定的权限或付费。

（3）保存图片资料。

将光标放在所需的图片，右击，在弹出的快捷菜单中选择“图片另存为”命令，打开“保存图片”对话框，输入图片名称和选择保存路径后，单击“保存”按钮，可完成图片的保存。

【例 1-16】IE 浏览器的属性设置，收藏夹的添加与管理。

（1）设置浏览器的主页。

为使用方便，建议将经常访问的网站设置为 IE 浏览器的主页，在这里将主页设置为新浪网主页。

打开 IE 浏览器，单击“工具”菜单中的“Internet 选项”命令，打开“Internet 选项”对话框，选择“常规”选项卡，在“主页”文本框中输入主页网址“http://www.sina.com.cn/”，再依次单击“应用”和“确定”按钮完成主页设置，如图 1-22 所示。

（2）清除临时文件和历史文件。

在访问网页时，系统会自动保存相关信息，以供用户在需要时查询。这些信息是以临时文件的形式保存在系统文件中，若数量过多，将会占用系统空间，影响系统的正常运行和上网速度。若是公共使用的计算机，可能涉及个人隐私。这时，可通过清除浏览器临时文件和用户上网历史文件，达到恢复系统正常运行和保护隐私的效果。

单击“工具”菜单中的“Internet 选项”命令，打开“Internet 选项”对话框，选择“常规”选项卡，单击“浏览历史记录”栏中的“删除”按钮，如图 1-23 所示，打开“删除浏览的历史记录”对话框，选中相关复选框，单击“删除”按钮，返回“Internet 选项”对话框，单击“确定”按钮即可。

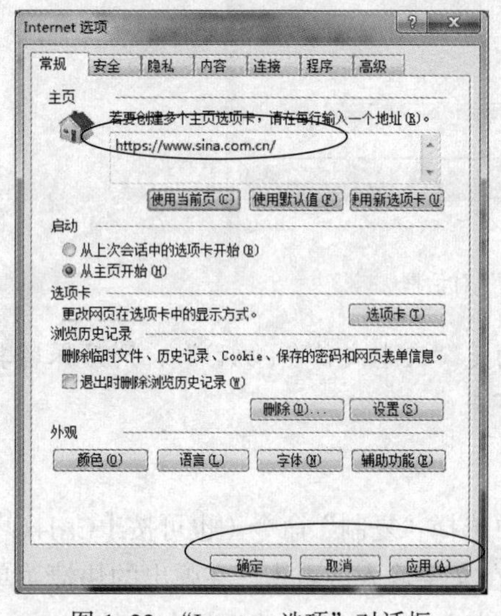

图 1-22 “Internet 选项”对话框

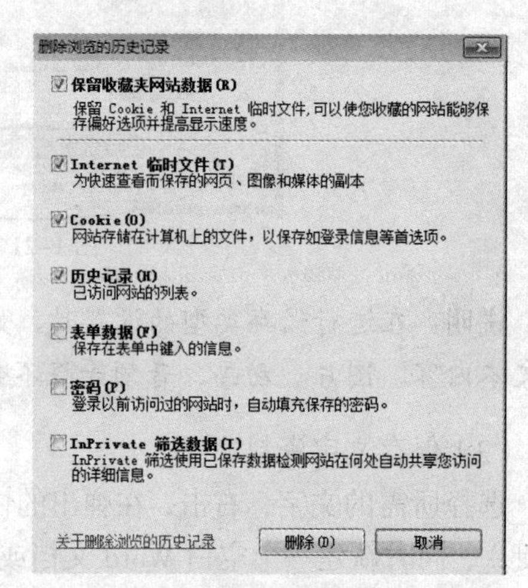

图 1-23 “删除浏览的历史记录”对话框

（3）阻止自动弹出窗口。

在浏览网页时，会突然弹出一些广告、游戏、提示信息等窗口，利用 IE 浏览器的拦截功能，可封堵这种弹出窗口。

单击“工具”菜单中的“Internet 选项”命令，打开“Internet 选项”对话框，选择“隐私”选项卡，选中“启用弹出窗口阻止程序”复选框，即可禁止网页自动弹出窗口，如图 1-24 所示。若不想阻止某个网站弹出的窗口，可单击右侧的“设置”按钮，在打开的窗口中将网页地址“http://www. sina.com.cn/”添加到“要允许的网站地址”文本框中，再单击“添加”按钮将其添加到“允许的站点”列表中，如图 1-25 所示，单击“关闭”按钮返回“Internet 选项”对话框，再单击“应用”和“确定”按钮。再次启动 IE 浏览器时，IE 就不会阻止来自这个网址的弹出窗口。

（4）收藏夹的添加与管理。

① 把新浪首页添加到收藏夹中。用 IE 浏览器打开一个网站，单击“收藏夹”菜单中的“添加到收藏夹”命令，打开“添加收藏”对话框，在“名称”框中输入设置的名称或用系统自动加的名称，单击“添加”按钮，如图 1-26 所示。

这样就可以看到在“收藏夹”中已经收藏了“新浪首页”网站。

② 整理收藏夹。打开 IE 浏览器，单击收藏夹，里面会出现很多曾经收藏过的网站，看起来比较混乱，这时需要整理好收藏夹。

单击“收藏夹”→“添加到收藏夹” →“整理收藏夹”命令，打开“整理收藏夹”对话框。

这里我们可以新建一个文件夹，将不同的网站进行分类，分别放到相应的文件夹中，以方便进行寻找。单击“新建文件夹”按钮，系统会自动在右侧创建一个新的文件夹，将其重命名为“文学类网页”，如图 1-27 所示。

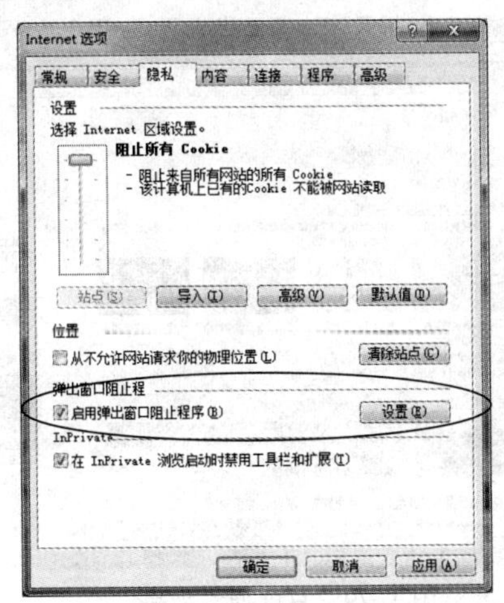

图 1-24　选择“隐私”选项卡

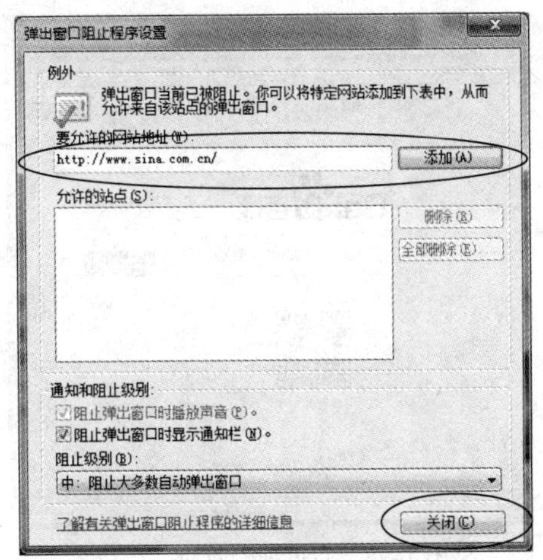

图 1-25　允许某个网页弹出窗口

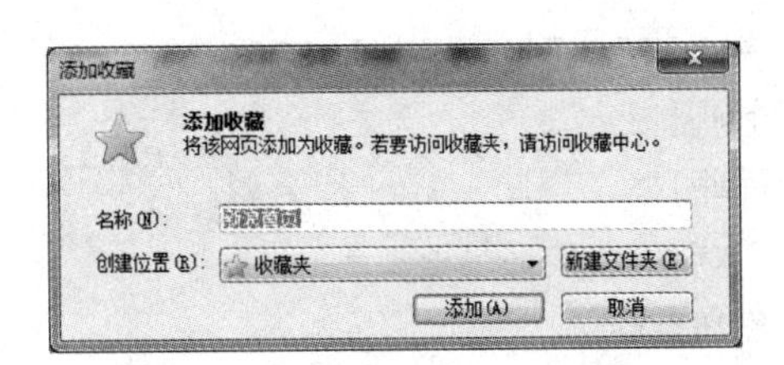

图 1-26　“添加收藏”对话框

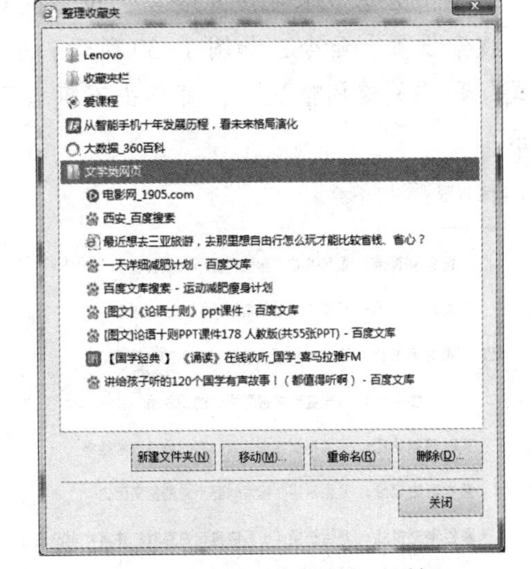

图 1-27　“整理收藏夹”对话框

创建成功后的文件夹是空的，此时可以把相关的网站放到这个文件夹目录下。将鼠标指针放到相关网站上，单击鼠标左键直接拖动到文件夹上面，就会自动放入该文件夹目录中。在拖动时不要放手，一直拖到文件夹上面时再释放鼠标左键。

③ 删除收藏夹中的网站。先在收藏夹中找到这个网站并右击，选择“删除”命令即可

删除；也可以在“整理收藏夹”对话框中将其选定以后，单击“删除”按钮。

【例 1-17】使用搜索引擎搜索信息。

在遇到一些不懂或感兴趣的问题时，通过搜索引擎搜索进行网络搜索可迎刃而解。此处，以百度搜索热门旅游线路为例。

启动 IE 浏览器，在地址栏中输入“http://www.baidu.com”，并按【Enter】键，打开百度首页，在百度的搜索文本框内输入关键字“热门旅游线路”，单击“百度一下”按钮，如图 1-28 所示。打开搜索结果并分级显示，如图 1-29 所示，可单击其中任一项超链接。

图 1-28　百度搜索首页

图 1-29　百度搜索结果

说明：若想“限定搜索语言”和“搜索结果显示条数”，可单击百度首页的“设置”→“搜索设置”命令，如图 1-30 所示；若想“限定要搜索的网页的时间”、限定“文档格式”和“关键词位置”，可单击百度首页的“设置”→“高级搜索”命令，如图 1-31 所示。

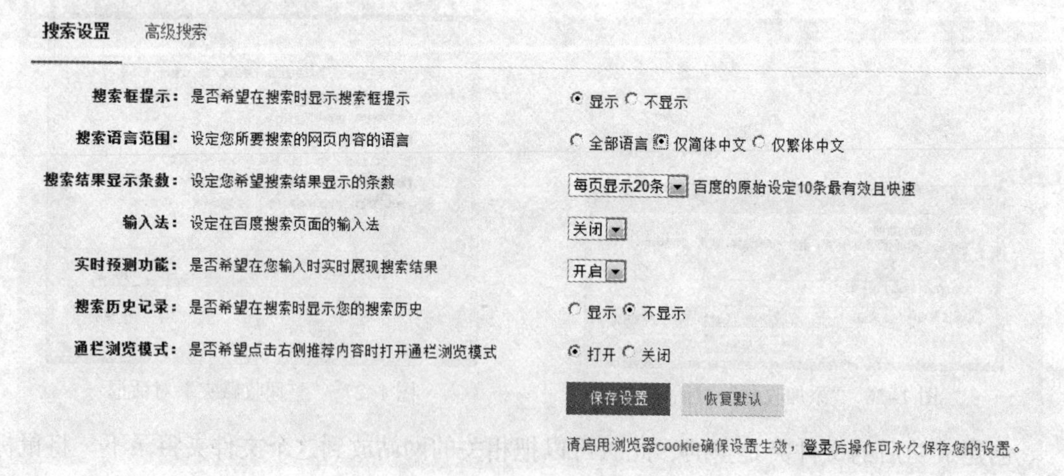

图 1-30　百度搜索设置

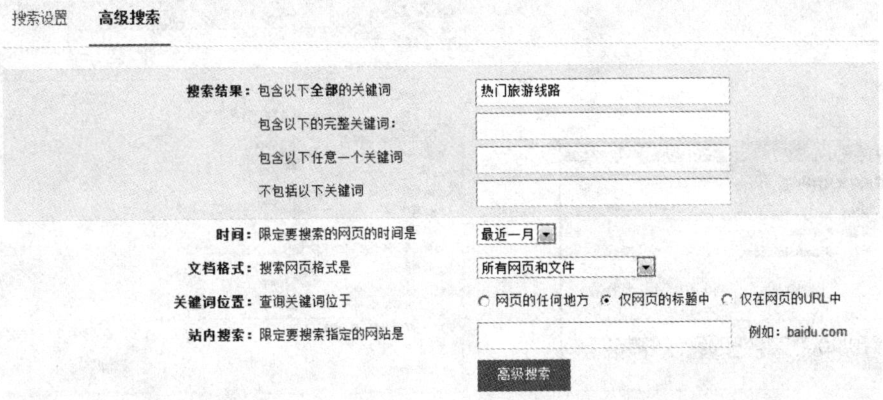

搜索设置　高级搜索

搜索结果：包含以下全部的关键词　热门旅游线路
包含以下的完整关键词：
包含以下任意一个关键词
不包括以下关键词
时间：限定要搜索的网页的时间是　最近一月
文档格式：搜索网页格式是　所有网页和文件
关键词位置：查询关键词位于　网页的任何地方　仅网页的标题中　仅在网页的URL中
站内搜索：限定要搜索指定的网站是　例如：baidu.com
高级搜索

图 1-31　百度高级搜索

【例 1-18】从 WWW 网站下载文件。

除了文字和图片资料外，有时需要下载一些文件资料，如音乐、视频、游戏和其他一些应用软件。这些文件无法复制、粘贴得到，而必须通过网络下载将其复制到本地计算机上。

此处下载“WinRAR”压缩及解压缩软件。

具体操作如下：

（1）启动 IE 浏览器，在地址栏中输入 http://www.baidu.com 并按【Enter】键，打开百度首页，在搜索文本框中输入“WinRAR”，单击“百度一下”按钮。

（2）在打开的网页中列出了很多 WinRAR 的链接及下载点，根据具体情况选择需要下载的 WinRAR 软件，这里单击 WinRAR最新官方版下载_百度软件中心 超链接，如图 1-32 所示。弹出新的网页后，单击“高速下载”按钮，弹出“文件下载”对话框，如图 1-33 所示，单击“保存”按钮，弹出“另存为”对话框，保存位置选择“桌面”，再单击“保存”按钮，如图 1-34 所示，则该文件下载到本地计算机的桌面。

图 1-32　百度搜索 WinRAR

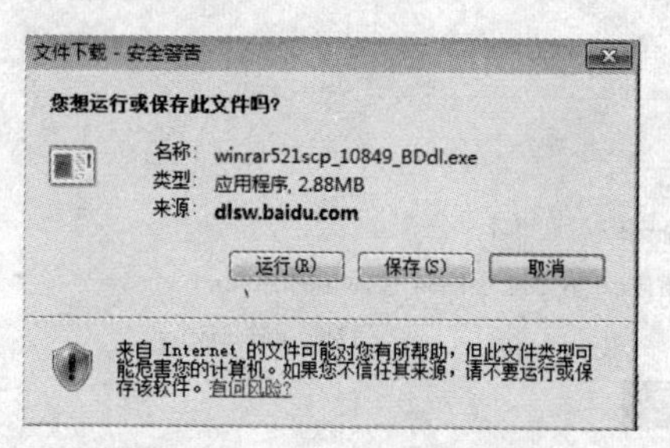

图 1-33 “文件下载”对话框

图 1-34 “另存为”对话框

【例 1-19】从 FTP 网站下载文件。

在 WWW 网站上有大量的文件资料，但它们必须通过网络下载将其复制到本地计算机上，而存放于 FTP 网站上的资源，只要使用传统的复制方法就可以将其复制到本地计算机上。

此处从 FTP 网站下载 Office 2010 压缩文件。

具体操作如下：

（1）启动 IE 浏览器，在地址栏中输入“ftp://ftp.huse.cn”，按【Enter】键后即可进入 FTP 站点。进入 FTP 网页后，窗口中显示最高一层的文件夹列表。

（2）依次展开“temp\39 电子与信息工程学院\宋梅”文件夹，在此文件夹中有一个名为 Office 2010.rar 的压缩文件，如图 1-35 所示。

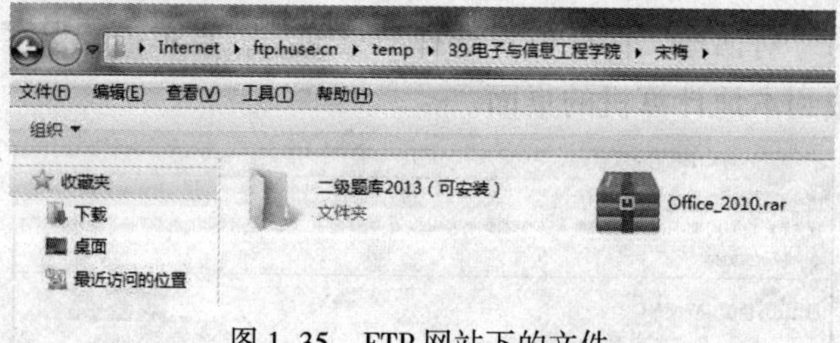

图 1-35 FTP 网站下的文件

（3）选中 Office 2010.rar 文件，并单击“复制”按钮（或直接按【Ctrl+C】组合键）。

（4）打开一个文件夹窗口，单击“粘贴”按钮（或直接按【Ctrl+V】组合键）即可将 Office 2010. rar 文件下载至指定的文件夹。

【例 1-20】Office 2010 应用程序的安装。

Office 2010 办公软件是现代办公最常用的软件之一，具体操作如下：

（1）下载 Office 2010 的安装包到本地计算机上，并将之解压。

（2）找到解压缩后的文件，首先双击运行“setup.exe”，弹出使用协议界面，先勾选左下角的同意该条款复选框，然后单击右下角的“继续”按钮。

（3）接下来的页面有“立即安装”和“自定义”两个按钮，如图 1-36 所示。“立即安装”表示将安装该程序中的所有 Office 组件（Word、Excel、PPT、Outlook、Access…）；

自定义将只安装选择的 Office 组件。这里单击“自定义”按钮，如果单击“立即安装”按钮则跳过此步。

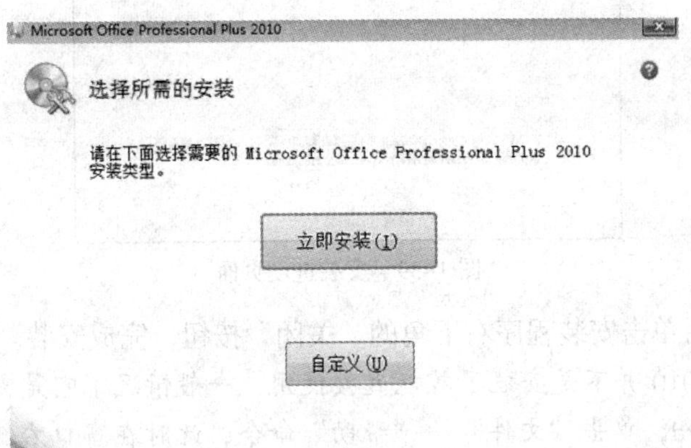

图 1-36　安装选项页面

说明：单击“自定义”按钮后，在打开的 Office 组件列表中将不需要安装的组件禁用（在相应组件上右击，然后选择“不安装”即可），如图 1-37 所示。在自定义安装里面，还可以更改安装选项和安装文件位置，如图 1-38 所示。

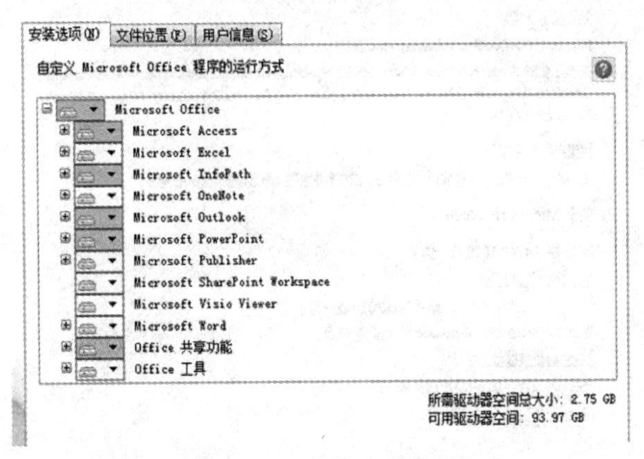

图 1-37　安装选项页面

图 1-38　安装文件位置设置页面

（5）设置完这些，直接单击“开始”安装，进入图 1-39 所示的界面，正在安装 Office 2010 的安装进度条，整个过程大概需要 3~5 min。

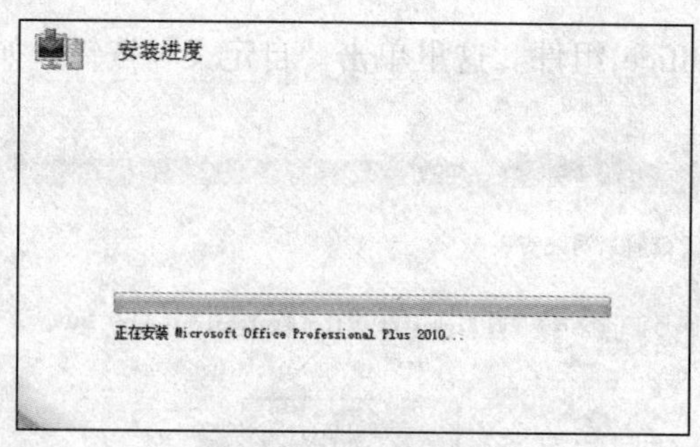

图 1-39　安装进度页面

（6）安装完成后单击安装程序右下角的“关闭”按钮，完成安装。

说明：Office 2010 并不是安装了就能直接使用，一般情况下它是需要激活的。打开刚才安装的 Office Word，单击“文件”→“帮助”命令，此时在窗口右侧显示了 Office 软件的授权状态。图 1-40 所示显示为该 Office 需要激活，找到刚才解压的安装文件，打开里面的“激活破解”文件夹，运行其中的“Office 2010 正版激活工具”进行激活即可。

图 1-40　授权状态页面

三、实验任务

【任务一】 IE 浏览器的基本使用，具体要求如下：

（1）启动 IE 浏览器并浏览网页。

① 启动 IE 浏览器，访问新浪网站主页（http://www.sina.com.cn），单击主页上方的“新闻”超链接，进入“新闻中心”窗口，单击“NBA”超链接，进入“新浪 NBA”窗口。

② 分别单击 IE 窗口工具栏中的“返回”、“前进”按钮，在“新浪 NBA”和“新闻中心”之间实现网页切换。

③ 将新浪网站主页（http://www.sina.com.cn），设置为浏览器主页。

④ 在“新闻中心”网页未完全展开时，单击 IE 窗口的“停止”按钮，观察网页打开

的状态。单击 IE 窗口中的“刷新”按钮，完成网页的打开。单击 IE 窗口中的“主页”按钮，则返回主页。

（2）保存网页中的相关内容（文件保存到“E:\网页信息”文件夹中）。

① 将“新闻中心”网页的内容，以文本的形式保存，文件名为“新浪新闻中心.txt”。

② 在“新闻中心”网页中找一幅感兴趣的“图片”，以“.jpg”形式保存该图片，文件名为“新闻图片.jpg”

③ 将“新闻中心”网页完整地保存为一个网页文件，文件名为“新闻中心.htm”。

④ 打开文件“新闻中心.htm”，注意此时浏览器地址栏中是否仍是“新闻中心”网页的网址 http://news.sina.com.cn/。

⑤ 比较文件“新闻中心.htm”中的内容与“新闻中心”网页中的内容是否一样。

⑥ 在保存新浪网主页中找一幅感兴趣的 Flash 动画，文件名为“新浪动画.swf”。

【任务二】 IE 浏览器收藏夹的使用，具体要求如下：

（1）将网页添加到收藏夹中。

① 使用收藏夹中已有的“Microsoft 网站”，打开“Internet Explorer ”主页。

② 打开新浪网站主页，进入“新浪娱乐”，打开“明星频道”。

③ 单击“查看收藏夹、源和历史”按钮，在弹出的下拉列表框中选择“添加到收藏夹”，将“明星频道”添加到收藏夹中，名称为“明星频道首页_新浪网”。

（2）整理收藏夹。

① 在收藏夹中建立文件夹，名为“明星娱乐”。

② 将刚刚添加到收藏夹的网页“明星频道首页_新浪网”，移动到“明星娱乐”文件夹中。

③ 删除收藏夹中原有的“电台指南”网页。

④ 将收藏中已有的任何一个网页重新命名。

【任务三】 IE 浏览器设置，具体要求如下：

（1）将浏览器主页设置为“空白页”。

（2）“Internet 临时文件夹”设置。

① 减小“Internet 临时文件夹”空间，空间大小设置为 100 MB。

② 将“Internet 临时文件夹”移出 C 盘，移到“E:\Temporary Internet Files”文件夹中。

③ 清除“Internet 临时文件夹”中所有文件。

（3）“历史记录”设置。

① 单击 IE 窗口“历史记录”按钮，找到浏览过的“明星频道首页_新浪网”网页，并将其打开。

② 清除“历史记录”，之后再次单击“历史记录”按钮，查看是否还能找到浏览过的网页。

③ 将“网页保留在历史记录中的天数”设置为“0”天。

（4）“隐私”设置。

① 将“隐私”级别设置为“中上级”。

② 删除 Cookies。

③ 第一方 Cookies 设置为“接收”，第三方 Cookies 设置为“阻止”。

【任务四】使用搜索引擎在 Internet 搜索信息，具体要求如下：

① 打开百度搜索，在其中搜索“Web5.0 是什么”。

② 打开谷歌搜索，找到古龙的所有武侠小说作品的名字，计时。

③ 在新浪网中找到所有有关“我的团长我的团”这一主题的网页。

④ 在新浪网中找到所有包含“我的团长我的团”相关内容的网页。

⑤ 搜索包含“网络安全”或“计算机安全”的网页。

【任务五】要求到湖南科技学院 FTP 网站下载教学资源 Office 2010.rar，并将其安装到本地计算机上。

实验 1-4　学习收发电子邮件

一、实验目的

（1）了解国内常见的电子邮件服务系统。

（2）掌握免费邮箱的注册、登录、退出等。

（3）掌握电子邮件的接收和发送、删除等。

（4）掌握对电子邮箱的通讯录的编辑和管理。

二、实验示例

【例 1-21】国内常见的电子邮件服务商提供的电子邮箱。

（1）QQ 电子邮件服务：https://mail.qq.com/。

（2）新浪电子邮件服务：免费邮箱 http://mail.sina.com.cn。

VIP 收费邮箱 http://vip.sina.com.cn。

（3）网易电子邮件服务：163 免费邮箱 http://mail.163.com。

126 免费邮箱 https://www.126.com。

（4）阿里邮箱电子邮件服务：https://mail.aliyun.com。

（5）新华网电子邮件服务：https://mail.xinhuanet.com。

【例 1-22】126 免费邮箱的申请与使用。

（1）打开 Internet 浏览器，输入网址“https://www.126.com”，按【Enter】键后登录到 126 邮件服务系统首页。进入首页后单击首页右边的“注册新账号”超链接，或直接输入网址“mail.126.com”后按【Enter】键进入。

（2）注册 126 免费邮箱。

① 单击“注册免费邮箱”按钮，显示注册页面。

② 按照提示，输入一个符合要求的 126 用户名。

注意：在@后面的下拉列表框中选择 126.com，否则所注册的不是网易 126 邮箱。

③ 输入密码等其他信息（注意提示）后注册完成。

④ 输入手机号，然后利用手机编辑短信 222 发送到 10690163222，如图 1–41 所示。

⑤ 选中“同意‘服务条款’和‘隐私权相关政策’”单选按钮，单击“已发送短信验证，立即注册”按钮，邮箱注册成功。

注意：邮箱账户申请成功后，您的电子邮件地址为“账户@邮件服务器主机名（或域名）”例如，guo_9876543210@126.com、lmhb@163.com、wqzt12@yeah.com 等。

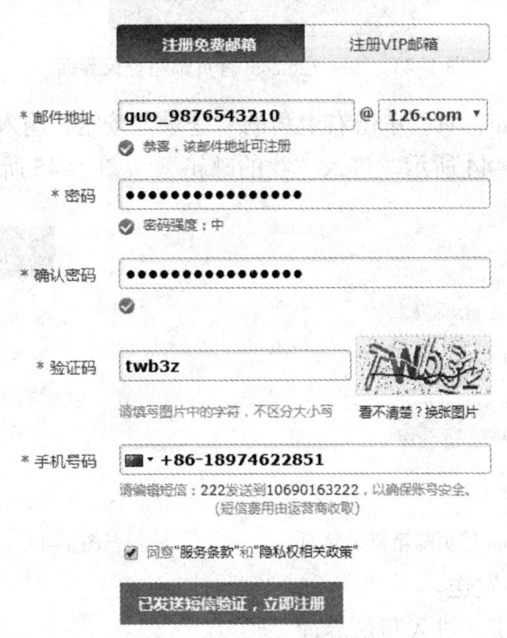

图 1–41　网易 126 免费邮箱注册

（3）登录 126 邮箱系统。登录邮箱的方式有以下三种：

① 如果是刚申请的邮箱，第一次登录邮箱，可在图 1–42 所示的页面中单击“进入邮箱”按钮。

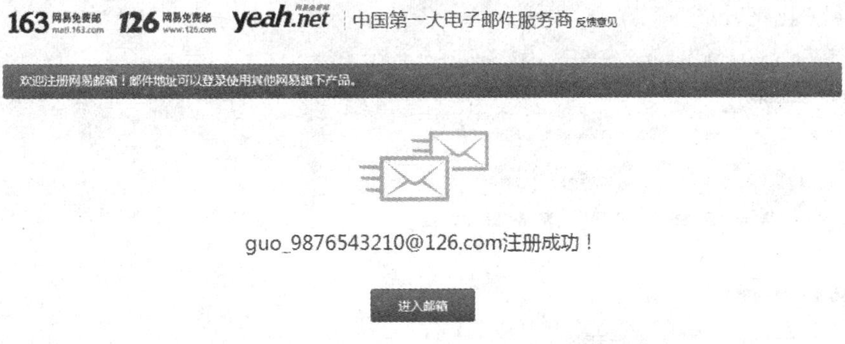

163 网易免费邮 126 网易免费邮 yeah.net 中国第一大电子邮件服务商 反馈意见

欢迎注册网易邮箱！邮件地址可以登录使用其他网易旗下产品。

guo_9876543210@126.com注册成功！

进入邮箱

图 1–42　网易 126 免费邮箱注册成功

② 在 www.126.com 首页中单击“密码登录”按钮，在邮箱账号登录框，输入刚申请的邮件账户及密码，并单击“登录”按钮，如图 1–43 所示。

图 1-43 www.126.com 首页邮箱登录界面

③ 进入 www.163.com 首页，单击右上角的“登录”按钮，输入邮件账户及密码后，单击“登录”按钮，如图 1-44 所示。进入“我的邮箱”，图 1-45 所示。

图 1-44 www.163.com 首页邮箱登录界面

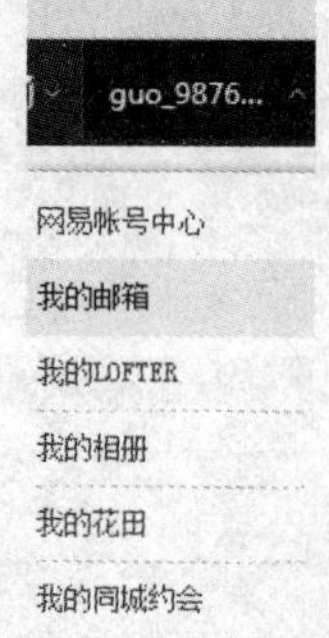

图 1-45 进入我的邮箱

（4）写信与电子邮件发送。

① 单击“写信”按钮，进入写信界面。

② 输入收件人邮件地址和邮件主题、邮件内容后单击“发送”按钮即可将邮件发送到指定邮箱，如图 1-46 所示。

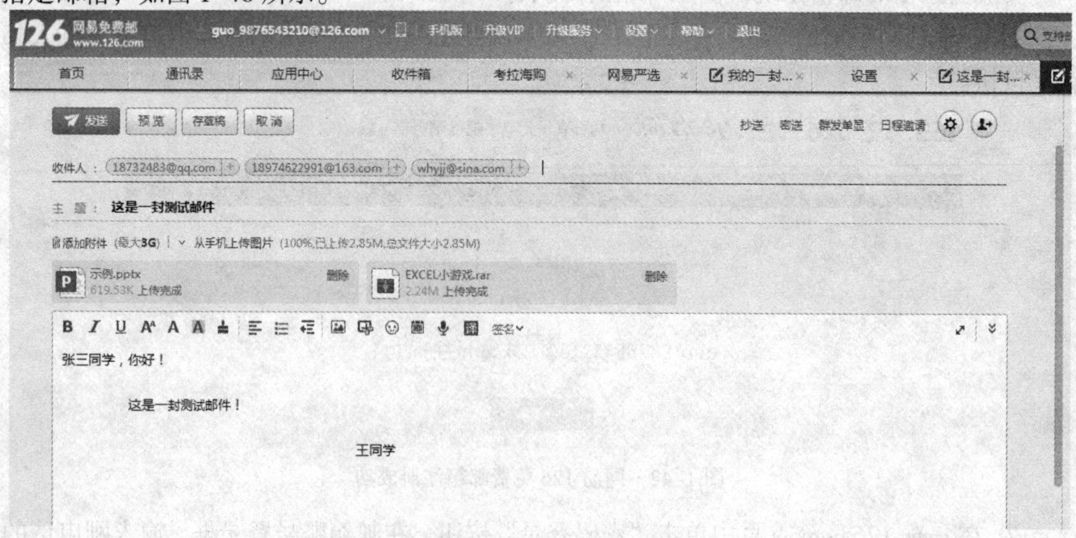

图 1-46 网易 126 邮箱发送界面

说明：

- 若要保存发送信件的副本到本地计算机，则在写信界面下勾选“保存到有道云笔记”复选框即可。
- 若希望信件的收信人收信后能自动回信通知您信件已收，则发信时在写信界面下方勾选“已读回执”复选框。
- 若要将信件同时发送给多个人，则在收件地址中输入多个电子邮件地址，不同邮件地址之间要用英文的“，”间隔。
- 若要随信发送其他文件或者图片等，则单击“添加附件”按钮，在选择文件对话框中选择要发送的附件文件，然后单击“打开”按钮即可，一次可以附加多个文件。

注意：所发送的附件文件不能太大，以防对方邮箱容量不够而拒收邮件，如果发送的附件文件容量较大，建议先用压缩软件进行压缩，再作为附件发送。要删除某个已经添加的附件文件，可在附件列表选中要删除的附件，单击“删除”按钮，即可进行删除。

- 若要设置信纸、文字等格式可用“B I U A A A 签名”工具栏。

（5）阅读、删除、转发、回复邮件。

① 登录邮箱后，单击邮箱左侧的“收信”或者上端“收件箱”选项，右侧显示了“收件箱”中的邮件列表（包括发件人邮箱地址、邮件主题及附件等标记、邮件接收的时间，其中邮件列表中字体为粗体表示未阅读，字体正常的表示是已经阅读过的邮件，如图 1–47 所示。列表右侧带“🔗”标记的表示该邮件带有附件文件。

图 1–47　网易 126 收件箱

② 查阅邮件。单击“收件箱”或者“收信”按钮，会显示邮件列表，若发现有来信（粗体字）时，可单击邮件标题，打开邮件进行阅读。

③ 保存与阅读附件。若邮件带有附件，则可在查阅信件的页面中，单击“查看附件”按钮，再单击附件的下载，保存到本地进行阅读或者使用，若有多个附件，可以单击“打包下载”。

④ 删除信件。“收件箱”文件夹中勾选需要删除的邮件，然后按界面上方的“删除”按钮即可。

注意：上述删除的邮件被保存到“已删除”文件夹，若这些邮件确实没有用，需要删除的还需要到“已删除中”将“已删除”文件选中，单击“彻底删除”按钮清空已删除的邮件。

⑤ 回复与转发信件。在阅读信件的界面中单击“回复或转发”即可。回复为给发件人回信，转发为将当前信件转发给第三方。

（6）通讯录的编辑和管理。

通讯录是用来存放好友的邮件地址，以便下次使用。在通讯录中可以添加、修改、删除联系人，也可以对联系人进行分组等。

注意：“姓名”用于设置好友的姓名；“分组”用于分类存放邮件地址，便于查找。

① 联系人分组管理。单击界面中的“通讯录”卡片，在通讯录管理界面操作。

- 添加联系组：单击界面左侧联系组的“ ⊕ ”，输入分组名称及选择组成员，单击“保存”按钮，即可建立联系组“2019 级新同学”。
- 编辑联系组。单击界面中需要编辑的组。选中“2019 级新同学”组，再单击右侧的“编辑组”按钮，向该组继续添加新的联系人或者移除已有的联系人。界面如图 1-48 所示。

图 1-48　网易 126 邮箱通讯录添加分组

- 删除联系组。操作同上，单击“删除组”按钮即可。删除组时，一种情况是只删除组，但联系人不会删除，另一种情况是不但删除组，而且彻底删除组中的所有联系人，如图 1-49 所示。

② 联系人添加、删除、修改。

- 添加联系人。在通讯录界面中，直接单击“删除联系人”按钮或者单击指定联系组，再单击“新建联系人”按钮，在界面上输入联系人信息即可添加联系人。
- 删除联系人。单击指定的联系组或者单击“所有联系人”按钮，在联系人列表中选择需要删除的联系人，然后单击“删除”按钮，如图 1-50 所示。

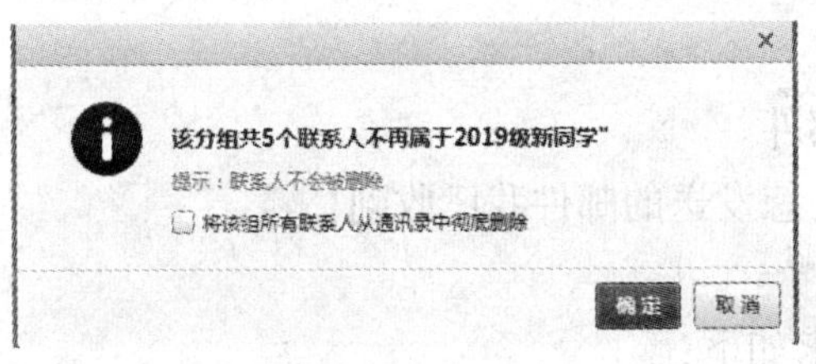

图 1-49　删除“2019 新同学”组

图 1-50　删除联系人“lujin”

③ 通讯录使用。

- 给一个好友发送邮件。通讯录中保存的好友 E-mail 地址显示在“联系人”界面屏幕的右侧，单击“通讯录”按钮，联系人列表选中一个好友，再单击“写信”按钮，将其地址放入邮件的 “收件人”栏中，如图 1-51 所示。

图 1-51　126 邮箱通讯录单个好友发送

- 群发邮件。例如给指定的联系组所有的联系人发送一封邮件。单击“通讯录”按钮，选择联系人组，勾选“姓名”复选框，如图 1-52 所示。单击“写信”按钮，将该联系组联系人全加入到“收件人”中，如图 1-53 所示，写好信后，单击“发送”按钮，即可群发邮件。

图 1-52　全选联系组

图 1-53　添加全组为收件人群发邮件

三、实验任务

【任务一】 申请一个免费的 163 电子邮件并使用它。具体要求如下：

（1）申请一个免费邮箱（www. 163.com）。

（2）将你的朋友添加到“地址簿”中。

（3）使用刚申请的邮箱，给你的朋友发一封带有附件（一张图片或一个压缩文件）的邮件。

（4）将上述信件同时发送给多位朋友。

（5）电子邮箱基本设置，自动保存发送的邮件。

（6）设置自动答复邮件，回复内容：您好！您发送的邮件我已收到！

（7）将收到的一封邮件删除。

【任务二】使用QQ邮箱收发邮件。具体要求如下：

（1）在网上下载QQ安装程序，并在计算机上安装好该程序。

（2）双击打开QQ应用程序，申请一个QQ号。

（3）登录到QQ号的邮箱，给你的2个以上朋友和自己同时发一封附有图片的邮件。

（4）登录QQ邮箱，接收朋友发送给你的邮件（该信件应带有附件文件），并下载其附件文件保存到计算机桌面上。

（5）将某邮件地址标记为“广告邮件”。

（6）将朋友的E-mail地址添加到地址簿。

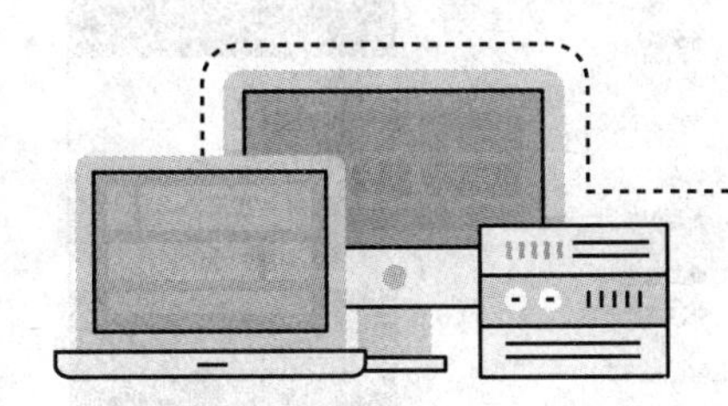

第 2 章 Windows 7操作系统实验

Windows 7 是微软公司 2009 年发布的操作系统，可以实现更快的启动和关机，并且提升了电池的电源管理，增强了多媒体性能，加强了稳定性、可靠性、安全性。从实用的角度出发，本章有选择性地介绍了 Windows 7 操作系统的基本操作及高级应用和操作技巧。

实验 2-1 Windows 7 的基本操作

一、实验目的

（1）掌握桌面图标排列、显示和任务栏的设置方法。

（2）掌握窗口的基本切换方式以及排列方式。

（3）掌握 Windows 7 外观与个性化设置方法。

（4）了解磁盘的基本操作。

（5）了解任务管理器的使用。

（6）学会使用控制面板调整和配置计算机的各种系统属性。

二、实验示例

【例 2-1】桌面图标的排列。将桌面图标按照“名称”进行排列。

Windows 7 桌面上包含很多的桌面图标，图标可以按照用户指定的名称、大小等方式进行排列。

具体的操作步骤如下：

① 在桌面空白区域右击，弹出桌面快捷菜单。

② 在快捷菜单中选择“排列方式”命令，在弹出的下一级菜单中选择“名称”命令即可。

注意：在桌面快捷菜单中选择“查看”命令，在下一级菜单中若勾选了“自动排列图标”复选框，系统会自动的排列桌面图标，此时桌面图标将不能在桌面的任意位置移动。

【例 2-2】桌面图标的显示及隐藏。

（1）将桌面图标以“小图标”的形式显示。

① 在桌面空白处右击，弹出桌面快捷菜单。

② 在桌面快捷菜单中选择“查看”命令，在弹出的下一级菜单中选择“小图标”命令，如图 2-1 所示。

（2）将桌面图标全部隐藏。

具体操作步骤如下：

① 在桌面空白处右击，打开桌面快捷菜单。

② 在桌面快捷菜单中选择“查看”命令，在弹出的下一级菜单中选择“双击隐藏桌面图标”命令。

③ 桌面空白处双击即可。

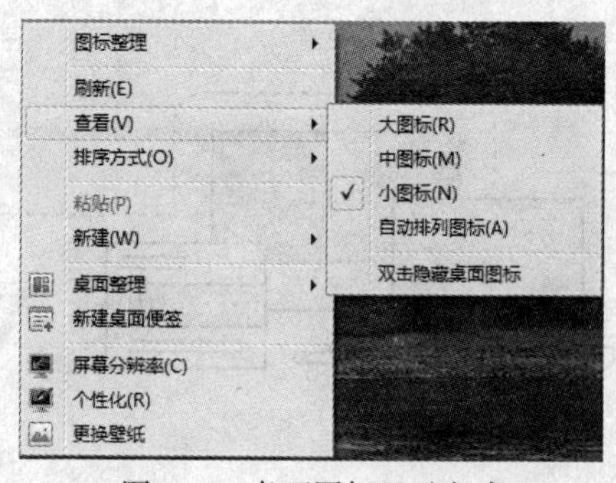

图 2-1　桌面图标显示方式

（3）将桌面“计算机”图标隐藏。

具体操作步骤如下：

① 在桌面空白处右击，打开桌面快捷菜单。

② 在桌面快捷菜单中选择“个性化”命令，打开图 2-2 所示的窗口。

③ 选择“更改桌面图标”选项，弹出图 2-3 所示的对话框。

④ 在该对话框中取消勾选“计算机”复选框即可。

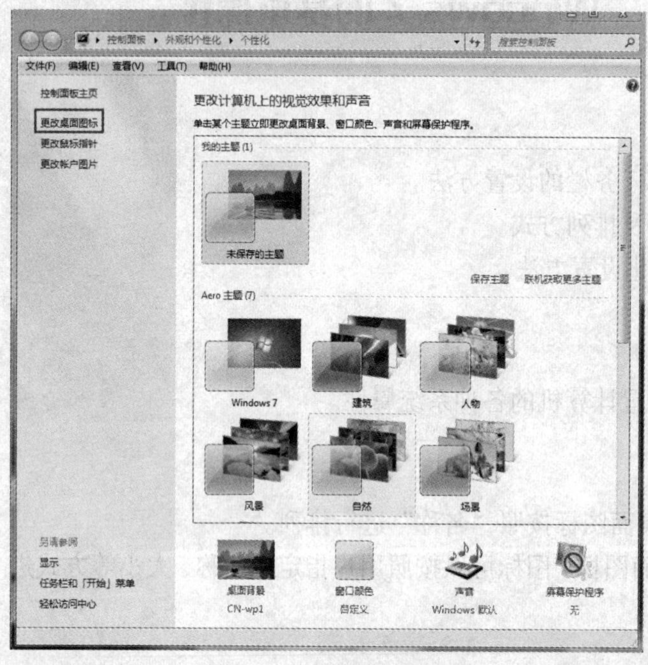

图 2-2　“个性化”窗口

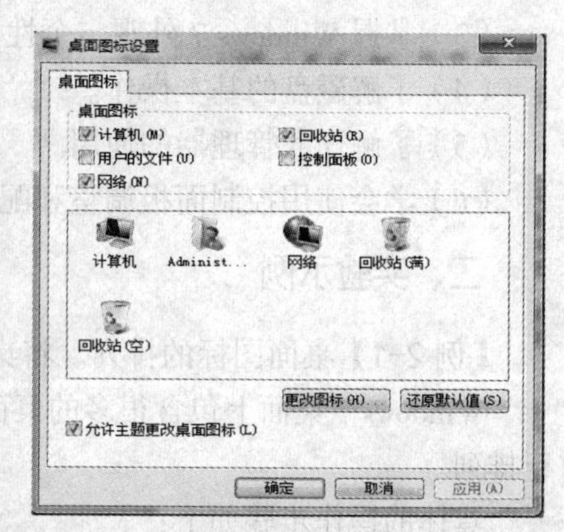

图 2-3　“桌面图标设置”对话框

【例 2-3】任务栏的基本设置。

（1）设置快速启动程序。将“Microsoft Word 2010”设定为任务栏中的快速启动程序。

拖动“Microsoft Word 2010”桌面图标到任务栏的快速启动区中。

（2）改变任务栏的大小。

① 在任务栏空白处右击，在弹出的快捷菜单中，如图 2-4 所示，取消勾选“锁定任务栏”复选框。

② 将鼠标指针移动到任务栏上边界处，当鼠标指针变成双向箭头时，按下鼠标左键拖动即可改变任务栏的大小。

（3）改变任务栏的位置。任务栏可以放置于桌面的“顶部”“底部”“左侧”“右侧”。此处将任务栏放在桌面的顶部。

① 在任务栏空白处右击，在弹出的快捷菜单中，如图 2-4 所示，取消勾选“锁定任务栏”复选框。

② 将鼠标指针移动到任务栏空白处，按下鼠标左键拖动到桌面的顶部即可。

工具栏(T)
层叠窗口(D)
堆叠显示窗口(T)
并排显示窗口(I)
显示桌面(S)
启动任务管理器(K)
✓ 锁定任务栏(L)
属性(R)

图 2-4　任务栏快捷菜单

（4）设置任务栏属性。可以设置任务栏的隐藏、使用小图标以及应用程序按钮显示形式等任务栏的属性设置。例如，设置隐藏任务栏。

① 在任务栏空白处右击，在弹出的快捷菜单中选择“属性”命令，弹出图 2-5 所示的对话框。

② 勾选“自动隐藏任务栏”复选框。

③ 单击“确定”按钮即可。

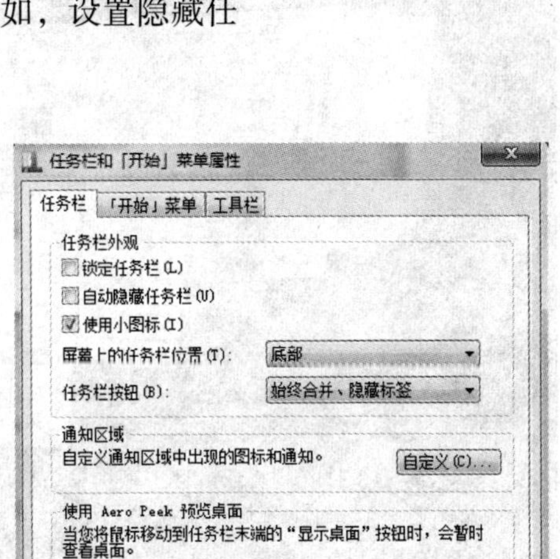

图 2-5　“任务栏和「开始」菜单属性”对话框

【例 2-4】窗口的基本操作。

窗口的基本操作包括打开窗口，最大化、最小化及还原窗口，缩放窗口，移动窗口，切换窗口，排列窗口和关闭窗口等。

（1）打开窗口。

双击要打开窗口的图标（打开窗口的方法有许多，这里主要介绍基本方法）即可打开窗口。

（2）最大化、最小化及还原窗口。

最大化、最小化及还原窗口按钮集中在窗口右上角的控制按钮区，其中：

最大化：当单击窗口控制按钮中的四方框按钮时，窗口就会占据整个屏幕。

最小化：当单击窗口控制按钮中的一字形按钮时，窗口会被缩小到任务栏中的窗口显示区。

还原：当窗口被最大化后，中间的四方框按钮变为叠放的两个四方框型按钮，单击后窗口会恢复为原来大小。

（3）缩放窗口。

将鼠标指针移动到窗口的四个角上，当鼠标指针变成双向箭头后，按下鼠标左键进行移动，当调整到满意状态后释放鼠标，窗口即变成调整时的大小。

（4）移动窗口。

将鼠标指针移动到窗口标题栏，然后按下鼠标左键不放移动鼠标，当移动到合适的位置时释放鼠标，那么窗口就会出现在这个位置（窗口最大化状态不可移动）。

（5）切换窗口。

① 通过任务栏按钮预览：将鼠标指针移动到任务栏的窗口按钮上，系统会显示该按钮对应窗口的缩略图。

② 不同的窗口切换缩略图：按【Alt+Tab】组合键，即可以缩略图的形式查看当前打开的所有窗口。

③ 三维窗口切换：按【Win+Tab】组合键，会显示出三维窗口切换效果，如图 2-6 所示。按住【Win】键不放，再按【Tab】键或滚动鼠标滚轮即可在现有窗口缩略图中切换，当显示出所需要窗口时，释放两键即可。

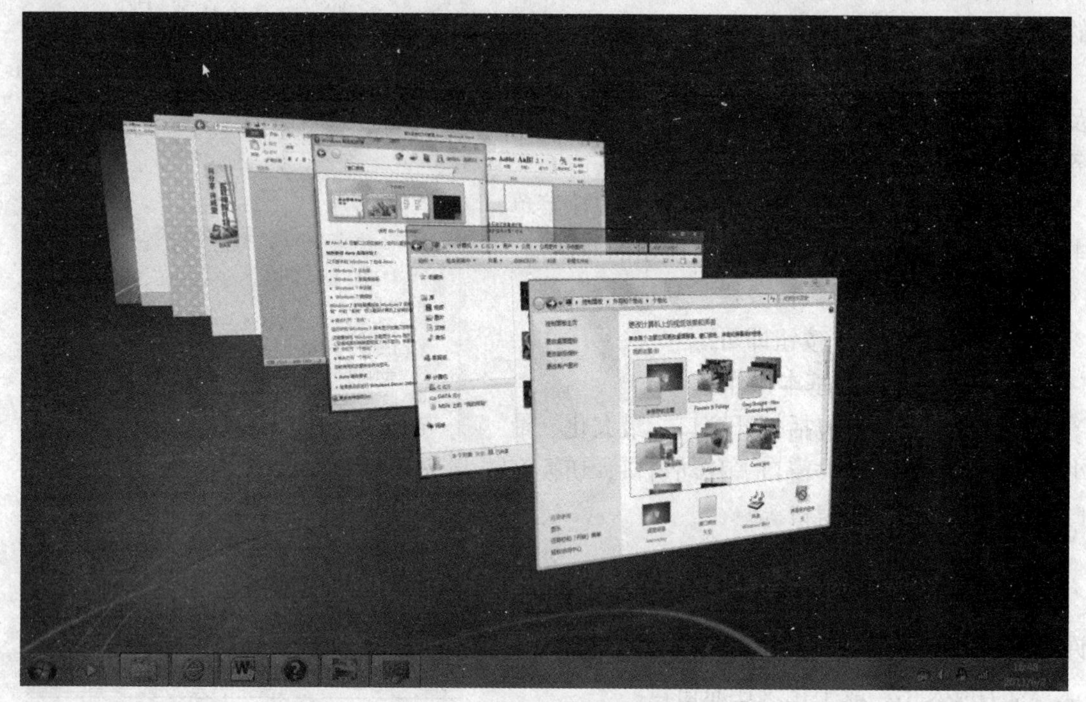

图 2-6　现有窗口 3D 缩略图

（6）排列窗口。

在任务栏的非按钮区右击，在弹出的快捷菜单中选择相应的排列窗口命令即可将窗口排列为所需的样式。

Windows 7 提供了以下三种排列方式供用户选择：

① 层叠窗口：把窗口按打开的先后顺序依次排列在桌面上。

② 堆叠窗口：是指以横向的方式同时在屏幕上显示所有窗口，所有窗口互不重叠。

③ 并排显示窗口：是指以垂直的方式同时在屏幕上显示所有窗口，窗口之间互不重叠。

（7）关闭窗口。

若是关闭当前显示窗口，可单击窗口的“关闭”按钮；或者双击窗口左上角的控制图标；或者使用【Alt+F4】、【Ctrl+W】组合键等。

【例 2-5】Windows7 外观与个性化设置。

（1）设置主题。

① 在桌面空白处右击，在弹出的桌面快捷菜单中选择“个性化”命令，打开“个性化”窗口。

② 在窗口中选择需要设置的主题，系统即可将该主题对应的桌面背景、操作窗口、系统按钮、活动窗口和自定义颜色、字体等设置到当前环境中。

（2）设置桌面背景。

① 在“个性化”窗口中，选择“桌面背景”选项，弹出图 2–7 所示的窗口。

② 在第一个“图片位置”下拉列表中选择某一项图片位置，然后在图片列表框中选择一个图片或单击“浏览”按钮，在弹出的对话框中选择指定的图片。

③ 在第二个“图片位置”中，选择图片的显示方式。

④ 单击“保存修改”按钮即可。

图 2–7 “桌面背景”窗口

（3）设置窗口颜色。

① 在“个性化”窗口中，选择“窗口颜色”选项，弹出图 2–8 所示的窗口。

② 在窗口列出的颜色方案中选择一种对窗口进行统一设置或者选择“高级外观设置”选项，对“桌面”“菜单”“窗口”“图标”“工具栏”等项目进行逐一设定。

③ 单击“保存修改”按钮即可。

（4）设置屏幕保护程序。

① 在“个性化”窗口中，选择“屏幕保护程序”选项，弹出图 2–9 所示的对话框。

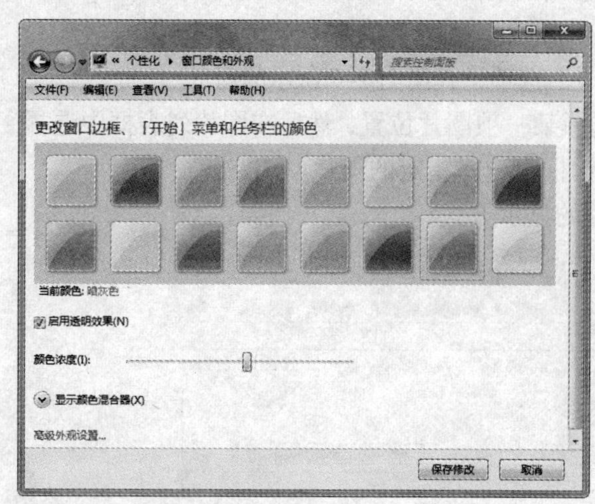

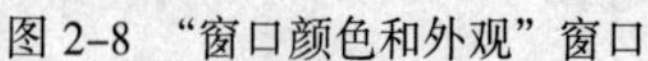
图 2-8 “窗口颜色和外观”窗口

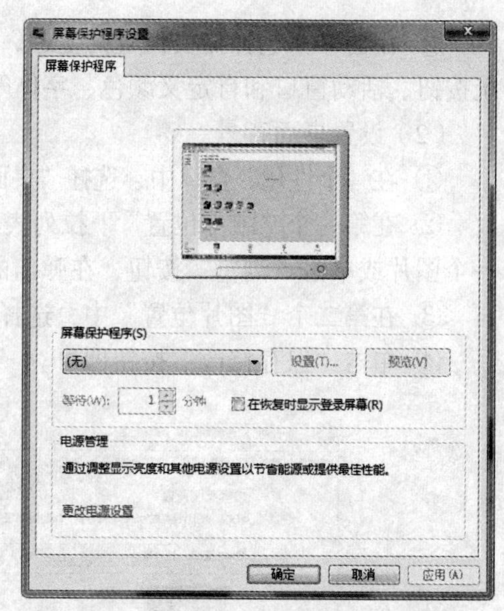

图 2-9 “屏幕保护程序设置”对话框

② 在窗口设置应用于系统的屏幕保护程序，以及等待时间的设置。

③ 单击“确定”按钮即可。

【例 2-6】控制面板使用。

控制面板是 Windows 系统工具中的一个重要文件夹，其界面如图 2-10 所示。使用控制面板可以更改 Windows 的设置，而这些设置几乎包括有关 Windows 外观和工作方式的所有设置，并允许用户对 Windows 进行设置，使其适合用户的需要。

图 2-10 “控制面板”窗口

打开控制面板的方法有以下 3 种：

（1）单击“开始”按钮，在“开始”菜单中单击“控制面板”命令。

（2）在“资源管理器”窗口中，单击导航窗格中的“计算机”按钮，然后单击工具栏上的“打开控制面板”按钮。

（3）单击“开始”→“所有程序”→“附件”→“系统工具”→“控制面板”命令。

【例 2-7】磁盘的基本操作

（1）磁盘格式化。

操作步骤如下：

① 以管理员身份登录系统，否则会提示权限不够而导致无法进行格式化操作。

② 在桌面中双击“计算机”图标，打开“计算机”窗口，右击需要进行格式化的磁盘驱动器图标，在弹出的菜单中选择“格式化”命令，如图 2-11 所示。

③ 弹出的格式化对话框，如图 2-12 所示，需要对格式化的参数进行设置。各参数含义如下：

“文件系统”：可选择 NTFS 还是 FAT32 格式进行格式化，通常情况下，硬盘建议使用 NTFS 格式，U 盘建议使用 FAT32 格式。

“分配单元大小”：格式化的磁盘分配容量。

“快速格式化”：当磁盘以前已做过格式化操作时，将删除磁盘文件，实现快速格式化。

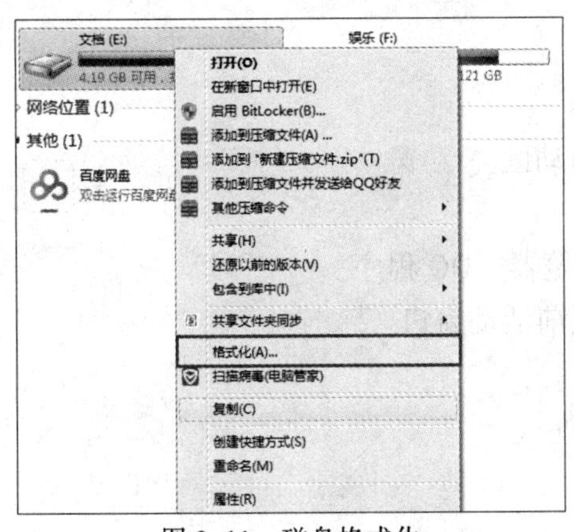

图 2-11　磁盘格式化

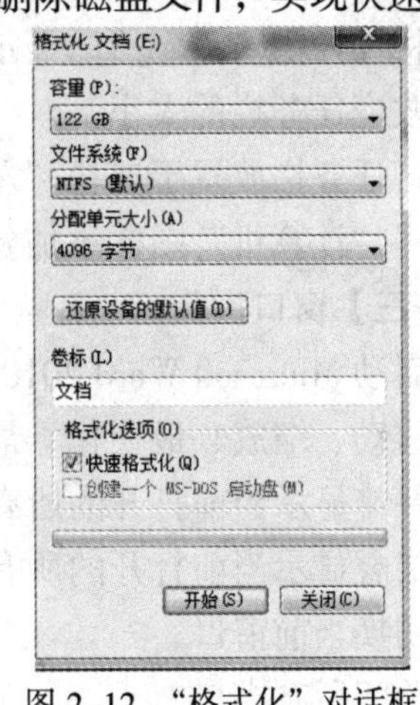

图 2-12　“格式化”对话框

④ 设定好想要的参数之后单击“确定”按钮，即可进行格式化。

（2）磁盘的清理。磁盘的清理通常有以下两种方法：

① 单击“开始”→“所有程序”→“附件”→“系统工具”→“磁盘清理”命令，弹出“选择驱动器”对话框，在该对话框中选中需要磁盘清理的磁盘驱动器，单击“确定”按钮即可完成清理。

② 打开“磁盘属性”对话框，在“常规”选项卡中单击“磁盘清理”按钮即可。

（3）磁盘碎片整理。磁盘碎片的整理通常有以下两种方法：

① 单击“开始”→“所有程序”→“附件”→“系统工具”→“磁盘碎片整理程序”命令。

② 打开“磁盘属性”对话框，在“常规”选项卡中单击“立即进行碎片整理”按钮即可。

【例 2-8】Windows 任务管理器的使用。打开浏览器、QQ 程序、写字板，并在任务管理器中结束 QQ 程序。

操作步骤如下：

（1）在计算机中打开浏览器、QQ 程序、写字板三个应用程序。

（2）右击任务栏空白处，选择“启动任务管理器”命令，或者利用【Ctrl+Alt+Del】组合键启动任务管理器，打开图 2-13 所示的窗口。

（3）在“应用程序”选项卡中选定 QQ 应用程序，单击“结束任务”按钮即可。

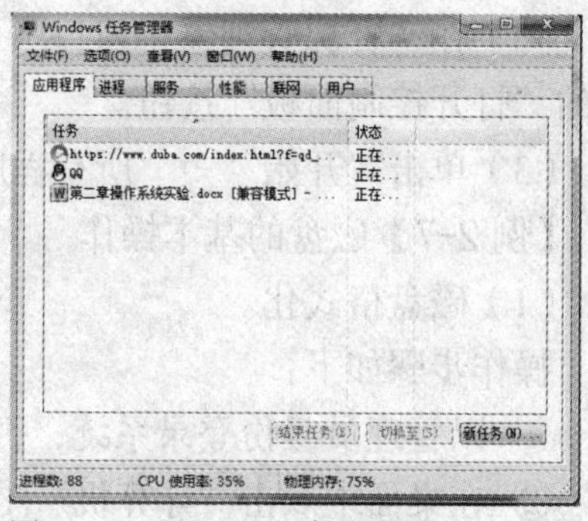

图 2-13 “Windows 任务管理器”窗口

三、实验任务

【任务一】桌面图标相关操作。

（1）将桌面图标以小图标的形式显示。

（2）将桌面图标全部隐藏，然后全部显示。

【任务二】任务栏相关操作。

（1）将任务栏隐藏，然后显示。

（2）改变任务栏的大小。

（3）将任务栏放置于屏幕“左侧”。

（4）将“计算机”图标添加到任务栏快速启动区。

【任务三】窗口操作。

（1）启动 Microsoft Word 2010 应用程序、浏览器、QQ 程序。

（2）移动、缩放、最大化、最小化、还原当前活动窗口。

（3）并排显示当前打开的所有窗口。

（4）层叠显示当前打开的所有窗口。

（5）切换当前窗口。

（6）关闭所有窗口。

【任务四】外观与个性化设置。

（1）从网上下载一张图片作为桌面背景。

（2）更改窗口的颜色和外观。

（3）设置屏幕程序，时长 1 min。

实验 2-2 文件与文件夹的管理

一、实验目的

（1）掌握 Windows 7 资源管理器的使用。

（2）了解“文件夹选项”设置。

（3）掌握文件与文件夹的选定、创建、重命名、复制、移动、删除、创建快捷方式、搜索等操作。

（4）掌握文件、文件夹的属性设置方法。

二、实验示例

【例 2-9】打开“资源管理器”窗口，了解其构成。

打开“资源管理器”窗口的方法有如下几种：

（1）使用【Win+E】组合键。

（2）右击“开始”按钮，在弹出的快捷菜单中选择“打开 Windows 资源管理器”命令。

（3）双击桌面中的“计算机”图标或者网络图标。

（4）单击“开始”→“所有程序”→“附件”命令，在“附件”菜单中选择“Windows 资源管理器”命令。

如图 2-14 所示，“资源管理器”窗口的构成包括：

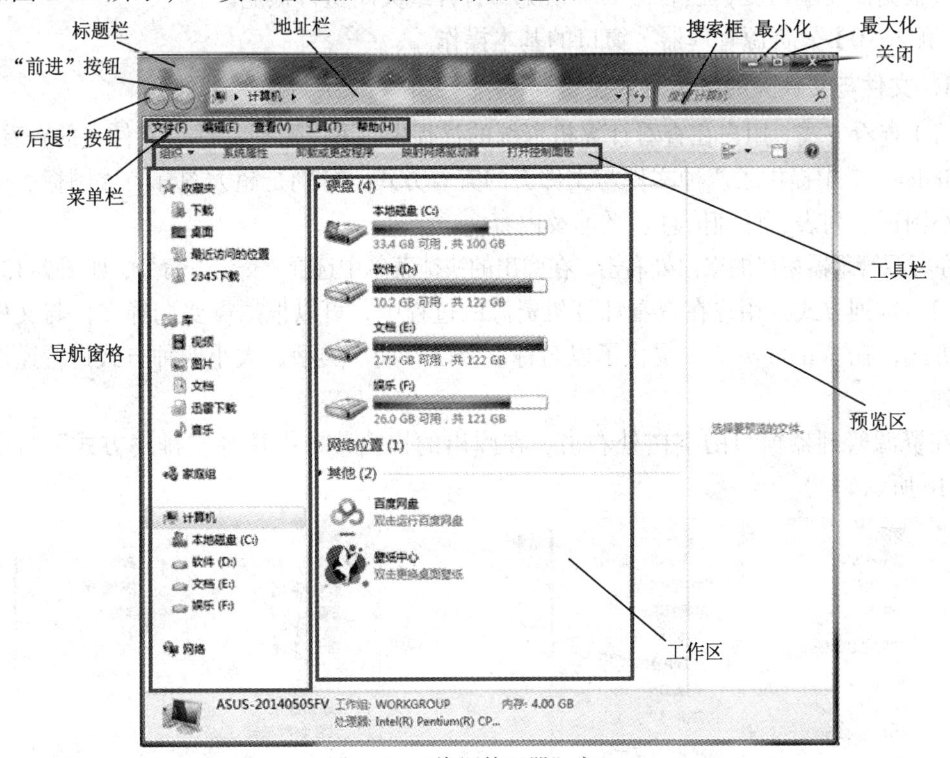

图 2-14　“资源管理器”窗口

（1）标题栏。标题栏包含最小化（实现窗口隐藏），最大化或还原（实现窗口满屏显示或满屏后的还原显示）以及关闭（实现关闭当前窗口）这三个按钮。同时右击标题栏可实现窗口的相关操作。

（2）“前进”与“后退”按钮。实现访问相对于当前位置的下一个位置以及退回到上一个位置的功能。

（3）地址栏。显示当前文件或文件夹的完整路径。同时工作区中显示的是当前路径下的文件夹列表。

（4）搜索框。通过关键词搜索当前路径下的相关内容。搜索框具有动态搜索过程，当在搜索框中输入一个字时，搜索功能即开启，随着关键字的不断增多，搜索内容会不断地进行筛选，只要检索出符合关键词的精确经过。搜索包含模糊搜索与精确搜索。

（5）菜单栏。有多个子菜单构成，单击每个子菜单时会打开相应的下拉菜单，通过下拉菜单中的命令可以完成一些窗口管理操作。

（6）工具栏。包含一些与当前窗口内容相关的一些命令和功能。

（7）导航窗格。由三部分构成：收藏夹链接（包含下载、桌面、最近访问的文职和 2345 下载）、库（一种通过索引与快速搜索访问文件与文件夹的方式）以及计算机（提供整个系统的树状目录列表）。

（8）工作区。显示当前窗口路径下的文件与文件夹列表。

（9）预览区。预览当前在工作区域中选中的常用文件，如 Word、Excel、PPT 文件等。用户可根据需要单击工具栏右侧的“预览”打开或关闭窗口预览区。

【例 2-10】“资源管理器”窗口的基本操作。

1. 文件与文件夹的显示方式设置

（1）查看方式。用户在查看计算机资源的过程中，可以选择文件与文件夹的查看方式，在 Windows 7 中提供了八种文件与文件夹的查看方式，分别是超大图标、大图标、中等图标、小图标、列表、详细信息、平铺及内容。

在资源管理器窗口的空白处右击，在弹出的快捷菜单中选择“查看”命令，如图 2-15 所示。

（2）排列方式。用户在查看计算机资源的过程中，可以根据需要选择文件与文件夹的排列方式，在 Windows 7 中提供了以名称、修改日期、类型、大小四种方式进行递增或递减排列。

在资源管理器窗口的空白处右击，在弹出的快捷菜单中选择“排序方式”命令，如图 2-16 所示。

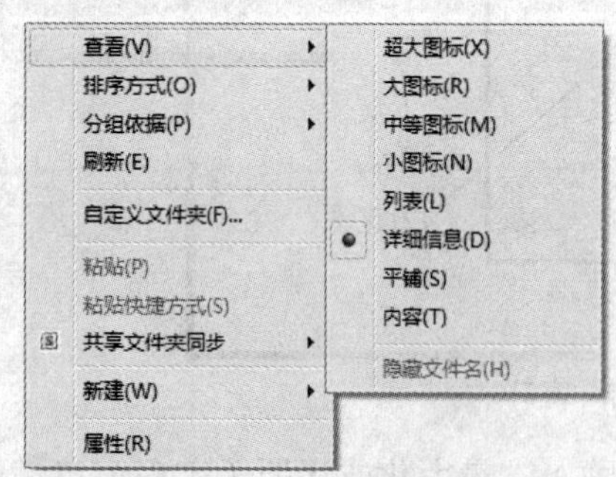

图 2-15 “查看”级联菜单

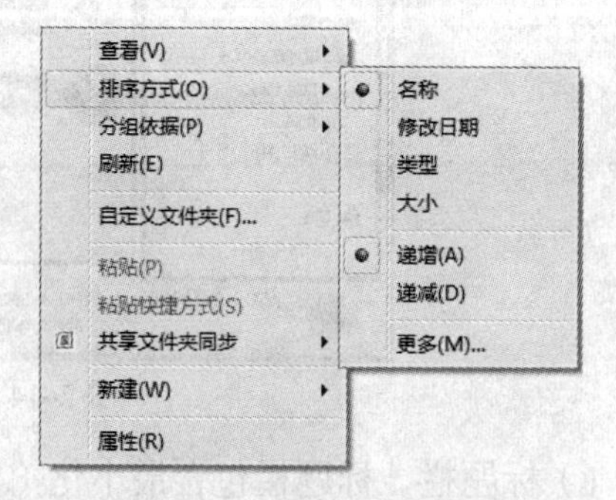

图 2-16 “排序”级联菜单

2.“文件夹选项”对话框

“文件夹选项”对话框是资源管理器中一个非常重要的常规设置对话框，打开该对话框的方法如下。

在“资源管理器”窗口中单击“组织”→文件和搜索选项”命令，如图 2-17 所示。

该对话框包括三个选项卡：

“常规”选项卡：用于设置文件与文件夹的常规属性。例如，项目浏览方式与打开方式等。

“查看”选项卡：设置文件与文件夹的显示方式。例如，文件与文件夹的隐藏，隐藏文件类型的扩展名等。

“搜索”选项卡：文件与文件夹搜索设置。

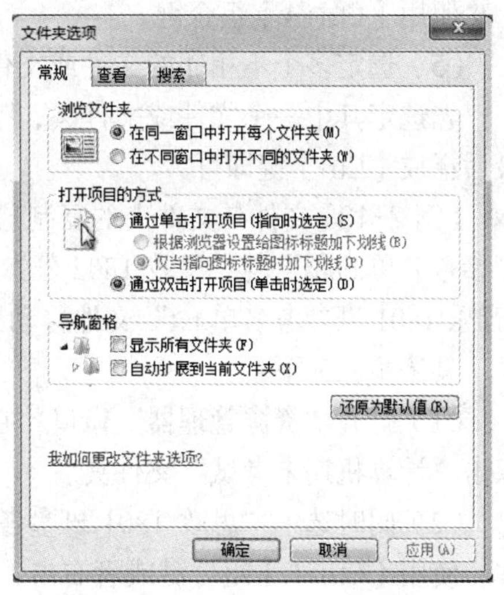

图 2-17　“文件夹选项”对话框

【例 2-11】文件与文件夹的创建。在计算机 D 盘根目录下创建一个文件夹，命名为“计算机期末考试”，在该文件夹下创建 2 个文件夹，分别命名为思政、音乐，同时在“计算机期末考试”文件夹下创建 3 个文件，文件的命名分别是：思政 1801 班参考名单.docx、思政 1802 班参考名单.xlsx、音乐 1801 班参考名单.txt。

创建文件夹的方法请参考《大学计算机（微课）》教材 2.4.3 节。此处不再赘述。

具体操作步骤如下：

① 打开“资源管理器”窗口，在导航窗格中单击 D 盘磁盘驱动器图标。

② 在工作区空白处右击，单击“新建”→“文件夹”命令，输入文件夹名称为“计算机期末考试”。

③ 双击“计算机期末考试”文件夹，在该文件夹下空白处右击，单击“新建”→“文件夹”命令，输入文件夹名为“思政”。

④ 依照③的步骤在“计算机期末考试”文件夹下再创建一个文件夹，名为“音乐”。

⑤ 在“计算机期末考试”文件夹下空白处右击，选择“新建”命令，在弹出的下一级菜单中选择相应的应用程序创建文件，其中，“*.docx”是 Word 2010 文件，“*.xlsx”是 Excel 2010 文件，“*.txt”是文本文件。

【例 2-12】文件与文件夹的选定。

打开“D:\计算机期末考试”文件夹。

（1）选定任意一个文件或文件夹。

将鼠标指针移动到该文件或文件夹上，单击即可。

（2）选定多个相邻的文件或文件夹。

将鼠标指针移动到第一个文件或文件夹处单击，然后按住【Shift】键不放，再将鼠标指针移动到最后一个文件或文件夹处单击，释放【Shift】键即可。

（3）选定多个相邻的文件或文件夹。

将鼠标指针移动到第一个文件或文件夹处单击，然后按住【Shift】键不放，再将鼠标指针移动到最后一个项目处单击，释放【Shift】键即可。或者利用拖动鼠标左键画一个框将所有涉及的文件或文件夹都框进去即可。

（4）选定所有的文件与文件夹。

使用【Ctrl+A】组合键。

（5）选定多个不相邻的文件或文件夹。

先选定其中一个文件或文件夹，然后按住【Ctrl】键，再依次选中其他的文件或文件夹，最后释放【Ctrl】键即可。

【例 2-13】文件与文件夹的复制与移动。将“D:\计算机期末考试”文件夹中“思政 1801 班参考名单.docx”与“思政 1802 班参考名单.xlsx”两个文件复制到“思政”文件夹中，将“音乐 1801 班参考名单.txt”文件移动到“音乐”文件夹中。

具体步骤如下：

（1）打开“资源管理器”窗口，在导航窗格中单击 D 盘磁盘驱动器图标。在工作区中双击“计算机期末考试”文件夹。

（2）同时选中“思政 1801 班参考名单.docx”与“思政 1802 班参考名单.xlsx”两个文件，使用【Ctrl+C】组合键或者右击，在弹出的菜单中选择“复制”命令。

（3）双击“思政”文件夹，在该文件夹下使用【Ctrl+V】组合键，或者在空白处右击，选择“粘贴”命令。

（4）单击“资源管理器”窗口中的“后退”按钮，将当前位置退回到“D:\计算机期末考试”文件夹下，拖动“音乐 1801 班参考名单.txt”到“音乐”文件夹图标上即可；或者右击“音乐 1801 班参考名单.txt”文件，在弹出的快捷菜单中选择“剪切”命令，然后打开“音乐”文件夹，在该文件夹下右击，选择“粘贴”命令即可。

【例 2-14】文件与文件夹的删除。删除“D:\计算机期末考试”文件夹下的“思政 1801 班参考名单.docx”文件。

操作步骤如下：

（1）打开“资源管理器”窗口，在导航窗格中单击 D 盘磁盘驱动器图标。在工作区中双击“计算机期末考试”文件夹。

（2）右击“思政 1801 班参考名单.docx”文件，在弹出的快捷菜单中选择“删除”命令；或者选定“思政 1801 班参考名单.docx”文件，按【Delete】键，在弹出的对话框中单击“是”按钮。

说明：以上这种删除方法是将删除的文件从原位置移动到了桌面“回收站”中，若需彻底删除该文件可以按照以下方式进行：

方法一：在执行完上述不彻底的删除步骤之后，双击桌面“回收站”图标，找到“思政 1801 班参考名单.docx”文件，右击，选择“删除”命令。

方法二：在“D:\计算机期末考试”文件夹下选定“思政 1801 班参考名单.docx”文件，然后使用【Shift+Delete】组合键。

【例 2-15】文件与文件夹的重名。将“D:\计算机期末考试\思政”文件夹下的“思政 1802 班参考名单.xlsx”文件重命名为“思政 1802 班期末考试参考名单 xlsx”。

操作步骤如下：

（1）打开“资源管理器”窗口，在导航窗格中单击 D 盘磁盘驱动器图标。在工作区中双击“计算机期末考试”文件夹。

（2）双击“思政”文件夹图标，右击“思政 1802 班参考名单.xlsx”文件选择“重命名”

命令或选定“思政 1802 班参考名单.xlsx”文件按【F2】键，输入文件的名称即可。

【例 2-16】文件与文件夹的搜索。

（1）在 D 盘根目录下搜索“音乐 1801 班参考名单.txt”文件。

① 打开“资源管理器”窗口，在导航窗格中单击 D 盘磁盘驱动器图标。

② 在窗口的搜索框中输入“音乐 1801 班参考名单.txt”。

（2）在 D 盘根目录下搜索所有 txt 文件。

① 打开“资源管理器”窗口，在导航窗格中单击 D 盘磁盘驱动器图标。

② 在窗口的搜索框中输入“*.txt”。

【例 2-17】为文件与文件夹创建快捷方式。对“D:\计算机期末考试”文件夹在桌面创建一个名为“期末考试相关材料”的快捷方式。

方法一：打开“资源管理器”窗口，在导航窗格中单击 D 盘磁盘驱动器图标；在工作区中右击“计算机期末考试”文件夹，在弹出的快捷菜单中选择执行“发送到”→“桌面快捷方式”；在桌面中右击快捷方式，重命名为“期末考试相关材料”即可。

方法二：在“桌面”空白处右击，在弹出的快捷菜单中选择执行“新建”→“快捷方式”命令；在弹出的对话框中，输入待创建快捷方式的文件或文件夹的完整路径：“D:\计算机期末考试”，单击“下一步”按钮；输入“期末考试相关材料”，单击“完成”按钮即可。

三、实验任务

【任务】按下列要求完成文件和文件的基本操作。

（1）在 D 盘根目录下创建一个名为“my_test”的文件夹。

（2）在“my_test”文件夹下创建 2 个文件夹和 1 个文件。2 个文件夹的名称分别为“sub_test1”“sub_test2”；文件的文件名为“first_file.docx”。

（3）在“sub_test1”文件夹下创建一个名为“second_file.txt”的文本文件。并在文件中输入“this is my second file!”。

（4）在 C 盘根目录下搜索首字母为 a 的文本文件，并任选三个文件复制到“sub_test2”文件夹中。

（5）设置“隐藏已知文件类型的扩展名”、“不显示隐藏的文件、文件夹和驱动器”，观察“sub_test2”中文件的显示变化。

（6）将“sub_test2”文件夹中三个文件分别重命名为“third_file.txt”“fourth_file.txt”“fifth_file.txt”。

（7）将“sub_test2”夹中的“third_file.txt”文件移动到“sub_test1”文件夹中，“fourth_file.txt”文件复制到“my_test”文件夹中。

（8）将“my_test”的文件夹中的“first_file.docx”文件彻底删除，将“sub_test2”文件夹中“fifth_file.txt”放入“回收站”中。

（9）在“回收站中”将“fifth_file.txt”文件恢复。

（10）将“sub_test2”文件夹中的所有文件设置为“隐藏”属性。

（11）取消“sub_test2”文件夹中的 fifth_file.txt 文件设置的“隐藏”属性。

第 3 章 Word 2010文字处理软件实验

Word 2010 是 Microsoft 公司开发的 Office 2010 办公组件之一，是一个功能强大的文字处理软件。使用它不仅可以进行简单的文字处理，还能制作出图文并茂的文档、编辑和排版长文档以及需要进行特殊版式编排的文档的编辑和排版。

实验 3-1　文本编辑与基本格式设置

一、实验目的

（1）熟练掌握创建、输入、保存、关闭 Word 文档的操作方法。

（2）熟练掌握文本的选定、插入与删除、复制与移动、查找与替换等基本编辑方法。

（3）熟练掌握字体格式设置、段落格式设置。

（4）掌握对文档的页面设置、文档背景设置和文档分栏、首字下沉等基本排版操作。

二、实验示例

【例 3-1】小编要设计排版一篇成语故事“扑朔迷离”，请根据以下要求完成整个文档的创建与制作：

（1）新建一个 Word 文档，命名为“成语故事编辑.docx”，将素材文件“成语故事.docx”中所有内容插入到该文件中，并保存文件。

（2）对文件“成语故事编辑.docx”进行格式设置，最终效果如图 3-1 所示。

1. 设计要求

（1）页面纸张大小为 32 开（13 厘米 × 18.4 厘米），页边距适中。

（2）标题文字“扑朔迷离”添加素材中给出的注音，格式为华文楷体、16 磅、居中对齐、文字添加双细线蓝色边框。

（3）标题下方“出处”和“解释”两段添加图 3-1 所示的项目符号，并为段落添加一种虚线蓝色边框。

（4）正文段落“北魏时，……，因而难以分辨雄雌。”格式：宋体、五号、首行缩进 2 字符、段前段后各 6 磅、单倍行距。

（5）为正文首段设置首字下沉 2 行，首字字体“隶书”；为正文最后两段分成等宽两栏，并添加分隔线。

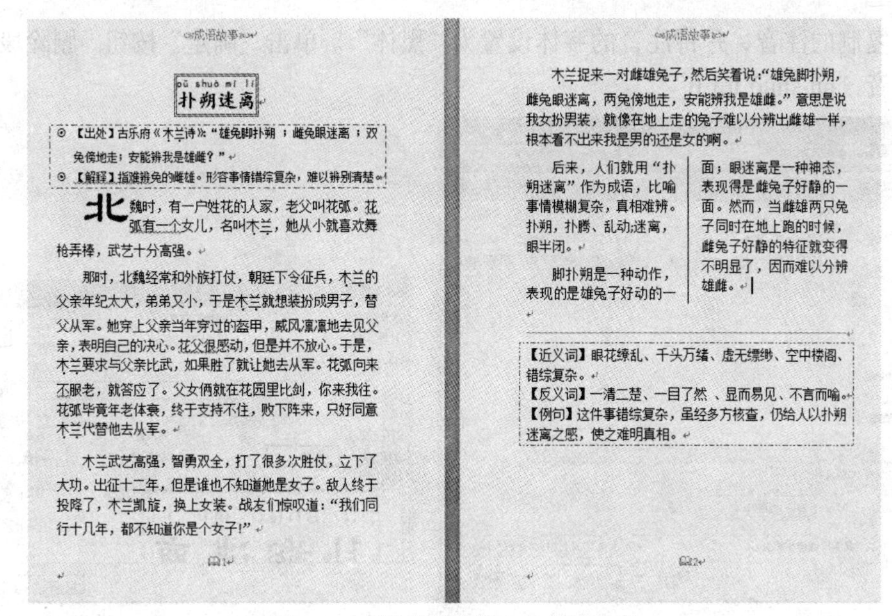

成语故事

pū shuò mí lí
扑朔迷离

⊙【出处】古乐府《木兰诗》:"雄兔脚扑朔；雌兔眼迷离；双兔傍地走；安能辨我是雄雌？"

⊙【解释】指难辨兔的雌雄。形容事情错综复杂，难以辨别清楚。

北魏时，有一户姓花的人家，老父叫花弧。花弧有一个女儿，名叫木兰，她从小就喜欢舞枪弄棒，武艺十分高强。

那时，北魏经常和外族打仗，朝廷下令征兵，木兰的父亲年纪太大，弟弟又小，于是木兰就想装扮成男子，替父从军。她穿上父亲当年穿过的盔甲，威风凛凛地去见父亲，表明自己的决心。花父很感动，但是并不放心。于是，木兰要求与父亲比武，如果胜了就让她去从军。花弧向来不服老，就答应了。父女俩就在花园里比剑，你来我往。花弧毕竟年老体衰，终于支持不住，败下阵来，只好同意木兰代替他去从军。

木兰武艺高强，智勇双全，打了很多次胜仗，立下了大功。出征十二年，但是谁也不知道她是女子。敌人终于投降了，木兰凯旋，换上女装。战友们惊叹道："我们同行十几年，都不知道你是个女子!"

📖1

成语故事

木兰捉来一对雌雄兔子，然后笑着说:"雄兔脚扑朔，雌兔眼迷离，两兔傍地走，安能辨我是雄雌。"意思是说我女扮男装，就像在地上走的兔子难以分辨出雌雄一样，根本看不出来我是男的还是女的啊。

后来，人们就用"扑朔迷离"作为成语，比喻事情模糊复杂，真相难辨。扑朔，扑腾、乱动;迷离，眼半闭。

脚扑朔是一种动作，表现的是雄兔子好动的一面；眼迷离是一种神态，表现得是雌兔子好静的一面。然而，当雌雄两只兔子同时在地上跑的时候，雌兔子好静的特征就变得不明显了，因而难以分辨雄雌。

【近义词】眼花缭乱、千头万绪、虚无缥缈、空中楼阁、错综复杂。
【反义词】一清二楚、一目了然 、显而易见、不言而喻。
【例句】这件事错综复杂，虽经多方核查，仍给人以扑朔迷离之感，使之难明真相。

📖2

图 3-1　成语故事编辑.docx 最终效果

（6）正文之后空一行，插入一条横线。

（7）文档最后 3 段"【近义词】、【反义词】、【例句】"添加一种蓝色虚线边框。

（8）将文档中所有的"木兰"二字加着重号，将所有"花狐"更正为"花弧"。

（9）文档的页眉处为"☙成语故事❧"、页脚处插入页码"📖1，2..."。

（10）为页面添加一种背景颜色，并添加水印文字"文化自信"。

2．操作步骤

（1）创建、打开 Word 文档。

在计算机的 E 盘新建文件夹"第 3 章实验"，在该文件夹下，右击窗口空白处，在弹出的快捷菜单中选择"新建"→"Microsoft Word 文档"命令，为新生成的文件重命名为"成语故事编辑.docx"，并双击打开该文件。

（2）在文档中插入文件中的文字。

在打开的文档中，单击"插入"→"文本"→"对象"下拉按钮，选择"文件中的文字"，打开"插入文件"对话框（见图 3–2），选择素材文件"成语故事.docx"。单击"插入"按钮。并单击"保存"按钮。

（3）设置页面。

单击"页面布局"→"页面设置"→"纸张大小"下拉按钮，选择"32 开（13 × 18.4 厘米）"，然后，在"页边距"下拉列表选择"适中"选项。

（4）标题格式设置。

① 选择标题文字"扑朔迷离"，在"开始"→"字体"→"字体"下拉列表中选择"宋体"，在"字号"下拉列表中输入"16"并按【Enter】键，单击"段落"→"居中"按钮。

② 复制"注音"后的拼音"pū shuò mí lí"，选择标题文字"扑朔迷离"，单击"字体"→"拼音指南"按钮，打开"拼音指南"对话框，如图 3–3 所示，单击"组合"按钮，

粘贴刚才复制的注音，并将注音的字体设置为“黑体”。单击“确定”按钮。删除段落“注音”及拼音“pū shuò mí lí”。

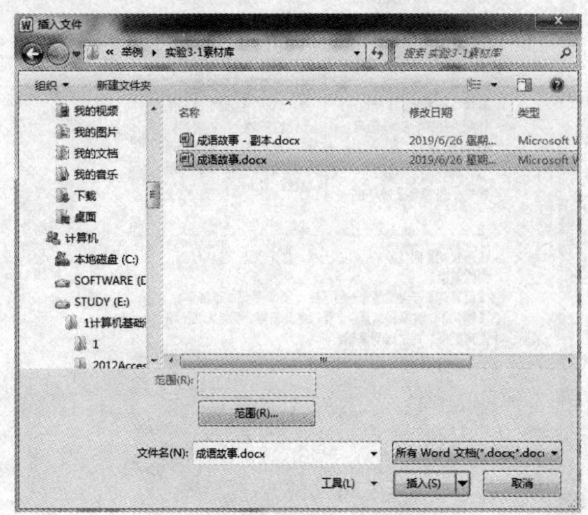

图 3-2 “插入文件”对话框

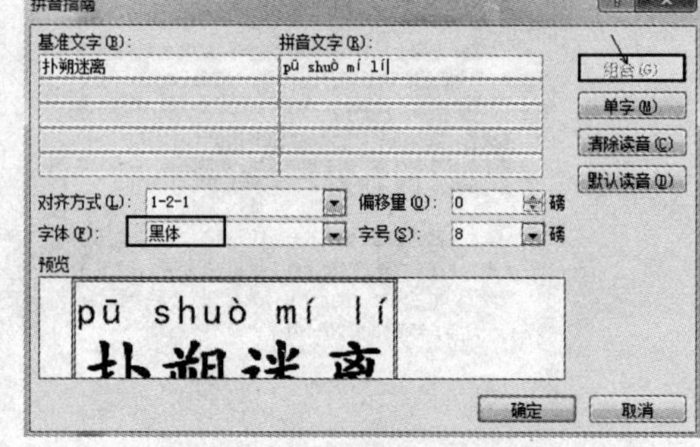

图 3-3 “拼音指南”对话框

③ 选择标题文字“扑朔迷离”，在“开始”→“段落”→“下框线”下拉列表中选择“边框和底纹”选项，打开“边框和底纹”对话框，参照图 3-1 设置文字边框。

（5）为段落添加项目符。

① 选择“出处”和“解释”两个段落，单击“开始”→“段落”→“项目符号”下拉按钮，选择“定义新项目符号”选项，打开“定义新项目符号”对话框，单击“符号”按钮，在“符号”对话框中选择一种新的符号⊙，如图 3-4 所示。

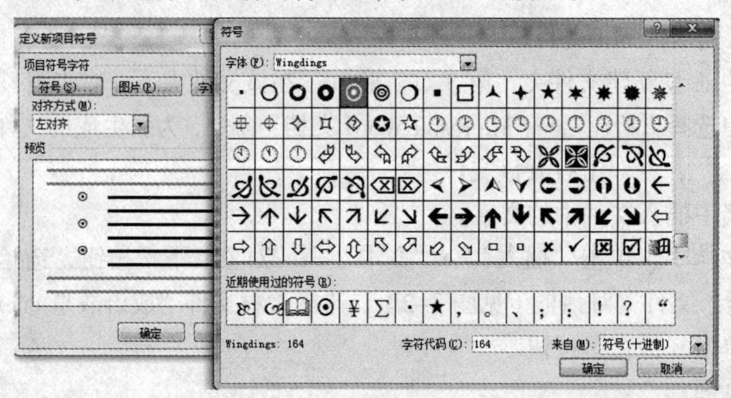

图 3-4 定义新的项目符号

② 选择“出处”和“解释”两个段落，单击“开始”→“段落”→“下框线”下拉按钮，选择“边框和底纹”选项（见图 3-5），打开“边框和底纹”对话框，“样式”选择“虚线”，“颜色”选择“蓝色”，“应用于”选择“段落”，如图 3-6 所示，单击“确定”按钮。

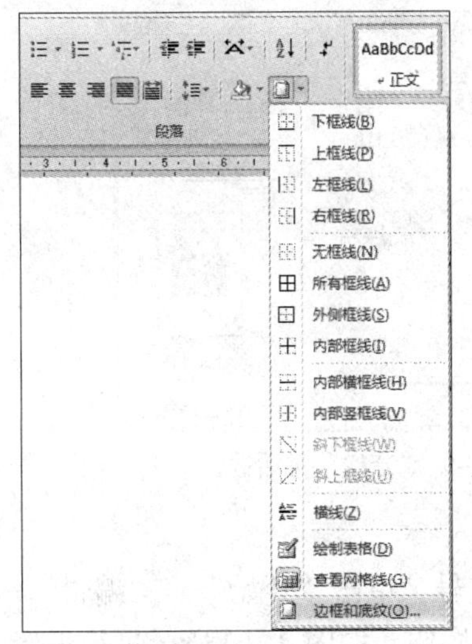

图 3-5 “边框和底纹”下拉列表

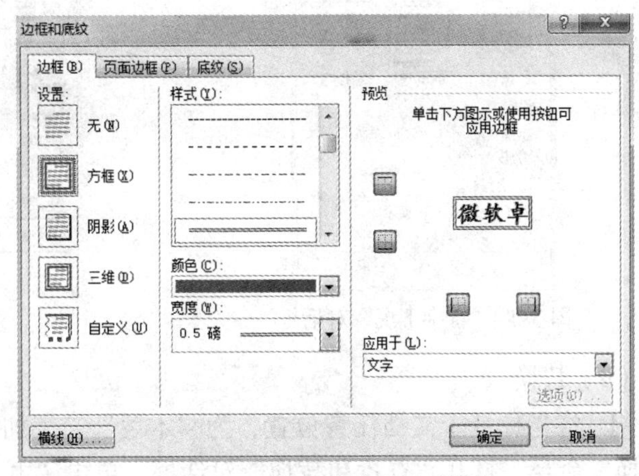

图 3-6 “边框和底纹”对话框

（6）正文段落格式设置。

① 选择正文段所有文字“北魏时……因而难以分辨雄雌。”，单击“开始”→“字体”→“字体”下拉按钮，选择“宋体”，“字号”选择“五号”；单击“开始”→“段落”组的对话框启动器按钮，打开“段落”对话框，如图 3-7 所示，设置“特殊格式”为“首行缩进”，“磅值”输入“2 字符”，段前段后分别输入“6 磅”，单击“确定”按钮。

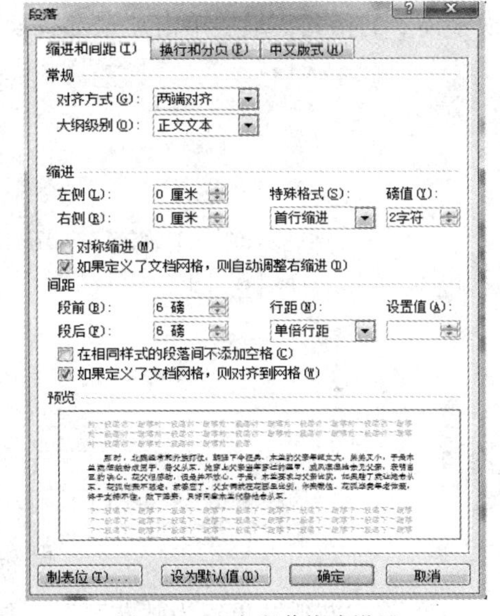

图 3-7 正文段落格式设置

② 将光标置于正文第一段“北魏时……”，单击“插入”→“文本”→“首字下沉”下拉按钮，选择“首字下沉选项”，在打开的“首字下沉”对话框进行图 3-8 所示的设置。

③ 选择正文最后两段“后来，人们就……因而难以分辨雄雌。”，单击“页面布局”→“页面设置”→“分栏”下拉按钮，选择“更多分栏”选项，打开“分栏”对话框，按图 3-9 所示进行设置。

（7）插入横线。

分栏段落之后添加一个空段落，单击“开始”→“段落”→“下框线”下拉按钮（见图 3-5），选择“横线”。

（8）设置段落边框。

选择文档最后 3 段“【近义词】、【反义词】、【例句】”，按（5）的方法为段落设置边框。

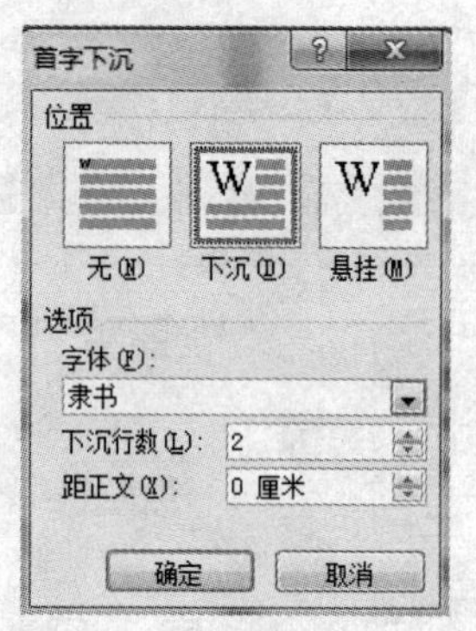

图 3-8 “首字下沉”对话框

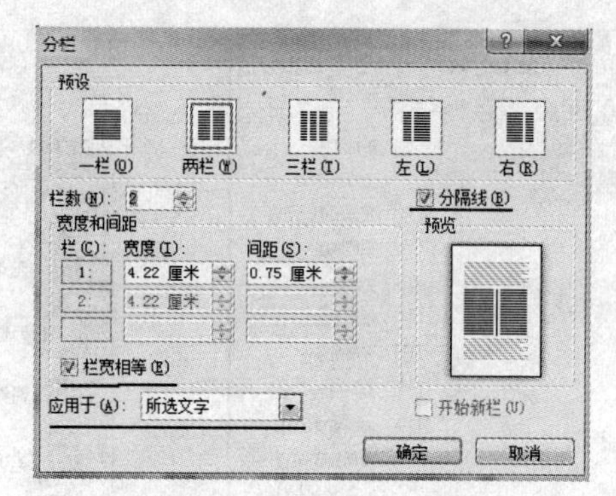

图 3-9 “分栏”对话框

（9）替换。

① 将光标置于文档任意位置，为“木兰”二字加着重号：单击“开始”→“编辑”→“替换”命令，打开“查找和替换”对话框，单击“更多”按钮，按图 3-10 所示进行设置，搜索范围为“全部”，在“替换为”文本框中输入“木兰”并单击“格式”按钮，设置“替换字体”的格式，最后单击“全部替换”按钮。

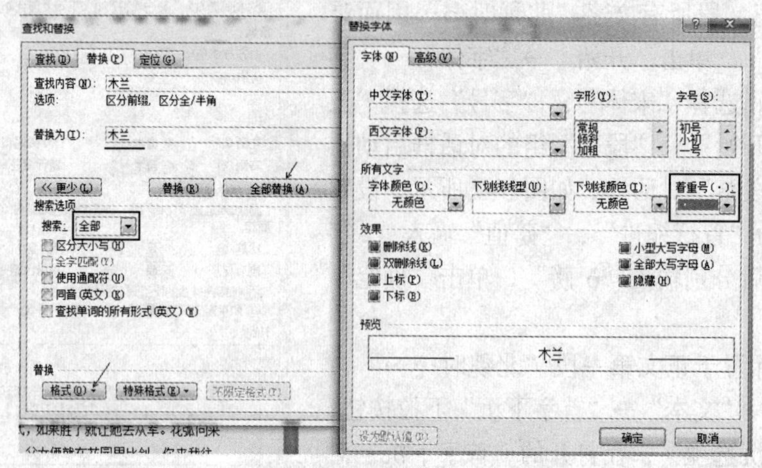

图 3-10 更改字体格式

② 将“花狐”更正为“花弧”，使用“替换”功能完成。在图 3-11 中，当前的文本替换没有附加任何格式，若“查找内容”或者“替换为”文本框中已定义的格式，应先单击“查找和替换”对话框下方的“不限定格式”按钮取消格式设置。

（10）设置页眉与页码。

在文档第二行，剪切“成语故事”四个字，单击“插入”→“页眉和页脚”→“页眉”下拉按钮，选择“编辑页眉”选项，在页眉居中位置粘贴“成语故事”，并在这四个字的左右两边分别插入一个特殊符号“ꝏ、ꝏ”。单击“页眉和页脚工具/设计”→“页眉和页脚”→“页码”下拉按钮，选择“页面底端”→“普通数字 2”选项，居中位置插入阿拉伯数字，并在页码左边插入一个特殊符号“🕮”。

（11）设置背景色与水印。

单击“页面布局”→“页面背景”→“页面颜色”下拉按钮，选择一种主题颜色；再单击“水印”下拉按钮，选择“自定义水印”选项，打开“水印”对话框，进行图 3-12 所示的设置。保存文件。

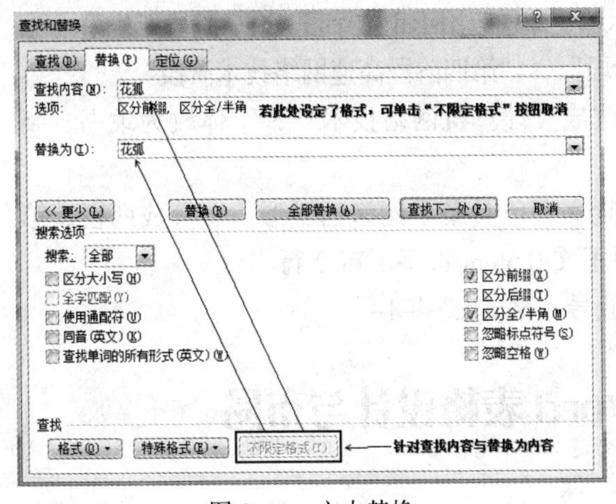

图 3-11　文本替换

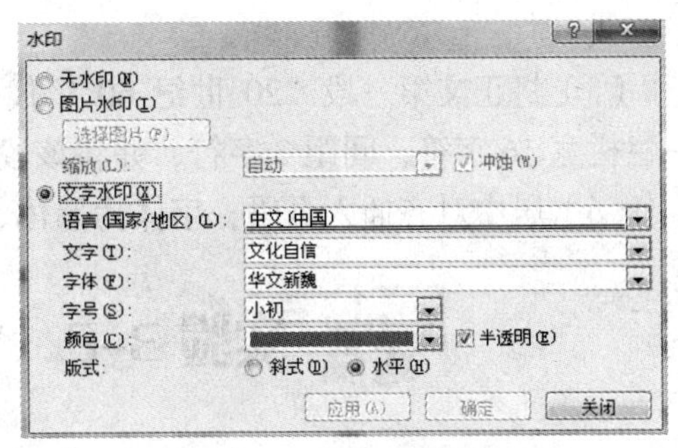

图 3-12 “水印”对话框

三、实验任务

【任务一】请创建一个 Word 文档，插入“计算机网络技术.txt”中的文字，按如下要求编辑文档并保存：

（1）对标题段文字（第一行）做如下设置：居中对齐，字体设为方正姚体，加粗，三号，粗波浪下画线。

（2）正文所有段落设为宋体，小四，首行缩进 2 字符，段前 0.5 行，行距为最小值 23 磅。

（3）将正文第一段、第二段中字符“[1],[2]”设置为上标显示。

（4）用格式刷将正文第三段文字“计算机网络分类”格式设置成与标题格式一样。

（5）将文档中所有的“.”号替换成“。”号，并将文字“网络”的颜色改成红色。

（6）将正文第 4 段“按网络范围”，第 6 段“按交换方式”，第 8 段“其他分类”添加一种项目符号； 第 5 段中文字“（1）局域网（LAN）；（2）城域网（MAN）；（3）广域网（WAN）。”分成独立的三段，删除其后的标点符号。

（7）将正文第 2 段分成等宽两栏，中间加分隔线，首字下沉 2 行，字体改成华文新魏。

（8）为文档插入页眉，奇数页页眉“计算机网络”为五号宋体，居中对齐，并为页眉段添加双细线下框线，偶数页页眉“Word 格式设置练习”，五号宋体，居中对齐，取消框线。页脚处居中插入罗马字页码。

【任务二】请对 Word 文件“实验 3-1 任务二素材-计算机网格发展历程.docx”，按如下要求设置并保存：

（1）将标题段文字“计算机网络发展历程”设置字体为华文中宋，二号，加粗，字符间距加宽 2 磅，居中对齐；将该段文字加阴影边框，设置底纹为黄色、深红色 20%样式的图案。

（2）将正文所有中文文字设置为宋体四号；西文为 Times New Roman，四号。段首缩进

2 字符，左右各缩进 0.5 cm。段前段后 0.5 行，行距为 1.25 倍行距，段中允许分页。

（3）将标题 1 样式修改成：黑体、三号，左对齐，无缩进，无特殊格式，段前段后各 16 磅，行距为固定值 28 磅。并将修改后的标题 1 样式应用于正文字段“第一阶段诞生阶段”，“第二阶段形成阶段”，“第三阶段互联互通阶段”，“第四阶段高速网络技术阶段”。

（4）将正文中所有的“计算机网络”修改成“计算机网络技术”，字体改为隶书、字下加线。

（5）将正文第一段“20 世纪 60 年代中期……已具备了网络的雏形。”分成两栏，第一栏栏宽 16 字符，间距 2 字符，并将该段距正文 0.5 cm 首字下沉 2 行。

（6）居中对齐插入页码，字体为黑体、五号，格式如“-1-”。

实验 3-2 Word 表格设计与布局

一、实验目的

（1）掌握在 Word 2010 中插入或创建表格的方法、以及表格与文本之间相互转换的方法。

（2）熟练掌握表格边框与底纹的设置方法、以及表格样式的新建、修改与应用。

（3）熟练掌握单元格、行、列、表格的选择、插入、删除、属性等基本布局方式。

（4）熟练掌握在单元格内输入数据（图、文）、表格内数据格式设置、对齐方式设置及单元格边距设置。

（5）熟练掌握对表格中数据进行排序的方法、以及应用公式计算单元格值的方法。

二、实验示例

【例 3-2】创建一份个人简历文档。

1. 设计要求

使用表格进行布局，要求简洁、大方、美观。

2. 操作步骤

（1）新建 Word 文档。

在计算机的 E 盘，新建一个 Word 文档，命名为“赵和平个人简历.docx”，并打开该文档。

（2）调整页边距。

单击“页面布局”→“页面设置”→“页边距”下拉按钮，选择“窄”选项。

（3）插入表格。

在该文档中单击“插入”→“表格”→“插入表格”按钮，在打开的“插入表格”对话框（见图 3-13）中，在“行数”中输入“15”，并选择“根据窗口调整表格”选项，单击“确定”按钮。

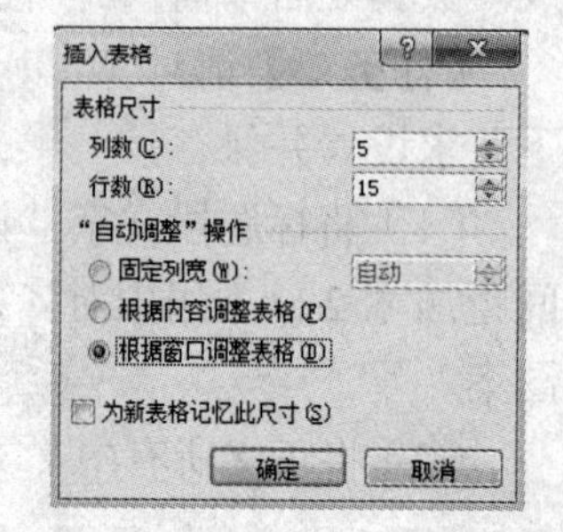

图 3-13 “插入表格”对话框

（4）调整表格各行高。

单击表格左上角的表格选择器⊞，选择整个表格，在“表格工具/布局”→“单元格大小”组→“高度”文本框中输入“0.8”，如图 3–14 所示，并按【Enter】键确定。

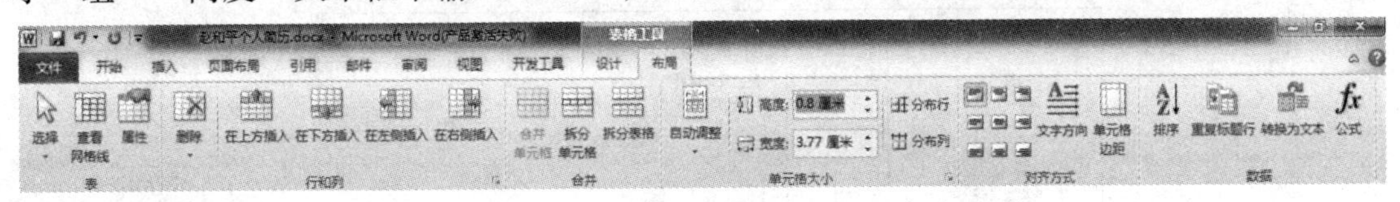

图 3–14　“表格工具/布局”选项卡

（5）拆分表格。

将光标置于表格第 6 行，单击“表格工具/布局”→“合并”→“拆分表格”按钮，将表格拆分为“上表 5 × 5”和“下表 5 × 10”的两张表。

（6）删除列，根据窗口调整表格。

选择“下表”最后两列，单击“表格工具/布局”→“行和列”→“删除”下拉按钮，选择“删除列”选项。将光标置于“下表”中，单击“表格工具/布局”→“单元格大小”→“自动调整”下拉按钮，选择“根据窗口自动调整表格”选项。

（7）调整下表各列宽度。

将鼠标指针移向“下表”第 1 列右框线，当鼠标指针变成“⇹”样式时，往左拖动到适当位置，按同样的方法，将第 2 列右框线拖到适当位置，效果如图 3–15 所示。

（8）合并单元格。

按图 3–16 所示进行单元格合并，选择第 1 列第 1、2 行单元格，单击“表格工具/布局”→“合并”→“合并单元格”按钮；按同样的方法合并第 1 列 4、5、6 行为一个单元格，合并第 1 列 8、9、10 行为一个单元格；合并第 2 列 2、3、4 行为一个单元格，合并第 2 列 6、7、8 行为一个单元格；合并第 1 行 2、3 列为一格，第 5 行 2、3 列为一格，第 9 行 2、3 列为一格，第 10 行 2、3 列为一格。

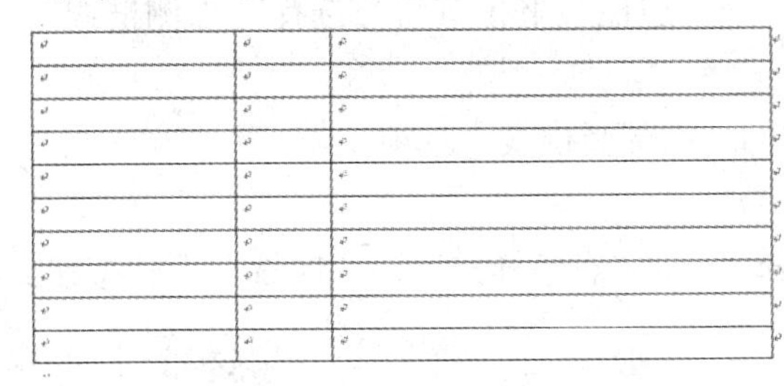

图 3–15　“下表”列宽调整后的效果

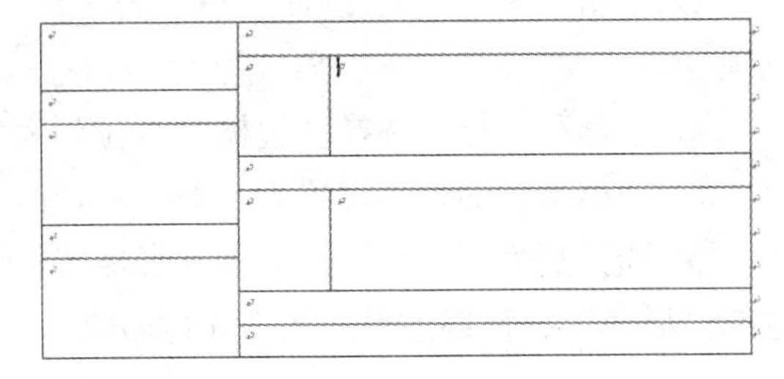

图 3–16　“下表”单元格合并后的效果

（9）在表格中输入文字及图片。

如图 3–17 所示，在相应单元格内输入文字，然后将光标置于“下表”第一个单元格，单击“插入”→“插图”→“图片”按钮，选择一张照片插入进来，并适当缩小照片。

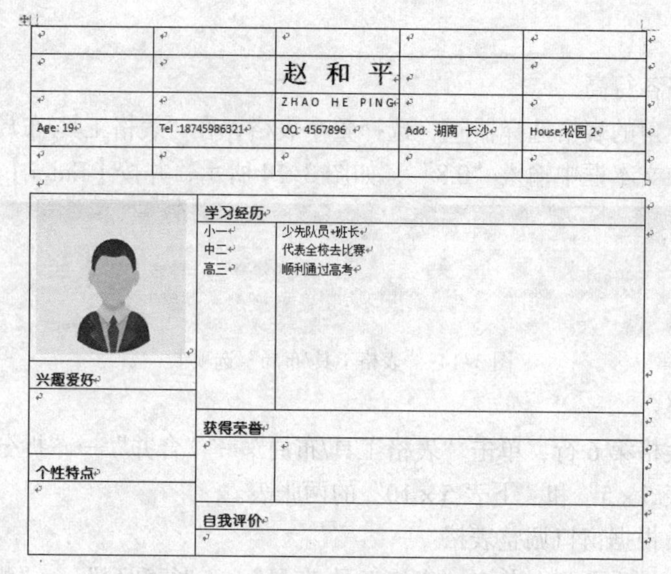

图 3-17　在表格中输入数据并设置格式

（10）设置表格内字体及对齐方式。

选择“赵和平”三个字，设置格式为宋体、二号、加粗、分散对齐（“开始”→“段落”）；选择“下表”各栏的标题“兴趣爱好”“个性特点”等，格式设置为幼圆、小四号、加粗、靠下两端对齐（“表格工具/布局”→“对齐方式”）。并适当调整“下表”各项高度，使之占据整个页面。

（11）设置“上表”的边框和底纹。

① 选择整个“上表”，单击“表格工具/设计”→“表格样式”→“边框”下拉按钮，“无框线”选项。

② 将光标置于“赵和平”所在单元格，在“表格工具/设计”→“绘图边框”组中，“笔样式”设置为“实线”“0.5 磅”“橙色”。

③ 单击“表格工具/设计”→“表格样式”→“边框”下拉按钮，选择“外侧框线”选项。

④ 选择第 4 行，选择“边框”下拉列表中的“内部竖框线”选项。

⑤ 将第 4 行的行高设置为“0.6 厘米”。

⑥ 选择整个“上表”，单击“表格工具/设计”→“表格样式”→“底纹”下拉按钮，选择“黑色”，最终效果如图 3-18 所示。

图 3-18　为“上表”设置边框与底纹

（12）设置“下表”边框。

① 选择整个“下表”，单击“表格工具/设计”→“表格样式”→“边框”下拉按钮，取消选择“外侧框线”；再按图 3-19 所示，选择合适的单元格，取消选择“内部竖线”“下框线”。

② 将光标置于“学习经历”单元格，在“表格工具/设计”→“绘图边框”组中，“笔样式”选择最后一种，“2.25 磅”“橙色”，应用于该单元格的“下框线”上，并将此种线条，分别应用于各标题单元格的下框线上。

③ 在“表格工具/设计”→“绘图边框”组中，“笔样式”选择“实线”“2.25 磅”“自动”，直接使用“绘制表格”的绘图笔，描出表格中间的那条竖线。

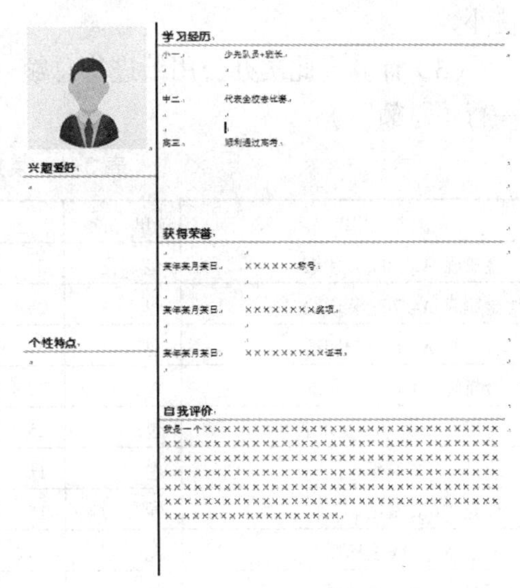

图 3-19　“下表”边框设计

（13）设置页页面边框。

将光标置于当前页面，单击“页面布局”→“页面背景”→“页面边框”按钮，在打开的“边框和底纹”对话框中，按图 3-20 进行设置，最终效果如图 3-21 所示。

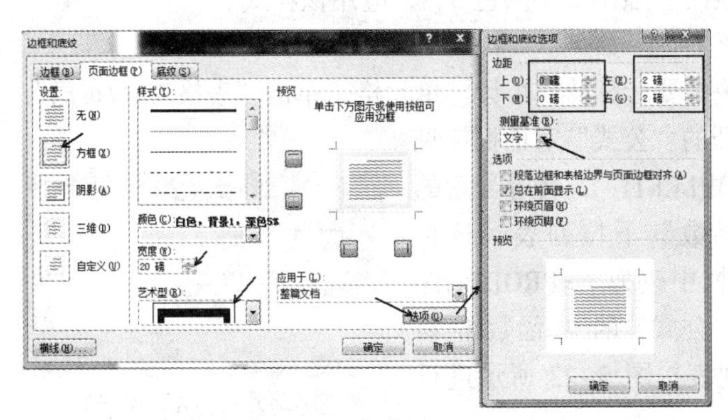

图 3-20　页面边框设置

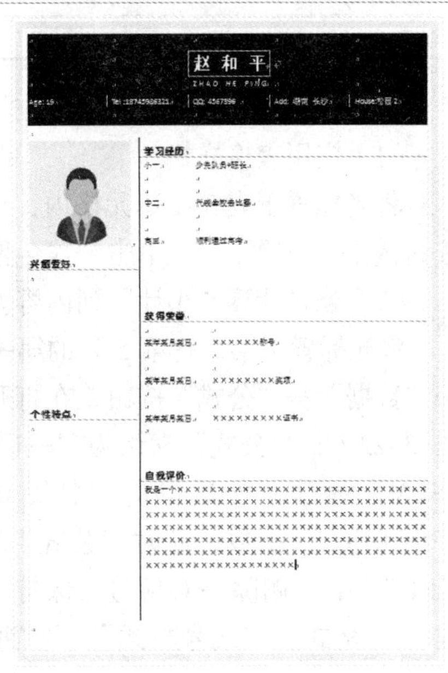

图 3-21　个人简历效果图

【例 3-3】某文具店办公用纸进货单如表 3-1 所示。

1. 设计要求

（1）要求表格应用“浅色网络，强调文字颜色 5”表格样式。

（2）请使用公式计算出每种品名的小计金额，使用人民币符号、带千分位分隔符、两位小数。

（3）计算出此次办公用纸进货总额，并对该表按"小计"升序排（排序行不包括最后一行"总额"）。

表 3-1　某文具店办公用纸进货单

办公用纸品名	单　位	单　价	数　量	小　计
金旗舰 A3 70 g 复印纸	包	51	15	
金旗舰 A4 70 g 复印纸	包	25.5	40	
金旗舰 A3 80 g 复印纸	包	59	15	
金旗舰 A4 80 g 复印纸	包	29.3	39	
金旗舰 16k 70 g 复印纸	包	25	18	
理光 210 传真纸	卷	11	16	
理光 216 传真纸	卷	15	20	
汇东 A3 70 g 复印纸	包	18.6	15	
汇东 A3 80 g 复印纸	包	20.7	15	
汇东 8k 70 g 复印纸	包	33.5	60	
汇东 B4 70 g 复印纸	包	30.8	70	
汇东 16k 70 g 复印纸	包	17.8	22	
本港 241-1	箱	49	12	
本港 241-2	箱	69	12	
总额				

2．操作步骤

（1）应用表格样式。

将光标置于表 3-1 单元格内，单击"表格工具/设计"→"表格样式"→"其他"下拉按钮，在"内置"一栏单击"浅色网络，强调文字颜色 5"，应用该样式。

（2）公式计算"小计"列内容。

将光标置于第 2 行第 5 列的第一个要计算的"小计"单元格，单击"表格工具/布局"→"数据"→"公式"按钮，在打开的"公式"对话框（见图 3-22），"公式"默认为"=SUM(LEFT)"，将等号后的"SUM"删除，然后单击"粘贴函数"下拉列表，选择"PRODUCT"函数，此时"公式"框中改为"=PRODUCT()(LEFT)"，应删除一对括号，保持"公式"的"=函数名(参数)"的格式；"编号格式"下拉列表按图 3-22 所示进行选择。

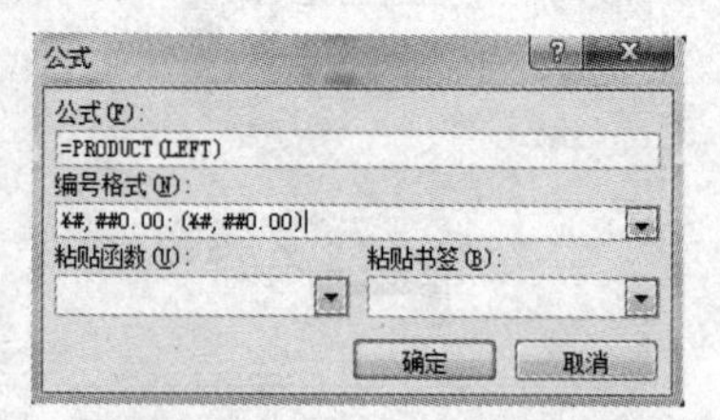

图 3-22　"公式"对话框

（3）复制可用公式并更新。

选择第 2 行第 5 列整个单元格，按【Ctrl+C】组合键复制该单元格区域，连续选择"小计"列其他未计算的单元格（第 5 列第 3~15 行连续单元格），按【Ctrl+V】组合键，将之前复制的单元格域粘贴过来，并在这些单元格为选中状态时，按【F9】键更新域结果。

（4）公式计算“总额”内容。

将光标置于“金额”之后的单元格中，按（2）的方法，打开“公式”对话框，使用默认“公式”“=SUM(ABOVE)”，编号格式也相同。

（5）按“小计”列升序排。

选择表 3-1 前 15 行单元格，即选择表格，最后一行除外，单击“表格工具/布局”→“数据”→“排序”按钮，“主要关键字”选择“小计”，其他按图 3-23 默认。最终结果如图 3-24 所示。

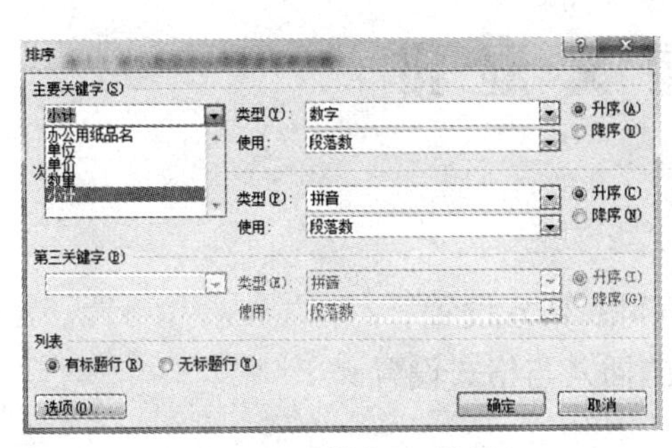

图 3-23　“排序”对话框

办公用纸品名	单位	单价	数量	小计
理光 210 传真纸	卷	11	16	¥176.00
汇东 A3 70g 复印纸	包	18.6	15	¥279.00
理光 216 传真纸	卷	15	20	¥300.00
汇东 A3 80g 复印纸	包	20.7	15	¥310.50
汇东 16k 70g 复印纸	包	17.8	22	¥391.60
金旗舰 16k 70g 复印纸	包	25	18	¥450.00
本港 241-1	箱	49	12	¥588.00
金旗舰 A3 70g 复印纸	包	51	15	¥765.00
本港 241-2	箱	69	12	¥828.00
金旗舰 A3 80g 复印纸	包	59	15	¥885.00
金旗舰 A4 70g 复印纸	包	25.5	40	¥1,020.00
金旗舰 A4 80g 复印纸	包	29.3	39	¥1,142.70
汇东 8k 70g 复印纸	包	33.5	60	¥2,010.00
汇东 B4 70g 复印纸	包	30.8	70	¥2,156.00
			总额	¥11,301.80

图 3-24　某文具店办公用纸进货单最终结果

三、实验任务

【任务一】请以“智联招聘网”上的“个人简历模板”为原型，用 Word 表格排版修改，设计一份个人简历，要求简洁、美观，以展示自我为目的，让老师和同学能通过你的简历快速了解你。

【任务二】请将以下 9 行文本转换成一张 9 行 9 列的表格，表格标题为“星月公司日常费用月报表”，应用“浅色网格，强调文字颜色 3”表格样式，并按图 3-25 所示，合并相应单元格、设置行高列宽、文字方向，用公式计算“账务附加费用、对内事务费用、对外事务费用”的“小计”，计算“总费用”（它等于三项小计费用的和）。

编号, 日期, 账务附加费用, 对内事务费用, 对外事务费用, 总 费 用
, , 用途, 金额（元）, 用途, 金额（元）, 用途, 金额（元）,
1, 2018-12-2, 利息支出, 500.60, 劳动保险费, 8 580.00, 广告费, 3 790.00,
2, 2018-12-5, 汇兑损失, 210.90, 工会经费, 300.00, 差旅费, 1 800.00,
3, 2018-12-12, , 0.00, 咨询费, 8 500.00, 运输费, 3 000.00,
4, 2018-12-15, , 0.00, 技术开发费, 2 090.00, 包装费, 600.00,
5, 2018-12-20, 银行手续费, 560.40, 业务招待费, 830.00, 装卸费, 900.00,
6, 2018-12-27, , 0.00, 待业保险费, 1 600.00, 展览费, 300.00,
小计, , , ,

编号	日期	账务附加费用		对内事务费用		对外事务费用		总费用
		用途	金额（元）	用途	金额（元）	用途	金额（元）	
1	2018-12-2	利息支出	500.60	劳动保险费	8580.00	广告费	3790.00	
2	2018-12-5	汇兑损失	210.90	工会经费	300.00	差旅费	1800.00	
3	2018-12-12		0.00	咨询费	8500.00	运输费	3000.00	
4	2018-12-15		0.00	技术开发费	2090.00	包装费	600.00	
5	2018-12-20	银行手续费	560.40	业务招待费	830.00	装卸费	900.00	
6	2018-12-27		0.00	待业保险费	1600.00	展览费	300.00	
小计								

图 3-25　星月公司日常费用月报表样图

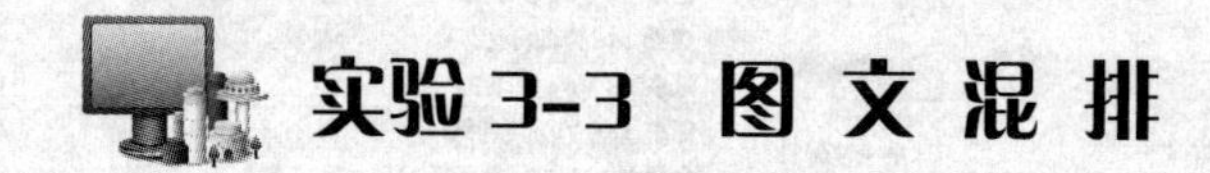

实验 3-3　图文混排

一、实验目的

（1）掌握在 Word 文档中图形和图片的插入、编辑、格式设置。

（2）掌握形状绘制、编辑，以及 SmartArt 图形的插入与格式设置。

（3）掌握文本框、艺术字的使用和编辑。

（4）学会在 Word 中插入图表的方法。

二、实验示例

【例 3-4】为了能让同学们快速学会如何制作一篇图文并茂的文档，老师决定制作“图文混排攻略”的说明文件，用图文混排的方式讲解各种图形对象的调整与格式设置。请跟着老师一起完成此文档的设计，最终效果如图 3-26 所示。

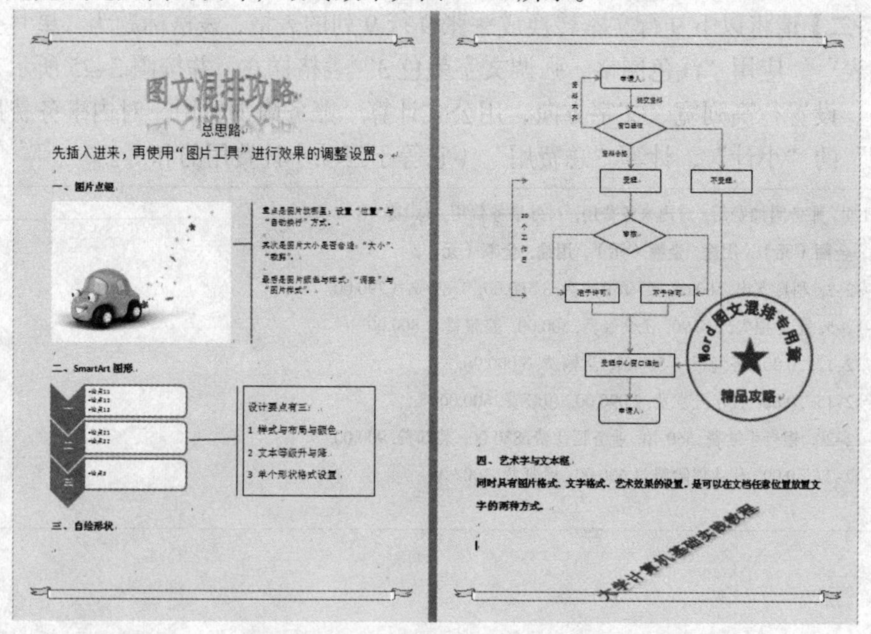

图 3-26　图文混排文件效果

（1）新建文档，设置页面。

新建一个 Word 文件，单击“页面布局”→“页面设置”→“页边距”→“适中”，再单击“页面背景”→“页面边框”，打开“边框和底纹”对话框（如图 3–27），选择一种艺术型边框，并选择一种“页面颜色”。

（2）插入艺术型标题文字。

在文档中输入多个空行，将光标置于第一行，单击“插入”→“文本”→“艺术字”下拉按钮，选择第 5 排第 5 个艺术字样式，将文本改为“图文混排攻略”，然后单击“绘图工具/格式”→“艺术字样式”→“文本效果”下拉按钮，选择“转换”→“弯曲”→“停止”效果，如图 3–28 所示，设置一种弯曲效果。然后单击“排列”→“自动换行”下拉按钮，选择“嵌入型”选项，再单击“开始”→“段落”→“居中”按钮。

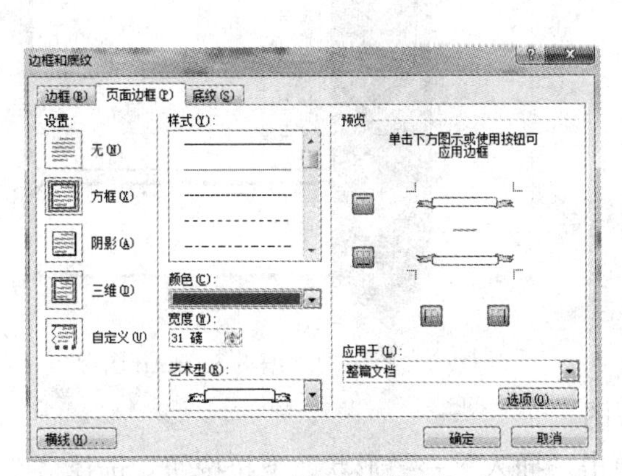

图 3–27　页面边框设置

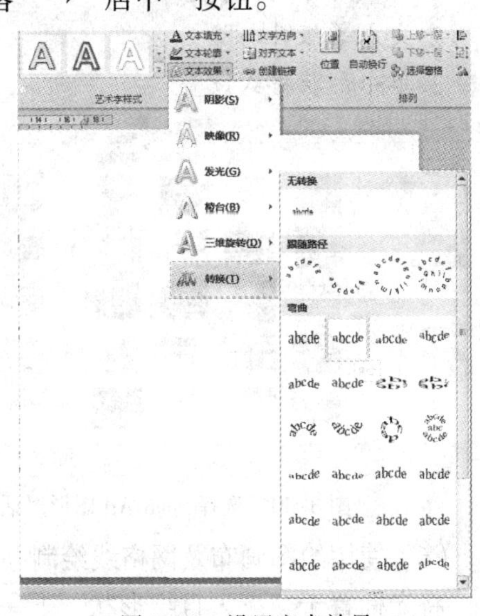

图 3–28　设置文本效果

（3）输入文本。

从文档的第二行开始，在文中输入文字，具体请参考图 3–29 所示，字体、字号以适合为标准。

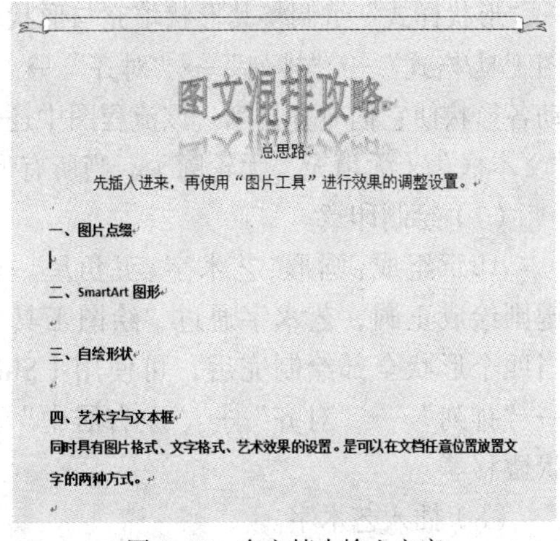
图文混排攻略
总思路
先插入进来，再使用“图片工具”进行效果的调整设置。
一、图片点缀
二、SmartArt 图形
三、自绘形状
四、艺术字与文本框
同时具有图片格式、文字格式、艺术效果的设置。是可以在文档任意位置放置文字的两种方式。

图 3–29　在文档中输入文字

（4）插入图片及形状。

将光标置于“一、图片点缀”下面一行，单击“插入”→“图片”按钮，选择一张素材库文件夹中的图片，从“图片工具/格式”→“排列”→“自动换行”下拉按钮中得知，该图片默认的换行方式为“嵌入型”，即图片像一个高大的文字。然后选择“形状”下拉列表中的“线形标注 1”，在标注中输入以下文字并调整线条：

重点是图片放哪里：设置“位置”与“自动

换行”方式。

其次是图片大小是否合适：“大小”与“裁剪”。

最后是图片颜色与样式：“调整”与“图片样式”。

（5）插入 SmartArt 图形。

在“二、SmartArt 图形”下面一行，单击“插入”→“SmartArt”按钮，在打开的“选择 SmartArt 图形”对话框（见图 3-30）中选择“列表”类别中的“垂直 V 形列表”。并按图 3-31 编辑文字，缩放图形。在其右边再插入一个“线形标注 1（带边框和强调线）”，标注内输入如下文本：

设计要点有三：

1 样式与布局与颜色

2 文本等级升与降

3 单个形状格式设置

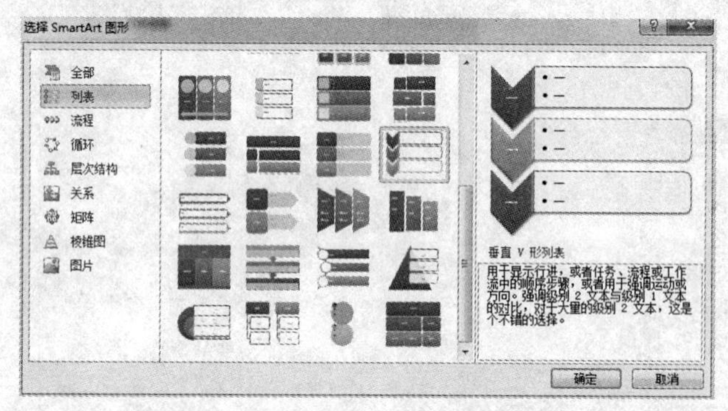

图 3-30 选择 SmartArt 图形对话框

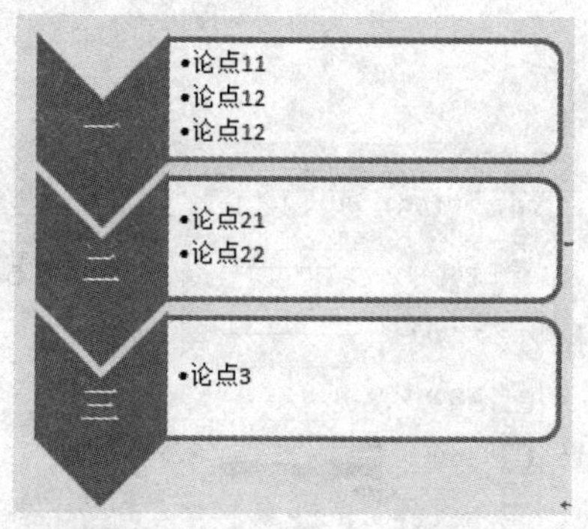

图 3-31 编辑 SmartArt 图形

（6）使用绘图画布及网格线绘制办事流程图。

将光标置于“三、自绘形状”下一行，单击“插入”→“形状”下拉按钮，选择“新建绘图画布”，在画布中绘制“圆角矩形”“矩形”“菱形”，并通过“绘图工具/格式”→“形状样式”组调整其形状填充与形状轮廓，使用【Ctrl+D】组合键复制形状；单击“绘图工具/格式”→“排列”→“对齐”→“查看网格线”按钮，以显示的网格线为参考，拖动各形状使它们对齐排列。该流程图中还包含“肘形箭头连接符”“肘形连接符”“箭头”“文本框”（无填充、无轮廓）。当所有形状绘制完成后，将形状组合。

（7）绘制印章。

印章组成：圆形、艺术字、五角星。在文档空白处绘制形状，绘制椭圆时按住【Shift】键则绘成正圆，艺术字通过“绘图工具”设置“文本效果”的“上弯弧”的转换效果。当四个形状全部绘制完后，可使用【Shift】键选择多个形状，单击“绘图工具/格式”→“排列”→“对齐”→“左右居中”按钮。形状选择后，按【Ctrl+方向键】可对形状微移。

（8）插入艺术字。

在文档最后再插入一个艺术字，并设置一种“三维旋转”的文本效果。保存文件。

三、实验任务

【任务一】请使用 Word 编排一份关于“感恩的心”为主题的板报，要求应用文本框、形状、图片、艺术字、SmartArt 图形等元素，设计要求符合大众审美，有意义，有内涵。

【任务二】请使用 Word 提供的图文混排功能，设计一份宣传报，宣传“爱国、敬业”的社会主义核心价值观，激发广大青年学生的爱国热情及热爱学习的敬业精神。设计要求：美观、大方、有内涵。

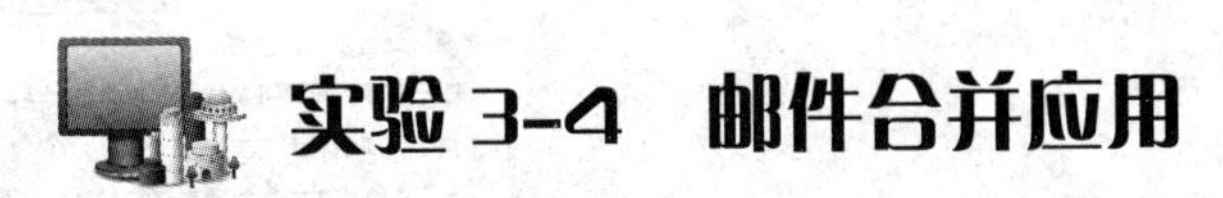

实验 3-4　邮件合并应用

一、实验目的

（1）熟悉邮件合并的类型。

（2）掌握邮件合并的一般步骤。

（3）掌握编写和插入域的方法。

（4）能熟练利用邮件合并功能批量制作和处理文档。

二、实验示例

【例 3-5】永州竹城中学在一学期过去一半时，为了孩子在学校得到更好的发展，同时使家长能够全面了解孩子在校的学习情况及行为表现，以便配合学校做好教育工作，学校准备 4 月 29 日（周日）上午 8:30 在学校教学楼四楼多媒体室召开年级家长会，由年级组长向家长介绍本学期的工作情况。会后将回到各班教室开班级会，分别由班主任和任课老师与家长进行进一步交流沟通。因此年级组长制作了一封“家长信”，并附带该学生的期中考试成绩，邀请全年级家长参会。

1. 设计要求

用邮件合并的功能批量制作家长信。

2. 操作步骤

（1）准备邮件合并所用数据源文件。

已保存“学生成绩表.xlsx”于 E 盘。

（2）制作“家长信.docx”主文档。

① 新建一个 Word 文档，并设置其纸张大小为 B5，其上、左、右边距为 2.5 cm，下边距为 2 cm。

② 插入“空白（三栏）”页眉，左栏输入文字“永州市竹城中学”，删除中间栏，右栏插入“竹城中学 Logo.gif”图片，并调整使文字和图片在同一行。

③ 选择页眉行，单击“开始”→“段落”→“下框线”下拉按钮，选择“边框和底纹”选项，在打开的“边框和底纹”对话框中进行图 3-32 所示的设置。“样式”选择上粗下细线条，“颜色”为红色，“宽度”为 3 磅，“应用于”选择“段落”，“预览”中只选择

“下框线”。

④ 插入“磁砖型”页脚，地址输入“永州市零陵区南京渡路 6 号”。

⑤ 按图 3-33 输入正文所有内容，包括表格。标题字体格式：三号、宋体、加粗、红色；正文文字：宋体、小四，华文新魏、小四；表格标题：宋体、小四、红色、加粗，表格内文字宋体、五号、居中对齐。

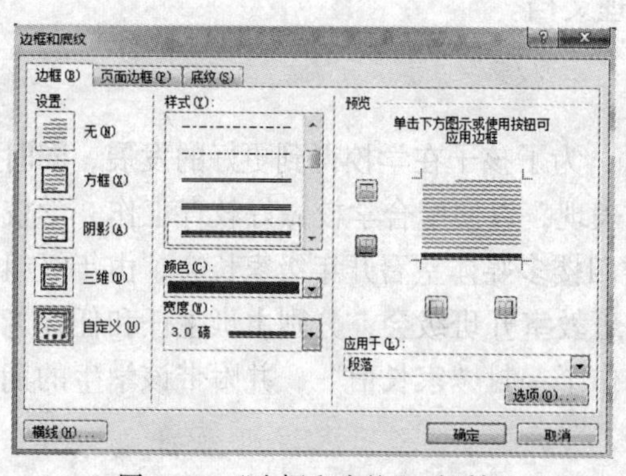

图 3-32 “边框和底纹”对话框

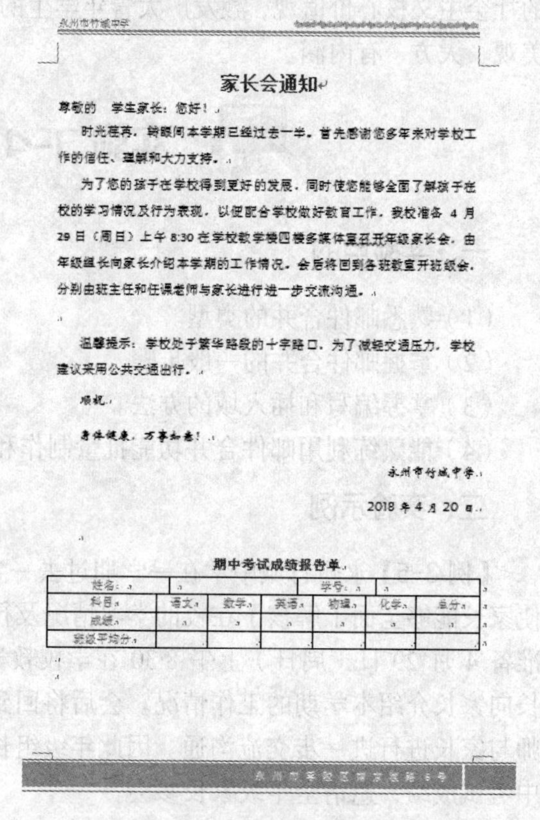

永州市竹城中学

家长会通知

尊敬的　学生家长：您好！

时光荏苒，转眼间本学期已经过去一半。首先感谢您多年来对学校工作的信任、理解和大力支持。

为了您的孩子在学校得到更好的发展，同时使您能够全面了解孩子在校的学习情况及行为表现，以便配合学校做好教育工作，我校准备 4 月 29 日（周日）上午 8:30 在学校教学楼四楼多媒体室召开年级家长会，由年级组长向家长介绍本学期的工作情况，会后将回到各班教室开班级会，分别由班主任和任课老师与家长进行进一步交流沟通。

温馨提示：学校处于繁华路段的十字路口，为了减轻交通压力，学校建议采用公共交通出行。

顺祝

身体健康，万事如意！

永州市竹城中学

2018 年 4 月 20 日

期中考试成绩报告单

姓名：			学号：			
科目	语文	数学	英语	物理	化学	总分
成绩						
班级平均分						

永州市零陵区南京渡路 6 号

图 3-33 家长信主体文档效果

（3）邮件合并。

① 设置邮件合并类型。在“家长信.docx”主文档中，单击“邮件”→“开始邮件合并”→“开始邮件合并”下拉按钮，选择“信函”；从 E 盘打开“学生成绩表.xlsx”文件，复制最后一行 6 门课的平均分，粘贴到主文档“期中考试成绩报告单”表格的“班级平均分”单元格后连续 6 个单元格。（要先进行复制，因为数据源文件一旦被关联，将不允许被打开，除非数据源在没关联前就是打开的，则复制平均分的操作可在第④步后进行）

② 关联数据源。单击“选择收件人”下拉按钮，选择“使用现有列表”选项，在打开的“选取数据源”对话框中，从 E 盘选择“学生成绩表.xlsx”文件，在打开的“选择表格”对话框中保持默认选项。

③ 插入字段域。将光标定位于正文第一行“尊敬的”之后，单击“邮件”→“编写和插入域”→“插入合并域”下拉按钮，选择“姓名”，此时，在“尊敬的”之后插入了“<<姓名>>”字段域。

④ 将所有成绩保留至两位小数。将光标置于正文最后的表格的“姓名”单元格后面一格，按同样的方法插入“姓名”字段域；“学号”单元格后面一格，按同样的方法插入“学号”字段域；在“语文”单元格正下方单元格插入“语文”字段域，右击出现的“<<语文>>”字段域，在弹出的快捷菜单中选择“编辑域”命令，在打开的“域”对话框中，单击左下角的“域代码”按钮，并单击“选项”按钮，在“域选项”对话框选择“域专用开关”选项卡，在下方的“域代码”文本框原有的代码后面添加“ \#　0.00”，如图 3-34 所示，单击“确定”按钮。也可用第二种方法：将光标置于“<<语文>>”字段域，按【Alt+F9】组合键切换到域代码，直接在代码最后输入“ \#　0.00”，最后效果“{MERGEFIELD 语文 \# 0.00}”，再次按【Alt+F9】组合键，切换到域结果。表格中所有成绩均按此方法保留两位小数。

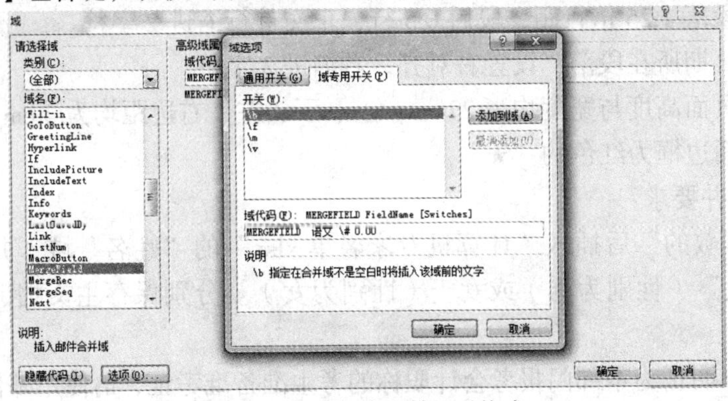

图 3-34　编辑字段域显示格式

⑤ 在“邮件”选项卡中单击“预览结果”按钮，可在主文档中逐条记录查看。

⑥ 单击“邮件”→“完成”→“完成并合并”下拉按钮，选择“编辑单个文档”选项，打开“合并到新文档”对话框，选择“全部”，单击“确定”按钮。则生成“信函 1.docx”，此文档由主文档关联了数据源之后批量生成，最终效果如图 3-35 所示。

图 3-35　邮件合并后批量文件效果

三、实验任务

【任务一】全国高等学校计算机教育研究会为了能更好地为高等学校的教学建设和教学改革做好服务工作，决定举办暑期系列课程高级研修班。需要邀请国内在此领域有突出成就的专家教授担任培训主讲嘉宾，请设计一份培训会议邀请函，邀请“计算机专家名单.xlsx”中所有人员。

（1）主文档设计要求（文件素材：实验 3-4 任务一素材.docx）：

① 标题“邀请函”字体设置“文本效果”中第三行第四个“渐变填充-蓝色，强调文字颜色 1”，居中对齐、一号字。

② 正文各段落 1.25 倍行距，段后 0.5 行，正文首行缩进 2 字符。

③ 落款及日期所在段落，设置右对齐，右缩进 3 字符。

④ 自定义页面高度与宽度均为 27 cm，上、下、左、右边距均为 3 cm。

⑤ 设置页面边框为红色的“★”。

（2）邮件合并要求：

主文档“尊敬的”后插入“计算机专家名单.xlsx”的“姓名”域，并根据性别在姓名后添加“先生”（性别为男）或女士（性别为女）。分别保存主文档、邮件合并生成文档。

【任务二】李明正为本部门报考会计职称的考生准备准考证，请使用邮件合并功能，批量生成准考证。

（1）主文档要求（文件素材：实验 3-4 任务二素材.docx，如图 3-36 所示）：

① 插入一个 9 行 5 列的表格，整个表格水平、垂直方向均位于页面的中间。

② 表格宽度根据页面自动调整。

③ 表格内所有字体为“微软雅黑”，表格内第一行字号参考“四号”，字符间距加宽 2 磅。“考生须知”四字竖排，按最终效果图设置表格内文字的对齐方式。

（2）邮件合并要求：

① 将主文档表格内的红色文字替换为相应的考生信息，考生信息保存在“考生信息.xlsx”中。

② 表格第一行标题中的“考试级别”根据考生所报科目自动生成：“考试科目”为“高级会计实务”的，“考试级别”为“高级”，否则为“中级”。

③ 在考试时间栏中，使中级三个科目名称均等宽占用 6 个字符宽度。（提示：用中文版式中的调整宽度命令。）

④ 在“贴照片处”插入考生照片。（提示：用域 INCLUDEPICTURE，学会自己查找解决问题的方法。）

⑤ 最终效果如图 3-37 所示，分别保存主文档、邮件合并生成文档。

2018 年度全国会计专业技术考试级别资格考试 准考证			
准考证号	准考证号		贴照片处
考生姓名	考生姓名		
证件号码	证件号码		
考试科目	考试科目		
考试地点	考试地点		
考试时间	中级	财务管理：9 月 10 日　9:00~11:30 经济法：9 月 10 日　14:00~16:30 中级会计实务：9 月 11 日　9:00~12:00	
	高级	9 月 11 日　9:00~12:30	
考生须知	1. 准考证正面和背面均不得额外书写任何文字，背面必须保持空白。 2. 考试开始前 20 分钟考生凭准考证和有效证件（身份证等）进入规定考场对号入座，并将准考证和有效证件放在考桌左上角，以便监考人员查验。考试开始指令发出后，考生才可开始答卷。 3. 考生在入场时除携带必要的文具外，不准携带其他物品（如：书籍、资料、笔记本和自备草稿纸以及具有收录、储存、记忆功能的电子工具等），已携带入场的应按指定位置存放。		

图 3-36　实验 3-4 任务二主文档

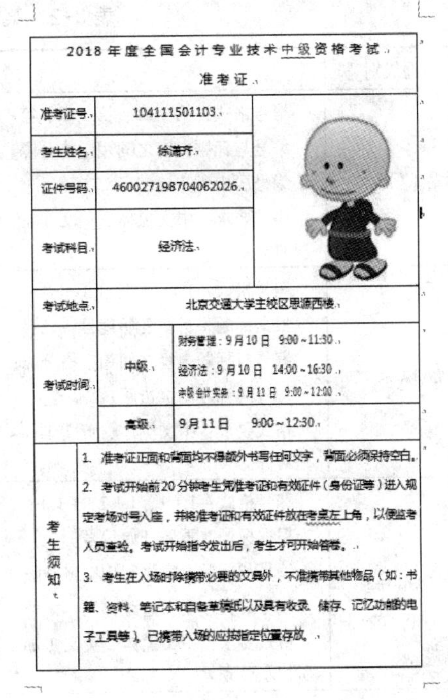

2018 年度全国会计专业技术中级资格考试 准考证			
准考证号	104111501103		
考生姓名	徐满齐		
证件号码	460027198704062026		
考试科目	经济法		
考试地点	北京交通大学主校区思源西楼		
考试时间	中级	财务管理：9 月 10 日　9:00~11:30 经济法：9 月 10 日　14:00~16:30 中级会计实务：9 月 11 日　9:00~12:00	
	高级	9 月 11 日　9:00~12:30	
考生须知	1. 准考证正面和背面均不得额外书写任何文字，背面必须保持空白。 2. 考试开始前 20 分钟考生凭准考证和有效证件（身份证等）进入规定考场对号入座，并将准考证和有效证件放在考桌左上角，以便监考人员查验。考试开始指令发出后，考生才可开始答卷。 3. 考生在入场时除携带必要的文具外，不准携带其他物品（如：书籍、资料、笔记本和自备草稿纸以及具有收录、储存、记忆功能的电子工具等），已携带入场的应按指定位置存放。		

图 3-37　实验 3-4 任务二合并后文档

实验 3-5　Word 综合实验

一、实验目的

（1）熟练掌握文本字体、段落格式设置。
（2）熟练掌握样式的修改与应用。
（3）掌握页面设置的方法。
（4）掌握在文档中添加引用内容的方法。
（5）熟悉文档分页、分节、添加页眉页脚、插入文档部件的方法。

二、实验示例

【例 3-6】湖南 × × 高校本科毕业论文撰写格式，如表 3-2 所示。

1. 设计要求

（1）论文页面布局：用 A4 纸印刷，双面对称打印，上边距、左边距 2.5 cm，下边距、右边距 2 cm，左侧预留 1 cm 装订线，每页 30 行，每行 40 字，页眉页脚距边界分别为 1.5 cm、1.5 cm，每一章从新的一页开始。

（2）论文各级标题添加可以自动更新的多级编号，具体要求如表 3-2 所示。

表 3-2　某校毕业论文撰写格式要求

标题级别	格式要求
标题 1（章）	编号格式：第一章、第二章、第三章…；摘要、英文摘要、目录、参考文献不设编号。 编号与标题内容之间用空格分隔。 编号居中对齐。 格式要求：中文黑体、英文 TimesNewRoman、小二号、不加粗；段前段后各 1 行，行距最小值 12 磅，居中对齐。
标题 2（节）	编号格式：1.1、1.2、1.3… 根据标题 1 重新开始编号。 编号与标题内容之间用空格分隔； 编号对齐左侧页边距； 格式要求：中文黑体、英文 Times New Roman、小三号、不加粗；段前段后各 0.5 行，行距最小值 15 磅，左对齐。
标题 3（节）	编号格式：1.1.1、1.1.2、1.1.3… 根据标题 2 重新开始编号。 编号与标题内容之间用空格分隔； 编号对齐左侧页边距； 格式要求：中文黑体、英文 Times New Roman、小四号、不加粗；段前 12 磅，段后 6 磅，行距最小值 12 磅，左对齐。
正文	格式要求：中文宋体、英文 Times New Roman、小四、首行缩进 2 字符、行距最小值 20 磅、两端对齐

（3）论文中的表格要求使用三线表，表格内字体为宋体、5 号、无缩进。表格标题使用题注自动编号，置于表格的上方，如表 1.1、表 1.2、表 2.1、表 2.2…；论文中插入的图片使用题注自动编号，置于图片下方，如图 1.1、图 1.2、图 2.1、图 2.2…；表名、图名字体为黑体、5 号、居中对齐。

（4）页眉与页脚要求如下：

① 在页面顶端正中插入页眉，奇数页：目录、摘要页眉显示“目录”“摘要”，正文页眉为各章编号和内容，如“第一章　绪论”，且页眉中各章编号和内容随着正文中内容的变化而自动更新。偶数页：所有页眉显示“湖南**大学学士学位论文”。

② 在页面底端插入页码，目录、摘要页码使用大写罗马数字居中显示。正文页码使用阿拉伯数字连续编到论文结束，奇数页页码显示在页脚右侧，偶数页页码显示在页脚左侧。

③ 页眉页脚字号为小五号。

请对“毕业论文素材.docx”文件按上面的格式要求进行排版。其中红色文字为一级标题；绿色文字为二级标题；蓝色文字为三级标题；其他为正文；当所有格式设置完成后，为论文插入自动三级目录，格式为宋体、小四号、两端对齐，一级标题无缩进、二级标题缩进 2 字符、三级标题缩进 4 字符。

2. 操作步骤

（1）打开 Word 文档。

选定“毕业论文素材.docx”文件，双击打开此文件。

（2）页面设置。

① 单击“页面布局”→“页面设置”组右下角的对话框启动器按钮，打开“页面设置”

对话框。

② 在其“页边距”选项卡中进行图 3-38 所示的设置，上边距与左边距为 2.5 cm，下边距与右边距为 2 cm，装订线为左侧 1 cm，“多页”选择“对称页边距”，此时的“左、右”页边距，自动更改为“内侧、外侧”；当前文档只有一节，因此“应用于”默认“整篇文档”。

③ 选择“纸张”选项卡，选择默认的纸张“A4”。

④ 选择“版式”选项卡，设置“页眉”距边距“1.5 厘米”，“页脚”距边距“1.5 厘米”，页面“垂直对齐方式”为“顶端对齐”，其他默认。

⑤ 选择“文档网格”选项卡，按图 3-39 所示，网格选择“指定行和字符网格”，每行 40 个字符，行数为“每页 36”。单击“确定”按钮。

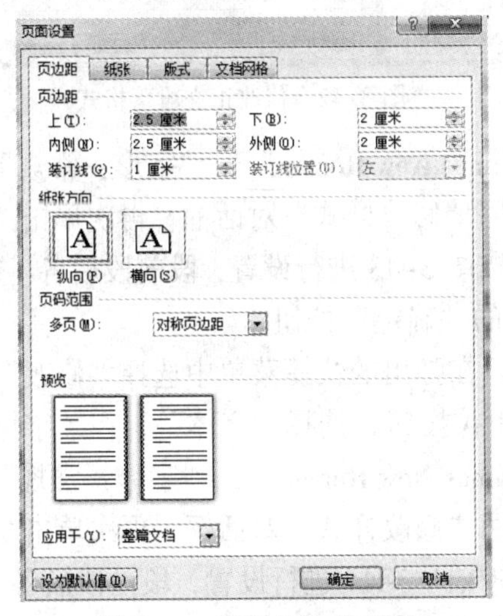

图 3-38 “页边距”选项卡

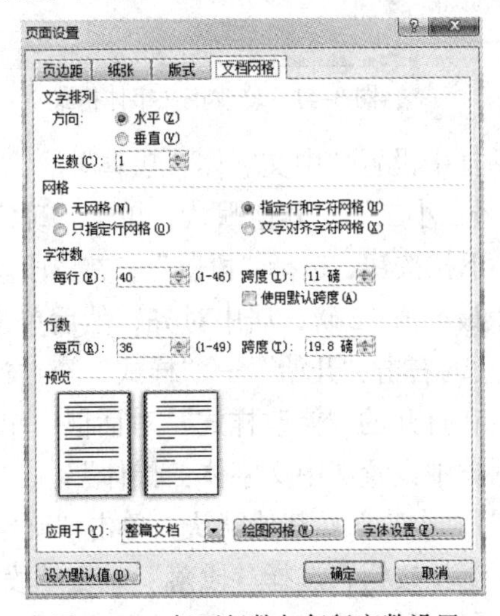

图 3-39 每页行数与每行字数设置

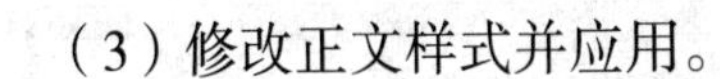

（3）修改正文样式并应用。

① 右击“开始”→“样式”→“正文”样式，在弹出的快捷菜单中选择“修改”命令，如图 3-40 所示。在打开的“修改样式”对话框中，单击左下角的“格式”下拉按钮。

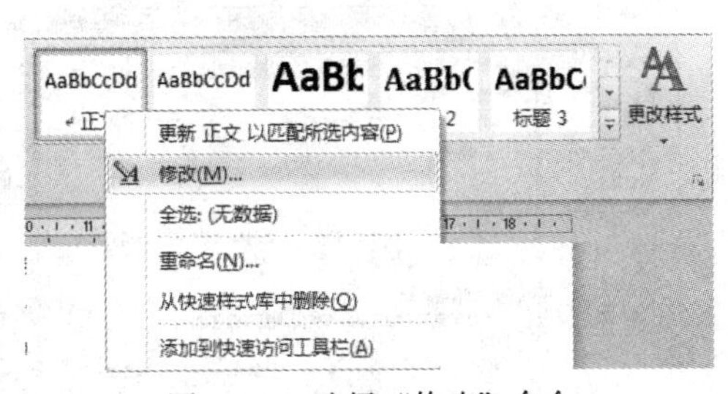

图 3-40 选择“修改”命令

② 选择“字体”，在“字体”对话框中按图 3-41 所示，“中文字体：宋体”，“西文字体：Times New Roman”，“字形：常规”，“字号：小四”，其他默认，单击“确定”按钮，返回“修改样式”对话框。

③ 单击“格式”下拉按钮，选择“段落”，在“段落”对话框中按图 3-42 所示进行设置，单击“确定”按钮，返回“修改样式”对话框后，单击“确定”按钮。

（4）修改三级标题样式。

① 右击“开始”→“样式”→“标题 1”样式，在弹出的快捷菜单中选择“修改”命令，在打开的“修改样式”对话框中单击“格式”下拉按钮，选择“字体”，在“字体”

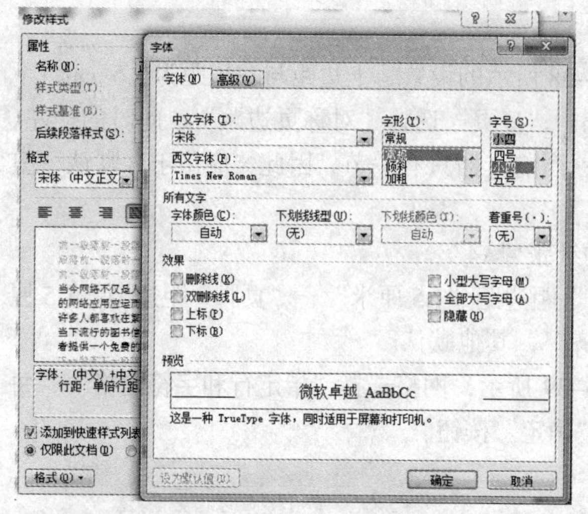

图 3-41　修改正文字体格式

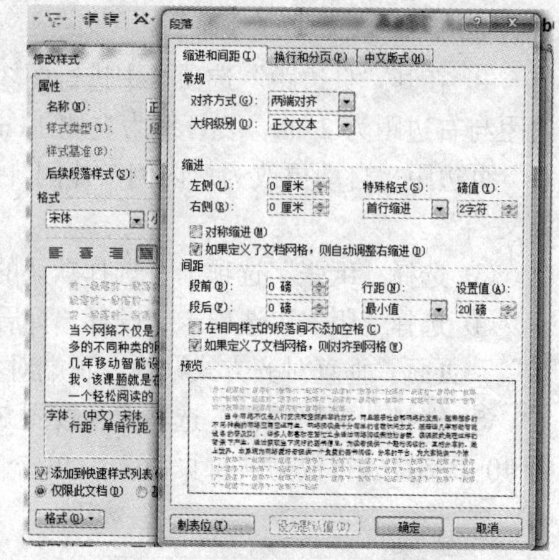

图 3-42　修改正文段落格式

对话框中设置“中文字体：黑体”，“西文字体：Times New Roman”，“字形：常规”，“字号：小二”。其他默认，单击“确定”按钮，返回“修改样式”对话框。再次单击“格式”下拉按钮，选择“段落”，在“段落”对话框中按图 3-43 进行设置，段前段后各 1 行，行距最小值 12 磅，居中对齐，然后单击两个对话框的“确定”按钮。

② 右击“开始”→“样式”→“标题 2”样式，在弹出的快捷菜单中选择“修改”命令，在打开的“修改样式”对话框中单击“格式”下拉按钮，选择“字体”，在“字体”对话框中设置“中文字体：黑体”，“西文字体：Times New Roman”，“字形：常规”，“字号：小三”。其他默认，单击“确定”按钮，返回“修改样式”对话框。再次单击“格式”下拉按钮，选择“段落”，在“段落”对话框中按图 3-44 进行设置，段前段后各 0.5 行，行距最小值 15 磅，左对齐，分别单击两个对话框的“确定”按钮。

图 3-43　标题 1 段落格式

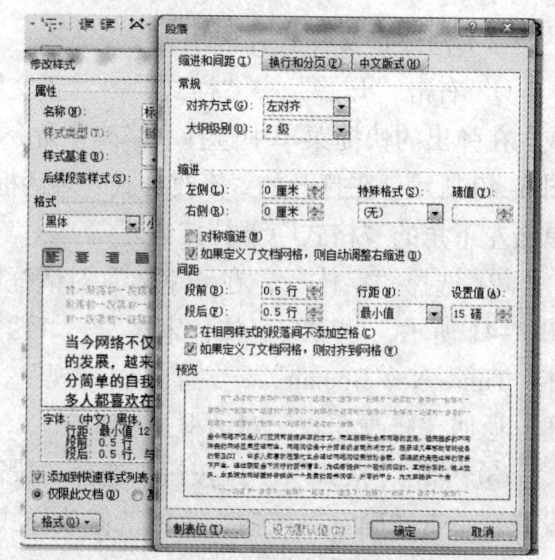

图 3-44　标题 2 段落格式

③ 右击“开始”→“样式”→“标题 3”样式，在弹出的快捷菜单中选择“修改”命

令，在打开的“修改样式”对话框中单击“格式”下拉按钮，选择“字体”，在“字体”对话框中设置“中文字体：黑体”，“西文字体：Times New Roman”，“字形：常规”，“字号：小四”。其他默认，单击“确定”按钮，返回“修改样式”对话框。再次单击“格式”下拉按钮，选择“段落”，在“段落”对话框中设置段前 12 磅，段后 6 磅，行距最小值 12 磅，左对齐，分别单击两个对话框的“确定”按钮。

（5）定义多级列表并关联标题样式。

① 光标置于正文红色文字（一级标题）所在段落，单击“开始”→“段落”→“多级列表”下拉按钮，选择“定义新的列表样式”选项，在打开的“定义新列表样式”对话框中，单击“格式”下拉按钮，选择“编号”命令，在打开的“修改多级列表”对话框中，按图 3-45 所示进行设置。

② 选择级别“1”，将级别链接到“标题 1”样式，选择编号样式为“一，二，三，...”，输入编号格式时，在“一”的左、右两边分别输入“第”和“章”，编号对齐方式“居中”，对齐位置“0.53 厘米”，刚好显示出编号即可，文本缩进为“0 厘米”，编号之后选“空格”。

③ 选择级别“2”，将级别链接到“标题 2”样式，选择编号样式为“1，2，3，...”，并勾选“正规形式编号”，使输入编号的格式变为“1.1”，编号对齐方式“左对齐”，对齐位置“0 厘米”，刚好显示出编号即可，文本缩进为“0 厘米”，编号之后选“空格”，如图 3-46 所示。

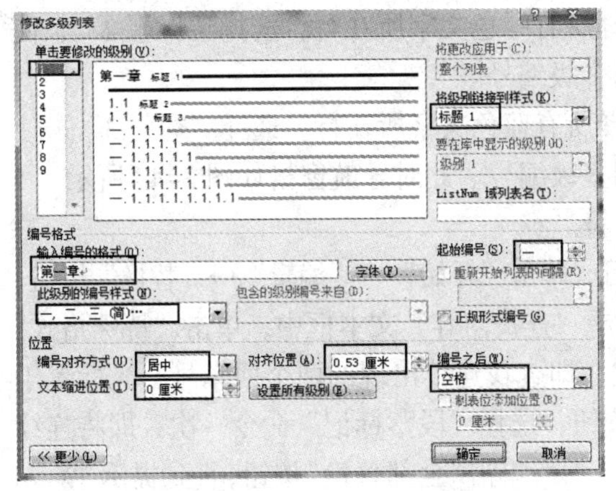
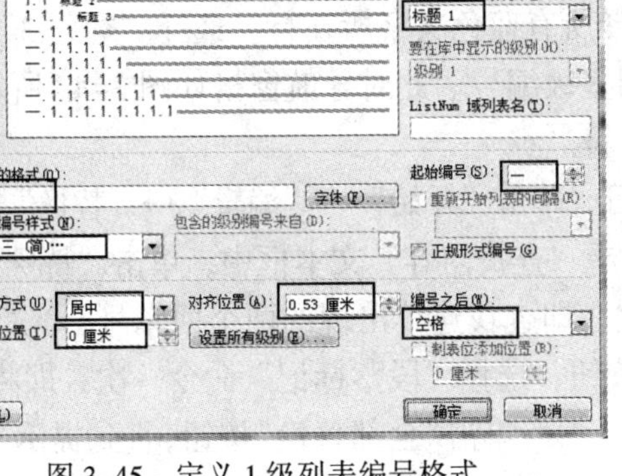

图 3-45　定义 1 级列表编号格式　　　图 3-46　定义 2 级列表编号格式

④ 选择级别“3”，将级别链接到“标题 3”样式，选择编号样式为“1，2，3，...”，并勾选“正规形式编号”，使输入编号的格式变为“1.1.1”，编号对齐方式“左对齐”，对齐位置“0 厘米”，刚好显示出编号即可，文本缩进为“0 厘米”，编号之后选“空格”，如图 3-47 所示。然后单击级别“1”，再单击“确定”按钮。当 3 个级别编号全部设置完后单击“确定”按钮，返回“定义新列表样式”对话框中，单击“确定”按钮。

（6）设计和应用标题样式。

分别为红色文字应用标题 1，绿色文字应用标题 2，蓝色文字应用标题 3 样式。

① 在素材文件中，选择某一行红色文字，单击“开始”→“编辑”→“选择”下拉按

钮，选择“选定所有格式类似的文本”选项，然后单击“开始”→“样式”→“标题 1”样式，此时所有红色文字段落均应用了该编号的标题 1 样式。勾选“视图”→“显示”→“导航窗格”复选框，在窗口左侧出现如图 3-48 所示的各章一级标题，只是前三章与后两章不需要编号，所以，在导航窗格中单击“第一章...”，将光标置于在正文窗口“目录”所在行，右击，弹出快捷菜单，选择“编号”，取消编号应用，使用同样的方法，取消“中文标题”“英文标题”“参考文献”“致谢”的编号。此时，可看到导航窗格中前三个标题无编号，中间连续编号为“第一章到第七章”，最后两个标题无编号。

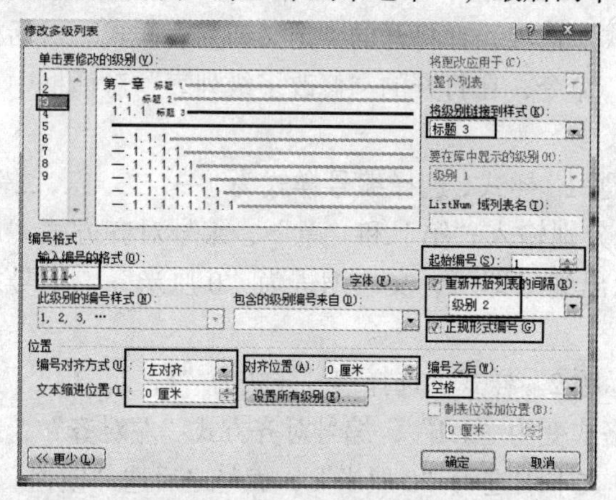

图 3-47　定义 3 级列表编号格式

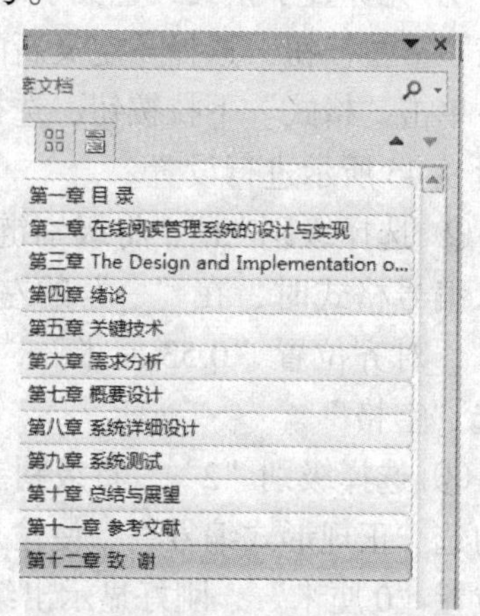

图 3-48　导航窗格显示级别

② 选择某一行绿色文字，按①的方法选择所有绿色文字所在行，选择“标题 2”，使所有绿色文字段落成为二级标题，并自动应用多级编号。

③ 选择某一行蓝色文字，按①的方法选择所有蓝色文字所在行，选择“标题 3”，使所有蓝色文字段落成为三级标题，并自动应用多级编号。此时导航窗格如图 3-49 所示。

（7）删除多余的空行、插入分页符与分节符。

① 删除多余空行。将光标置于文档第一行，单击“开始”→“编辑”→“替换”按钮，在打开的“查找和替换”对话框中，将光标置于“查找内容”文本框中，单击“特殊格式”下拉按钮，选择“段落标记”命令，选择两次，即查找连续出现的两个回车号；光标置于“替换为”文本框中，单击“特殊格式”下拉按钮，选择“段落标记”命令一次，即将连续的两个回车号改为一个回车号，如图 3-50 所示，然后单击“全部替换”按钮，直到提示“Word 已完成对文档的搜索并已完成 0 处替换”，若每次弹出“Word 已完成对文档的搜索并已完成 1 处替换”表示文档最后有两个回车号，可手动删除。

② 插入分节符，将论文分成 3 节（目录摘要一节，第一章到第七章一节，参考文献与致谢一节，以便设置页眉）。将导航窗格打开，单击“第一章绪论”，光标置于“绪论”二字之前，单击“页面布局”→“页面设置”→“分隔符”下拉按钮，选择“分节符”栏的“下一页”；然后，从导航窗格中单击“参考文献”，光标置于“参考文献”之前，插入分节符。

图 3-49 各章节编号与标题列表

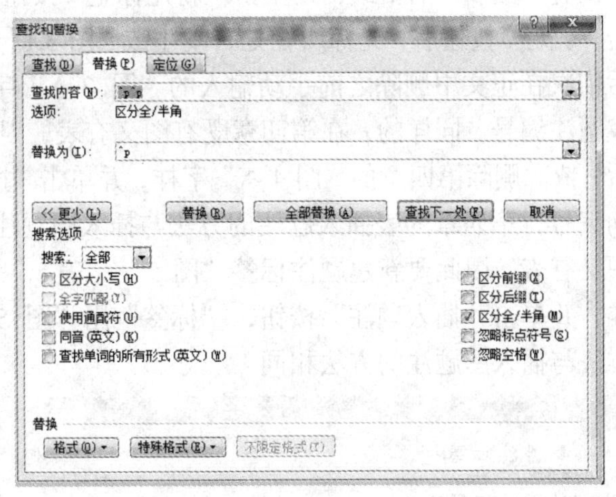

图 3-50 删除多余空行

（8）定义三线表格式并应用。

① 定义表格内字体、段落样式（若在表格创建后应用新建的表格样式，其字体、段落的设置不起作用，可用此法补救）。单击“开始”→“样式”组的对话框启动器按钮，单击“样式”窗格左下角的“新建样式”按钮，在打开的“根据格式设置创建新样式”对话框中，“名称”改为“表格内样式”；单击左下角的“格式”下拉按钮，设置字体：中文字体为“宋体”、西文字体为“Times New Roman”“常规”“五号”；段落格式设置：无任何缩进，单倍行距。样式创建好之后，为论文所有表格应用该样式。

② 新建“三线表”样式。光标置于文档中某一个表格中，在自动出现的“表格工具/设计”选项卡中，单击“表格样式”→“其他”下拉按钮，选择“新建表样式”，打开“根据格式设置创建新样式”对话框，“属性”一栏名称”改为“论文三线表”，“样式类型”为“表格”，“样式基准”为“普通表格”。“格式”一栏，“将格式应用于”选择“整个表格”，字体选择为“宋体”“五号”、取消加粗显示，“线条样式”选择“单实线”，“磅数”选择“0.5 磅”，“框线”应用于“上框线”“下框线”，“底纹”选择“无颜色”。再次，“将格式应用于”选择“标题行”，“磅数”为“0.5 磅”，“框线”应用于“下框线”，如图 3-51 所示。单击“确定”按钮，“论文三线表样式”设置完成。可使用【Ctrl】键选择表格，为论文每个表格，应用该样式（第五章的表格除外）。

（9）为表格及图片插入题注。

① 设置题注的样式。打开“样式”窗格，单击其右下角的“选项”按钮，在打开的“样式窗格选项”对话框中，“选择要显示的样式”下拉列表中选择“所有样式”，单击“确定”按钮。在“样式”窗格的列表中找到“题注”样式，右击，选择“修改”命令，将“题注”的字体格式改为黑体（Times New Roman）、五号、常规；段落格式改为居中对齐、无缩进、行距最小 20 磅。

② 新建题注标签。查看文档各章，在第三章中发现有图片，则选择“图 3-1”并删除

它，单击“引用”→“题注”→“插入题注”按钮，打开“题注”对话框，若“标签”列表中没有“图 3.”的格式，则单击“新建标签”按钮，输入“图 3.”的标签（见图 3-52）。单击“确定”按钮后，光标所在处自动生成“图 3.1”，并且自动应用①中设置的题注样式；然后依次在正文中删除之前手动输入的“图 3-X”字样，并单击“插入题注”按钮，自动生成题注编号。同样的，在第四章既有图又有表，因此要新建题注标签“图 4.”“表 4.”，然后，依次删除第四章的“图 4-X”字样，并单击“插入题注”按钮，“标签”用“图 4.”，自动编号，第四章的表插入题注的方法与插入图题注的方法相同。同样的，在第五章中既有图又有表，因此要新建题注标签“图 5.”“表 5.”，然后，依次删除第五章的“图 5-X”字样，并单击“插入题注”按钮，“标签”用“图 5.”，自动编号，第五章的表插入题注的方法与插入图题注的方法相同。

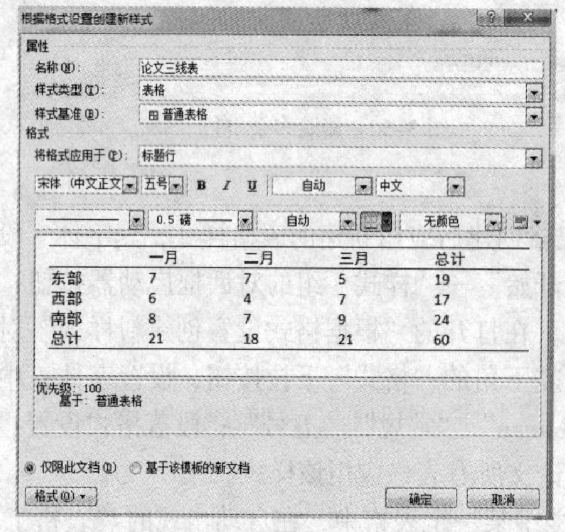

图 3-51　新建论文三线表样式

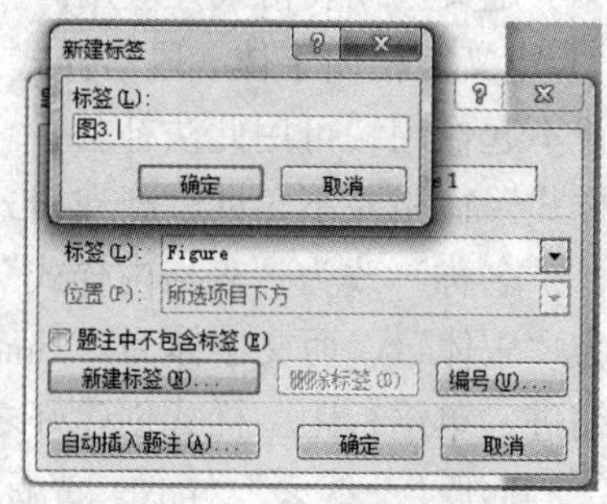

图 3-52　新建题注标签

（10）为各页插入页眉。

① 在（7）中，已经将论文分成 3 节，回到论文最前面“目录”所在页，双击“目录”页的页眉处，此时进入页眉编辑区，且显示“页眉页脚设置工具/设计”选项卡。

② 设置第 1 节页眉。选择页眉处的回车号，选择“开始”选项卡，确保其字号为“小五号”、段落居中对齐，然后单击“段落”→“边框和底纹”下拉按钮，选择“边框和底纹”，如图 3-53 所示，选择一条“上粗下细”线条，“1.5 磅”，应用于“段落”的下边框，单击“确定”按钮，所有页的页眉均会出现此种下框线。勾选“选项”组的“奇偶页不同”复选框，然后单击“插入”→“文档部件”下拉按钮，选择“域”，在打开的“域”对话框中，“类别”选择“链接和引用”，“域名”选择“StyleRef”，“样式名”选择“标题 1”，单击“确定”按钮，如图 3-54 所示。页眉处出现“目录”二字，此时奇数页页眉设置完成。将光标置于第 1 节偶数页页眉处，输入“湖南**大学学士学位论文”。

③ 设置第 2 节页眉。单击“下一节”按钮，切换到第 2 节，已经默认出现了第一章的标题域“绪论”二字，取消单击“链接到前一条页眉”按钮，使之与第 1 节不同，并勾选“奇偶页不同”。将光标置于页眉中的“绪论”二字前，单击“插入”→“文档部件”→“域”按钮，

勾选“插入段落编号”，单击“确定”按钮，则页眉中变成“第一章绪论”，手动在编号与标题之间加入一个空格。切换到偶数页，确定其中的文字为“湖南**大学学士学位论文”即可。

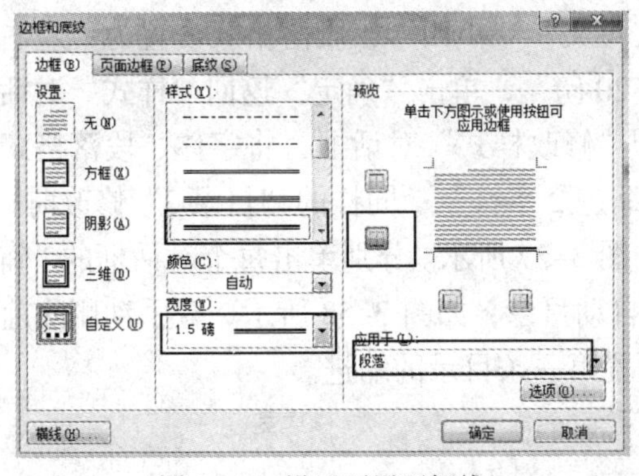

图 3-53　设置页眉下框线

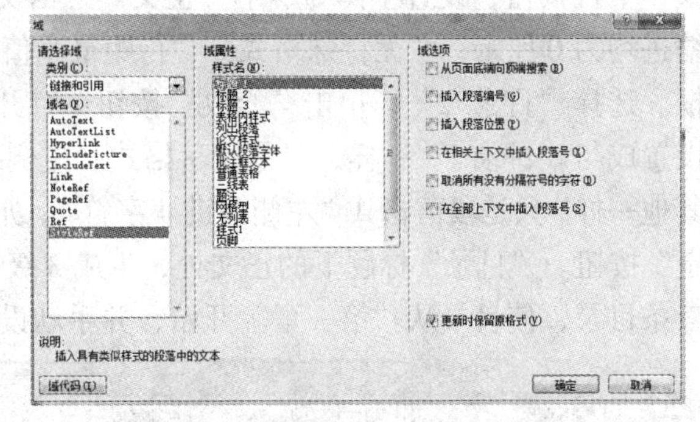

图 3-54　为论文第一节插入页眉域

④ 切换到第 3 节，参考文献页的页眉处，取消单击“链接到前一条页眉”按钮，勾选“奇偶页不同”，在页眉处，删除“标题 1”的编号“0”，其偶数页的页眉确定为“湖南**大学学士学位论文”。页眉设置完成。不要关闭页眉页脚，继续设置“页码”。

(11) 为各页插入页码。

① 第 1 节页码。将光标置于“目录”页页脚处，单击“页眉和页脚设置工具/设计”→“页码”下拉按钮，选择“设置页码格式”，打开“页码格式”对话框，设置如图 3-55 所示。然后单击“页码”下拉按钮，选择“页面底端”→“普通数字 2”选项，使页码居中。光标置于偶数页页码，单击“页码”下拉按钮，选择“页面底端”→“普通数字 2”选项，页码会自动更正为“II”。

② 第 2 节页码。切换到“绪论”页的页脚处，取消单击“链接到前一条页眉”按钮，单击“页码”下拉按钮，选择“设置页码格式”，设置如图 3-56 所示。然后单击“页码”下拉按钮，选择“页面底端”→“普通数字 3”选项（正文奇数页页码靠右），光标置于第 2 节偶数页，单击“页码”下拉按钮，选择“页面底端”→“普通数字 1”选项（正文奇数页页码靠左）。然后查看其后所有页码是否正确。

③ 第 3 节页码。若页码是与前一页连续的，可不用再设置，否则应设置“页码格式”，在“页码格式”对话框的“页码编号”中选中“续前节”单选按钮即可。

图 3-55　第 1 节页码格式

图 3-56　第 2 节页码格式

(12) 插入自动目录。

将光标置于“目录”标题下一段落，单击“引用”→“目录”→“插入目录”按钮，在打开的“目录”对话框中，“格式”选择“来自模板”；单击“修改”按钮，打开“样式”对话框，选择“目录 1”；单击“修改”按钮，打开“修改样式”对话框，通过“格式”下拉按钮，设置字体为“中文正文”“西文正文”“小四”，段落格式设置为“左右缩进均为 0 厘米”“无特殊格式”“行距最小值 20 磅”，单击“确定”返回“样式”对话框。选择“目录 2”，单击“修改”按钮，打开“修改样式”对话框，将字体、段落格式设置成与“目录 1”一样，只是段落格式“左侧缩进 2 字符”；同样的“目录 3”修改时，其他一样，只是段落格式“左侧缩进 4 字符”，如图 3-57 所示。分别单击每个对话框的“确定”按钮。“目录”标题下的正文处，生成 3 级自动目录，如图 3-58 所示，应手动删除前三条目录，使目录从“第一章”开始，并手动设置第一条目录的缩进。

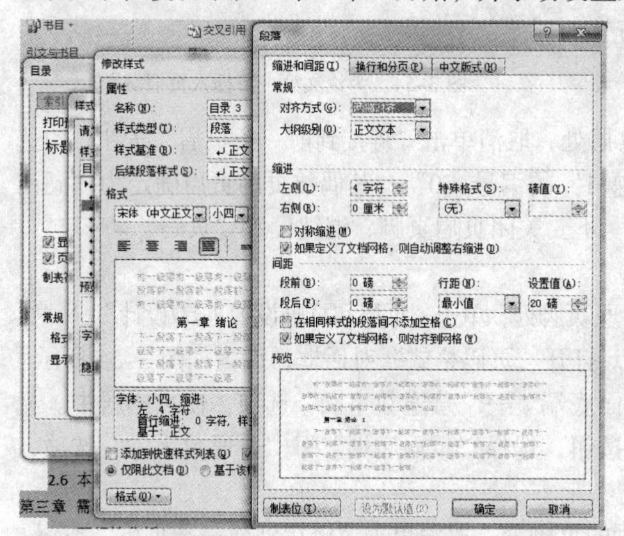

图 3-57 插入自动目录并修改格式

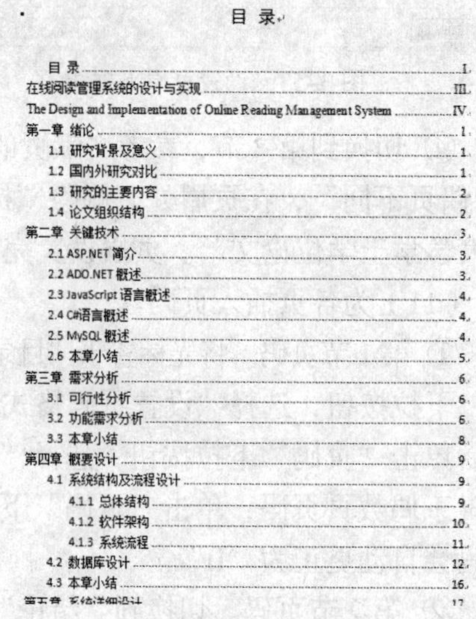
目 录

图 3-58 目录

（13）打印预览。

单击“视图”→“显示比例”→“双页”按钮，对文档进行对称浏览。单击“文件”→“打印”命令，可从右侧窗口浏览打印效果。

三、实验任务

【任务一】某出版社计算机编辑部收到了一篇科技论文的译文审稿校稿，希望将其发表在内部刊物上，请根据专家意见按要求完文档修订与排版，注意保留“实验 3-5 任务一素材.docx”文档中所有译文内容、格式设置、修订批注等。

（1）设置文档的标题属性为“主义网格的研究现状与发展”。

（2）页面设置：纸张大小为“信纸”，纸张方向为“纵向”；页码范围为多页的“对称页边距”，上边距、下边距、内侧为 2 cm，外侧为 2.5 cm；页眉和页脚距边界均为 1.2 cm；仅指定文档行网格，每页 41 行。

（3）删除文档中所有空行和以黄色突出显示的注释性文字，将文档中所有标记为红色字体的文字修改为黑色。（提示：用替换功能完成。）

（4）根据文档批注中指出的引注缺失或引注错误修订文档，并确保文档中所有引注的方括号均为半角的“[]”，修订结束后将文档中的批注全部删除。

（5）将文档中的“关键词”段落之后的所有段落分为两栏，栏间距为 2 字符，并带有分隔线。

（6）设置文档中紫色字体文本为“论文标题”，作者行为“副标题”，黄色字体文本为“节标题”，绿色文本为“小节标题”，蓝色文本为原文引用内容。根据文章层次，将节标题和小节标题设置为对应的多级标题编号（例第 4 节的编号为 4，第 4 节第 2 小节编号为 4.2）。格式设置如下：

① 论文标题：1 级大纲，标题样式，中文宋体（西文 Cambria）、加粗、四号、黑色、居中对齐、无任何缩进、段前段后各 0.5 行。

② 副标题：正文文本，中文微软雅黑（西文 Cambria）、常规、五号、黑色、居中对齐，无任何缩进。

③ 节标题：1 级大纲，标题 1 样式，中文微软雅黑（西文 Cambria）、加粗、小四号、黑色、左对齐、无任何缩进、段前段后各 0.5 行。

④ 小节标题：2 级大纲，标题 2 样式，中文楷体（西文 Cambria）、加粗、五号、黑色、左对齐、无任何缩进、段前段后各 0.2 行。

⑤ 原文引用：正文文本，中文仿宋（西文 Times New Roman）、常规、小五号、黑色、两端对齐、首行缩进 2 字符、左侧右侧各缩进 0.2 cm、段前段后各 0.2 行。

（7）文档摘要部分和关键词部分的段落格式：正文文本，五号、黑色、两端对齐、无任何缩进。

（8）该文档在副本期刊中的起始页码为 19；设置文档奇数页页眉内容包含文档标题和页码，之间用空格隔开，如“主义网络的研究现状与展望 19”；偶数页页眉内容为页码和“前沿技术”之间用空格分隔，如“20 前沿技术”；页眉格式：仿宋、Times New Roman、常规、小五、黑色、奇数页右对齐、偶数页左对齐、无任何缩进。

（9）调整文档中的宽度略小于段落宽度，插图图注与正文中对应的“图 1，图 2，...”建立交叉引用；参考文献列表编号与论文中对应的引注建立交叉引用（仅建立前 10 篇参考文献的引用关系）。

图注和参考文献的格式：

① 图注：正文文本，宋体、Times New Roman、常规、小五、黑色、居中对齐、无缩进、段前 0 行、段后 0.2 行。

② 参考文献列表：宋体、Times New Roman、常规、小五、黑色、两端对齐、无缩进。

（10）设置文档其他文字内容段落为正文格式：宋体、Times New Roman、常规、五号、黑色、两端对齐、首行缩进 2 字符、段前段后 0 行。（提示：正文样式应在其他各级标题样式修改之前设置。）

（11）将第 7 节中 10 个研究方向的名称设置为“小节标题”，编号为多级编号对应的自动编号，“：”后面的内容仍保持正文格式，并删除“：”。

（12）文件另存为“学号+姓名+任务一.docx”。原素材文件不动。

【任务二】请打开“实验 3–5 任务二素材.docx”文档，按如下要求进行排版：

（1）页面设置：纸张大小 16 开，对称页边距，上边距、内侧 2.5 cm，下边距、外侧 2 cm，装订线 1 cm，页脚距边界 1 cm。

（2）文档中包含三个级别的标题，并在正文中用“（一级标题）、（二级标题）、（三级标题）”字样标出，请对所有标示出来的段落应用相应的标题样式，并对修改的样式关联多级列表编号。

① “一级标题”段：标题 1 样式，黑体、小二号、不加粗、段前 1.5 行、段后 1 行、行距最小值 12 磅、居中对齐，多级编号：第 1 章，第 2 章……

② “二级标题”段：标题 2 样式，黑体、小三号、不加粗、段前 1 行、段后 0.5 行、行距最小值 12 磅、居中对齐，多级编号：1–1，1–2，2–1，2–2……

③ “三级标题”段：标题 3 样式，宋体、小四号、加粗、段前 12 磅、段后 6 磅、行距最小值 12 磅，多级编号：1–1–1，1–1–2……与二级标题缩进位置相同。

④ 除三个级别标题外所有正文（不含图表及题注）：正文样式，首行缩进 2 字符、1.25 倍行距、段后 6 磅、两端对齐。

（3）应用样式后，删除各级标题段后的提示文字括号“（一级标题）、（二级标题）、（三级标题）”。

（4）素材文件中有若干表格及图片，分别在表格上方和图片下方的说明文字左侧添加形如“表 1–1、表 2–1、图 1–1、图 2–1”的题注，其中连字符“–”前面的数字代表章号，后面的数字代表图表序号。

题注格式：仿宋、小五号、居中。

（5）素材文件中用红色标出的文字，根据前后文，插入相应的引用题注编号。为第 2 张表格套用一个合适的表格样式，保证表格第 1 行在跨页时能够自动重复，且表格上方的题注与表格总在一页上。

（6）在素材文件最前面插入目录，要求包含 3 个级别标题及页码。目录、各章独立成节，每一节页码均以奇数页为起始页码。

（7）目录与正文各章页码不同，目录使用大写罗马数字页码，正文各章使用阿拉伯数字页码且各章连续编码。除目录首页和每章首页不显示页码外，其余页要求奇数页页码显示在页脚右侧，偶数页页码显示在页脚左侧。

（8）将素材库文件夹中的“水印.jpg”设置为本文档的水印，水印位于页面中间位置，图片增加“冲蚀”效果。

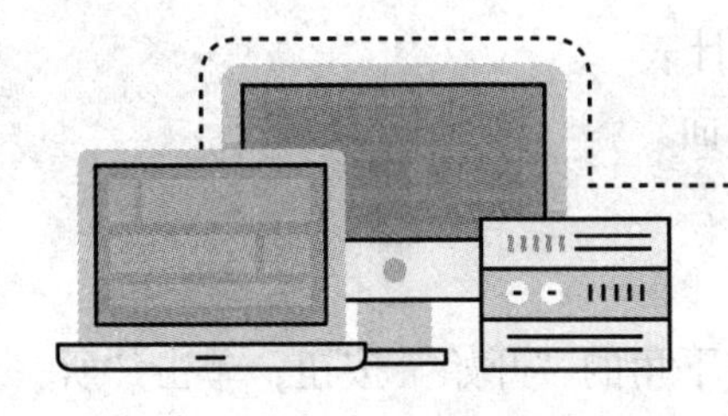

第 4 章 Excel 2010电子表格处理软件实验

Excel 2010 电子表格处理软件是微软公司推出的 Microsoft Office 2010 软件中的一员，是一种专门用于数据处理和报表制作的应用软件，主要用于日常的数据统计工作，如账务报表、销售统计表、年度汇总表和各种图表等，具有强大的数据计算和汇总功能。

实验 4-1 Excel 2010 的基本操作

一、实验目的

（1）熟练掌握 Excel 工作簿、工作表、行、列、单元格的基本操作方法。

（2）熟练掌握数据录入方法。

（3）熟练掌握 Excel 工作表的格式化方法。

二、实验示例

【例 4-1】 制作一个家电销售统计表，效果如图 4-1 所示。

	A	B	C	D	E	F	G	H
1	某商场上半年家电销售统计表							
2	单位：万元							
3	编号	类别	一月	二月	三月	四月	五月	六月
4	001	电视机	5.64	3.48	3.89	4.75	4.26	5.85
5	002	电冰箱	3.54	2.64	3.15	3.25	3.69	5.35
6	003	洗衣机	2.57	1.6	1.42	1.55	1.21	1.3
7	004	热水器	5.84	3.65	3.78	4.31	2.56	1.39
8	005	空调	2.58	2.76	1.33	1.1	4.68	3.78
9	006	抽油烟机	1.2	1.22	1.34	1.77	1.41	1.63

图 4-1　家电销售统计表效果

1. 操作要求

（1）新建一个 Excel 工作簿。

（2）将该工作簿保存在“E:\105 张三”文件夹中，文件命名为“家电销售统计表.xlsx”。

（3）关闭该文件。

（4）重新打开刚才创建的“家电销售统计表.xlsx”文件，在 Sheet1 表中输入图 4-1 所示的内容。

（5）在 Sheet2 之前插入一个新工作表，将 Sheet1 中的表格内容复制到新插入的工作表的相同区域中。

（6）将新插入的工作表重命名为“上半年家电销售统计表”。

（7）将“上半年家电销售统计表”移动到 Sheet1 的前面。

2. 操作步骤

（1）新建一个 Excel 工作簿。

双击桌面上的 Excel 2010 快捷图标，或者单击桌面左下角的“开始”按钮，单击“所有程序”→“Microsoft Office”→“Microsoft Excel 2010”命令，启动 Excel 2010，系统将自动创建一个名为“工作簿 1”的文件。

（2）将该工作簿保存在“E:\105 张三”文件夹中，文件命名为“家电销售统计表.xlsx”。

① 单击“文件”→“保存”命令，打开“另存为”对话框；

② 在“另存为”对话框中，选择文件的保存位置为“E:\105 张三”文件夹，输入文件名“家电销售统计表”，保存类型默认选择“Excel 工作簿(*.xlsx)”，如图 4-2 所示。

③ 单击“另存为”对话框中的“保存”按钮。

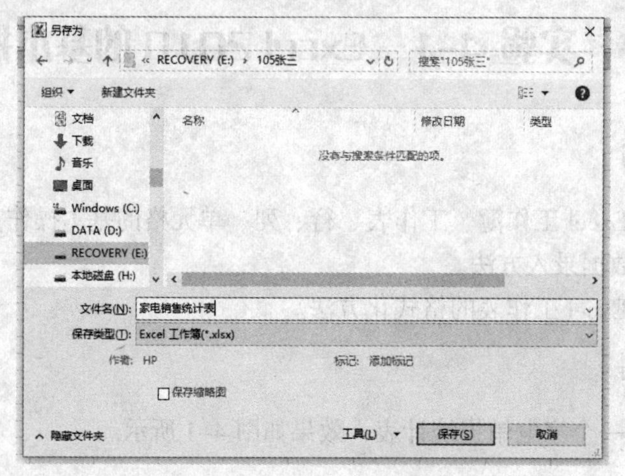

图 4-2 “另存为”对话框

（3）关闭工作簿文件。

单击标题栏右侧的“关闭”按钮，关闭工作簿，退出 Excel。

（4）重新打开刚才创建的“家电销售统计表.xlsx”文件，在 Sheet1 表中输入图 4-1 所示的内容。

① 在“E:\105 张三”文件夹窗口中双击“家电销售统计表.xlsx”，即可打开该文件。

② 在 Sheet1 工作表的 A1 单元格中输入表格标题“某商场上半年家电销售统计表”，在 A2 单元格中输入“单位：万元”。

③ 在 A3、B3、C3 单元格中分别输入“编号”“类别”“一月”。

④ 选中 C3 单元格，移动鼠标指针到其右下角的填充柄处，此时指针变成细十字形状，按住鼠标左键拖动至 H3 单元格处释放鼠标，则“二月”至“六月”会自动填充到 D3 至 H3 单元格中。

⑤ 在 A4 单元格中输入“'001”，按【Enter】键确认后，会看到该单元格左上角有个

绿色小三角，表示输入的数字为文本字符。

⑥ 单击 A4 单元格，拖动其填充柄至 A9 单元格处释放鼠标，则 A5 至 A9 单元格中将自动填充“002”至“006”。

⑦ 参照图 4-1 输入其他单元格数据。

（5）在 Sheet2 之前插入一个新工作表，将 Sheet1 中的表格内容复制到新插入的工作表的相同区域中。

① 右击 Sheet2 工作表标签，在弹出的快捷菜单中（见图 4-3）单击“插入”命令，则在 Sheet2 之前、Sheet1 之后插入一个新工作表，新工作表名默认为 Sheet4。

② 单击 Sheet1 工作表左上角的“全选”按钮，选择工作表中的所有内容，按【Ctrl+C】组合键复制选择的内容。

③ 单击 Sheet4 标签，切换到该工作表中，这时 A1 单元格自动处于选择状态，按【Ctrl+V】组合键粘贴复制的内容。

（6）将新插入的工作表重命名为“上半年家电销售统计表”。

① 右击 Sheet4 标签，在弹出的快捷菜单中（见图 4-3）选择“重命名”命令，此时 Sheet4 标签处于编辑状态。

② 在被选中的 Sheet4 标签处输入“上半年家电销售统计表”，按【Enter】键确认输入，或者单击该工作表标签以外的其他任意位置均可确认输入。

（7）将“上半年家电销售统计表”移动到 Sheet1 的前面。

① 右击“上半年家电销售统计表”标签，在弹出的快捷菜单中（见图 4-3）选择“移动或复制...”命令，打开图 4-4 所示的“移动或复制工作表”对话框。

② 在“将选定工作表移至工作簿：”中选择“家电销售统计表.xlsx”，在“下列选定工作表之前：”选择“Sheet1”。

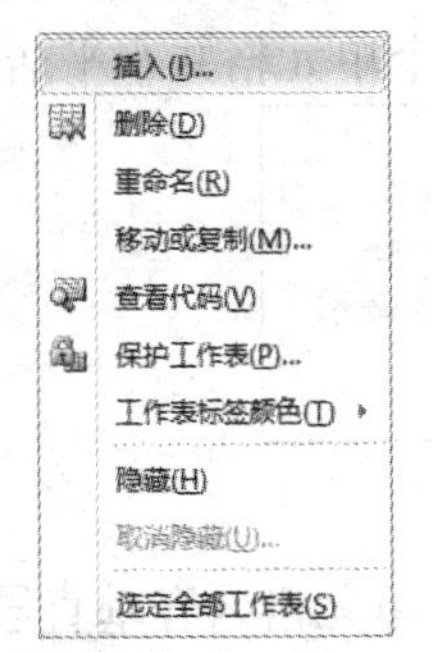

图 4-3　工作表标签快捷菜单

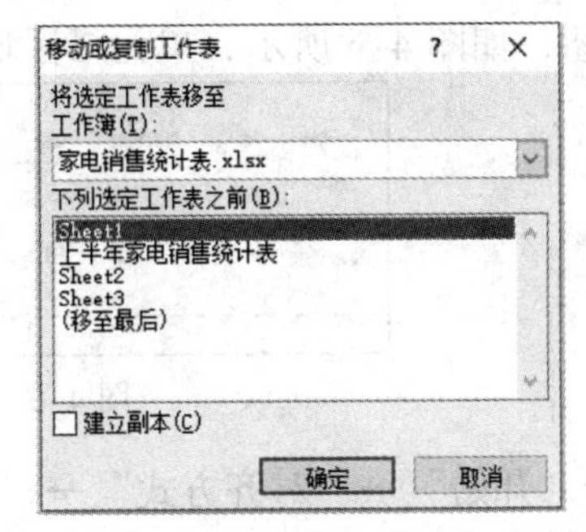

图 4-4　“移动或复制工作表”对话框

③ 单击“确定”按钮，即可将“上半年家电销售统计表”工作表移动到 Sheet1 工作表的前面。

技巧点拨：

如果要实现工作表的复制，在图 4-4 所示的对话框中勾选“建立副本”复选框。

【例 4-2】对例 4-1 中的“上半年家电销售统计表”进行格式化操作，效果如图 4-5 所示。

	A	B	C	D	E	F	G	H
1	某商场上半年家电销售统计表							
2								单位：万元
3	制表日期：	2019年6月30日						
4	编号	类别	一月	二月	三月	四月	五月	六月
5	001	电视机	¥5.64	¥3.48	¥3.89	¥4.75	¥4.26	¥5.85
6	002	电冰箱	¥3.54	¥2.64	¥3.15	¥3.25	¥3.69	¥5.35
7	003	洗衣机	¥2.57	¥1.60	¥1.42	¥1.55	¥1.21	¥1.30
8	004	热水器	¥5.84	¥3.65	¥3.78	¥4.31	¥2.56	¥1.39
9	005	空调	¥2.58	¥2.76	¥1.33	¥1.10	¥4.68	¥3.78
10	006	抽油烟机	¥1.20	¥1.22	¥1.34	¥1.77	¥1.41	¥1.63

图 4-5　家电销售统计表格式化效果

1. 操作要求

（1）合并单元格区域 A1:H1，表格标题设置：黑体、20 磅、水平和垂直都居中。

（2）合并单元格区域 A2:H2，内容右对齐、垂直居中、华文中宋、12 磅。

（3）在表格标题行（即“编号”所在行）的前面插入一行，在 A3 单元格中输入“制表日期：”，在 B3 单元格中输入“2019/6/30”。

（4）设置 B3 单元格的日期格式为图 4-5 所示的“2019 年 6 月 30 日”的形式。

（5）设置表格外框线为粗黑框线、内部框线为紫色细线，标题行的下框线为紫色双细线。

（6）设置表格的标题行格式：行高 22，宋体加粗、14 磅、黄色、填充浅蓝色，水平和垂直都居中。

（7）设置表格其他行格式：行高 20，华文中宋、12 磅。

（8）设置“一月”至“六月”的销售数据格式为货币形式，两位小数。

2. 操作步骤

（1）合并单元格区域 A1:H1，表格标题设置：黑体、20 磅、水平和垂直都居中。

① 选择单元格区域 A1:H1，单击“开始”→“对齐方式”→“合并后居中”→“合并后居中”按钮，如图 4-6 所示，单元格区域 A1:H1 合并为一个单元格并水平居中。

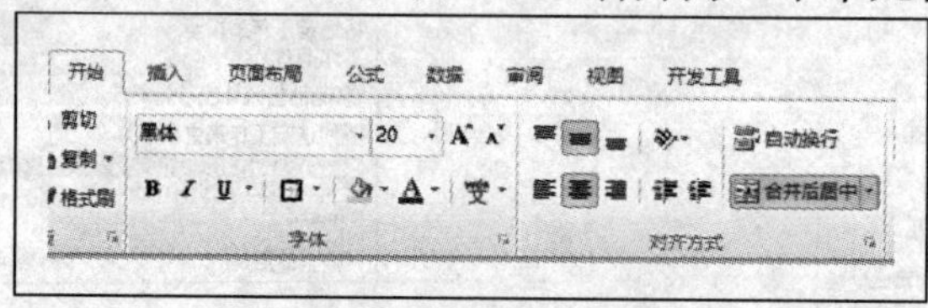

图 4-6　格式设置命令

② 单击“开始”→“对齐方式”→“垂直居中”按钮，单元格内容垂直居中。

③ 在“开始”→“字体”组“字体”的下拉列表中选择“黑体”，在“字体”组的“字号”下拉列表中选择“20”。

（2）合并单元格区域 A2:H2，内容右对齐、垂直居中、华文中宋、12 磅。

① 选择单元格区域 A2:H2，单击“开始”→“对齐方式”→“合并后居中”→“合并单元格”按钮，合并单元格。

② 单击“开始”→“对齐方式”→“右对齐”和“垂直居中”按钮，则单元格内容水平右对齐且垂直居中。

③ 在“开始”→“字体”组的“字体”下拉列表中选择“华文中宋”，在“字体”组的“字号”下拉列表中选择“12”。

（3）在表格标题行（即“编号”所在行）的前面插入一行，在 A3 单元格中输入“制表日期：”，在 B3 单元格中输入“2019/6/30”。

① 右击第 3 行的行号，在弹出的快捷菜单中选择“插入”命令，即可在第 3 行前面插入一行。

② 单击 A3 单元格，输入“制表日期：”。

③ 单击 B3 单元格，输入“2019/6/30”。

（4）设置 B3 单元格的日期格式为图 4–5 所示的“2019 年 6 月 30 日”的形式。

① 选择 B3 单元格，右击，在弹出的快捷菜单中选择“设置单元格格式...”命令，打开“设置单元格格式”对话框，如图 4–7 所示。

② 在“数字”选项卡的“分类：”列表中选择“日期”，选择“类型：”列表中的“2001 年 3 月 14 日”。

③ 单击“确定”按钮。

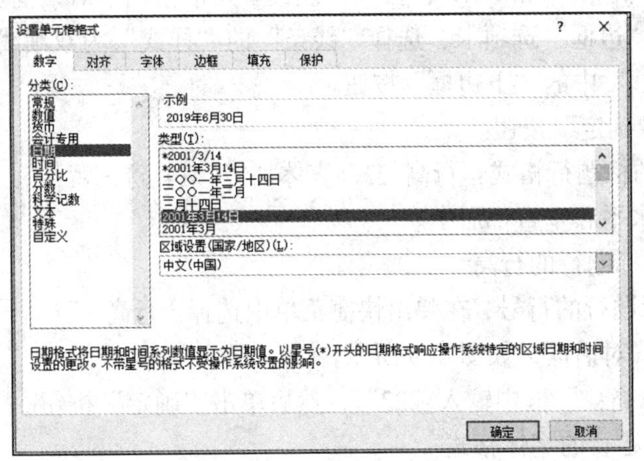

图 4–7　在“设置单元格格式”对话框中设置日期格式

（5）设置表格外框线为粗黑框线、内部框线为紫色细线，标题行的下框线为紫色双细线。

① 设置表格外框线为粗黑框线。

步骤 1：选择单元格区域 A4:H10，右击，在弹出的快捷菜单中选择“设置单元格格式...”命令，打开“设置单元格格式”对话框，如图 4–8 所示。

步骤 2：选择“边框”选项卡，选择“线条”的“样式”为加粗线、“线条”的“颜色”为黑色、“预置”中的“外边框”。

步骤 3：单击“确定”按钮。

② 设置表格内部框线为紫色细线。

步骤 1：选择单元格区域 A4:H10，打开“设置单元格格式”对话框。

步骤 2：选择“边框”选项卡，选择“线条”的“样式”为细线、“线条”的“颜色”为紫色、“预置”中的“内部”。

步骤 3：单击“确定”按钮。

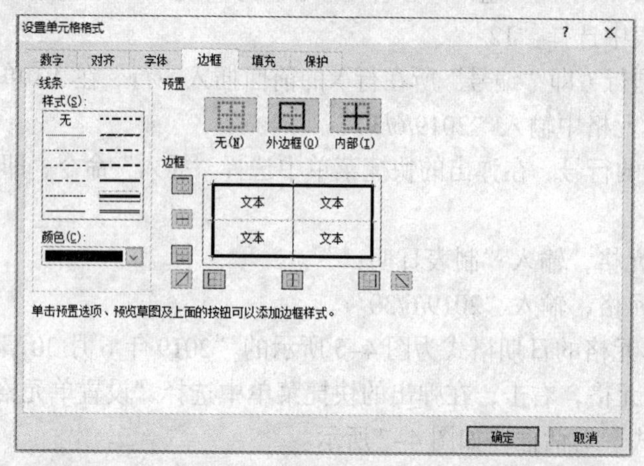

图 4–8　在“设置单元格格式”对话框中设置边框格式

③ 设置表格标题行的下框线为紫色双细线。

步骤 1：选择单元格区域 A4:H4，打开“设置单元格格式”对话框。

步骤 2：选择“边框”选项卡，选择“线条”的“样式”为双细线、“线条”的“颜色”为紫色、“边框”中的“下边框”按钮。

步骤 3：单击“确定”按钮。

（6）设置表格的标题行格式：行高 22，宋体加粗、14 磅、黄色、填充浅蓝色，水平和垂直都居中。

① 设置表格的标题行的行高。

步骤 1：右击标题行的行号，在弹出快捷菜单中选择“行高...”命令，弹出“行高”对话框，如图 4–9 所示。

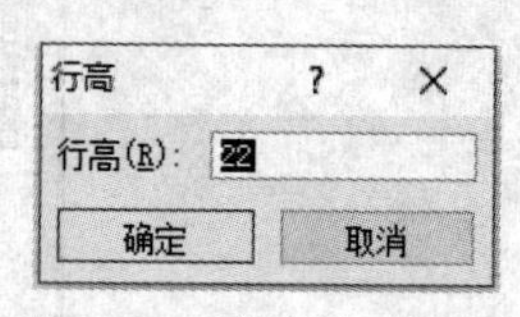

图 4–9　“行高”对话框

步骤 2：在“行高：”框中输入“22”，然后单击“确定”按钮。

② 设置表格标题行的字体格式。

步骤 1：选择单元格区域 A4:H4，单击“开始”→“字体”组→“字体”下拉按钮，选择“宋体”，单击“加粗”按钮 B。

步骤 2：在“字体”组的“字号”下拉列表中选择“14”。

步骤 3：在“字体”组的“字体颜色”下拉列表中选择“黄色”。

步骤 4：在“字体”组的“填充颜色”下拉列表中选择“浅蓝”。

③ 设置表格标题行的齐方式。

单击“开始”→“对齐方式”→“居中”按钮和“垂直居中”按钮，则单元格内容水平和垂直都居中。

（7）设置表格其他行格式：行高 20，华文中宋、12 磅。

① 设置表格其他行的行高。

步骤 1：选择第 5 至第 10 行，右击，在弹出的快捷菜单中选择“行高...”命令，弹出“行高”对话框。

步骤 2：在“行高：”框中输入“20”，然后单击“确定”按钮。

② 设置表格其他行的字体格式。

步骤 1：选择单元格区域 A5:H10，单击“开始”→“字体”组→“字体”下拉按钮，选择“华文中宋”。

步骤 2：单击“字体”组→“字号”下拉按钮，选择“12”。

（8）设置“一月”至“六月”的销售数据格式为货币形式，两位小数。

① 选择单元格区域 C5:H10，右击，在弹出的快捷菜单中选择“设置单元格格式...”命令，打开“设置单元格格式”对话框，如图 4-10 所示。

② 选择“数字”选项卡，选择“分类：”列表中的“货币”，将右侧的“小数位数”设置为“2”，选择“货币符号（国家/地区）”列表中的“￥”，单击“确定”按钮。

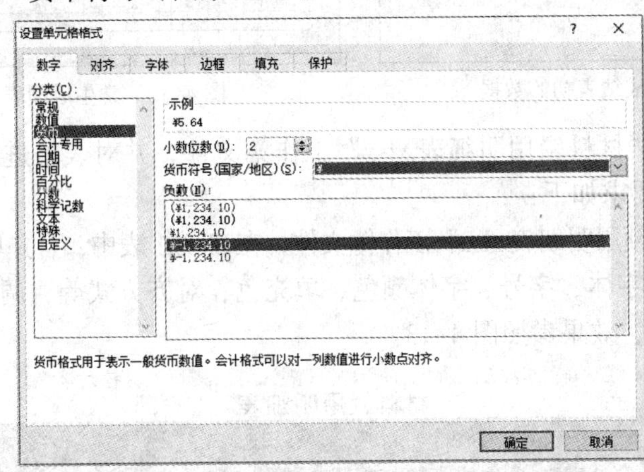

图 4-10　在“设置单元格格式”对话框中设置货币格式

三、实验任务

【任务一】 建立“学生成绩表.xlsx”工作簿文件，并对表格进行格式化，操作要求如下：

（1）启动 Excel，新建一个 Excel 工作簿文件。

（2）将该工作簿保存在“E:\学号姓名”文件夹中，文件命名为“学生成绩表.xlsx”，在 Sheet1 表中输入图 4-11 所示的内容，图 4-12 所示为格式化操作后的效果。

（3）选中单元格区域 A1:G1，将选中的单元格合并且居中，设置第 1 行标题“2018 级软件 1 班学生成绩表”的字体为黑体、字号为 18 磅。

（4）设置第 2 行表头部分（A2:G2）的字体为宋体、绿色、14 磅，填充黄色背景、6.25% 灰色的图案样式。

（5）其他单元格字号设置为 12 磅。

（6）所有单元格水平垂直居中对齐。

（7）为工作表设置边框，注意外边框为粗实线，内部框线为细实线。

（8）在学号为 105、姓名为“张健东”的学生记录前面插入 1 行，输入数据：105、郑浩、78、87、97。

（9）把“学号”列的数据用自动填充的方法修改为 1501、1502、1503…1511。

（10）使用条件格式，将成绩为 90 分以上（包括 90 分）的单元格的底纹设为橙色，低于 60 分的单元格字体颜色设为红色加粗，其余单元格格式不变。

（11）将工作表 Sheet1 重命名为“软件 1 班成绩表”，并将工作表标签颜色设置为红色。

（12）保存工作表及工作簿，并退出 Excel 2010。

A1　fx　2018级软件1班学生成绩表

	A	B	C	D	E	F	G
1	软件1班学生成绩表						
2	学号	姓名	高等数学	大学英语	大学计算机	总分	名次
3	101	李若兰	95	85	83		
4	102	黄　哲	80	76	95		
5	103	刘国旺	78	85	79		
6	104	罗幸福	75	90	93		
7	105	张健东	81	50	66		
8	106	秦　敏	58	85	85		
9	107	袁迪芬	87	85	75		
10	108	王　轩	94	91	49		
11	109	彭新星	85	74	92		
12	110	卢光明	67	95	82		
13							

图 4-11　学生成绩表初始数据

	A	B	C	D	E	F	G
1	2018级软件1班学生成绩表						
2	学号	姓名	高等数学	大学英语	大学计算机	总分	名次
3	1501	李若兰	95	85	83		
4	1502	黄　哲	80	76	95		
5	1503	刘国旺	78	85	79		
6	1504	罗幸福	75	90	93		
7	1505	郑　浩	78	87	97		
8	1506	张健东	81	50	66		
9	1507	秦　敏	58	85	85		
10	1508	袁迪芬	87	85	75		
11	1509	王　轩	94	91	49		
12	1510	彭新星	85	74	92		
13	1511	卢光明	67	95	82		
14							

软件1班成绩表　Sheet2　Sheet3

图 4-12　学生成绩表格式化效果

【任务二】建立“材料领用明细表.xlsx”工作簿文件，并对表格进行格式化，效果如图 4-13 所示，操作要求如下：

（1）新建“材料领用明细表.xlsx”工作簿文件，在 Sheet1 表中，合并单元格，输入数据。

（2）设置单元格字体、字号、字体颜色、填充色、对齐方式等，调整行高和列宽到合适位置，并设置边框，效果参照图 4-13。

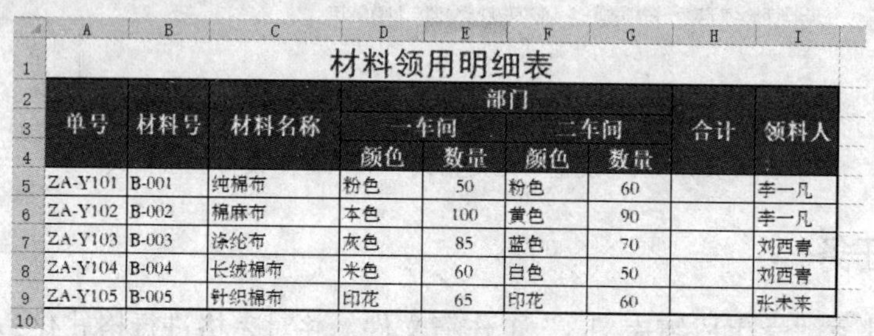

材料领用明细表								
单号	材料号	材料名称	部门				合计	领料人
			一车间		二车间			
			颜色	数量	颜色	数量		
ZA-Y101	B-001	纯棉布	粉色	50	粉色	60		李一凡
ZA-Y102	B-002	棉麻布	本色	100	黄色	90		李一凡
ZA-Y103	B-003	涤纶布	灰色	85	蓝色	70		刘西青
ZA-Y104	B-004	长绒棉布	米色	60	白色	50		刘西青
ZA-Y105	B-005	针织棉布	印花	65	印花	60		张未来

图 4-13　材料领用明细表效果

实验 4-2　公式的使用

一、实验目的

（1）熟悉单元格的引用方法。

（2）了解运算符的用法。

（3）掌握公式的表达方法，会正确地输入公式。

（4）掌握公式的复制方法。

二、实验示例

【例 4-3】现有“企业日生产情况表.xlsx”工作簿，Sheet1 工作表中的数据如图 4-14 所示。

某企业日生产情况表					
产品型号	日产量(台)	单价（元）	产值（元）	产量所占比例	产值所占比例
M01	1230	320			
M02	2510	150			
M03	980	1200			
M04	1160	900			
M05	1880	790			
M06	780	1670			
M07	890	1890			
M08	1220	1320			
M09	580	1520			
M10	1160	1430			
总计					

图 4-14　企业日生产情况表数据

1．操作要求

（1）计算各产品的产值，产值=日产量*单价。

（2）计算总产量、各产品的产量所占比例。

总产量=所有产品的日产量之和，各产品的产量所占比例=日产量/总产量。各产品的产量所占比例的单元格格式为百分比形式、两位小数。

（3）计算总产值、各产品的产值所占比例。

总产值=所有产品的产值之和，各产品的产值所占比例=产值/总产值。

2．操作步骤

（1）计算各产品的产值，产值=日产量*单价。

① 打开“企业日生产情况表.xlsx”工作簿。

② 在 Sheet1 表中，单击 D3 单元格，在其中输入公式“=B3*C3”后，单击编辑栏中的✔按钮确认。

③ 拖动填充柄向下填充到 D12 单元格。

（2）计算总产量、各产品的产量所占比例。

① 计算总产量。

步骤 1：单击 B13 单元格，在其中输入公式“=B3+B4+B5+B6+B7+B8+B9+B10+B11+B12”。

步骤 2：单击编辑栏中的✔按钮确认。

② 计算各产品的产量所占比例。

步骤 1：单击 E3 单元格，在其中输入“=B3/$B$13”。

步骤 2：单击编辑栏中的✔按钮确认。

步骤 3：右击 E3 单元格，在弹出的快捷菜单中选择“设置单元格格式”命令，弹出“设置单元格格式”对话框。

步骤 4：在“数字”选项卡中选择“分类”列表框中的“百分比”，将右侧的“小数位数”设置为“2”，单击“确定”按钮。

步骤 5：拖动 E3 单元格的填充柄向下填充到 E12 单元格。

（3）计算总产值、各产品的产值所占比例。

① 计算总产值。

步骤 1：单击 D13 单元格，在其中输入“=D3+D4+D5+D6+D7+D8+D9+D10+D11+D12”。

步骤 2：单击编辑栏中的✔按钮确认。

② 计算各产品的产值所占比例。

步骤 1：单击 F3 单元格，在其中输入“=D3/$D$13”。

步骤 2：单击编辑栏中的✔按钮确认。

步骤 3：右击 F3 单元格，在弹出的快捷菜单中选择“设置单元格格式”命令，弹出“设置单元格格式”对话框，在“数字”选项卡中选择“分类”列表框中的“百分比”，将右侧的“小数位数”设置为“2”，单击“确定”按钮。

步骤 4：拖动填充柄向下填充到 F12 单元格。

操作完成后的效果如图 4-15 所示。

F3 =D3/$D$13

	A	B	C	D	E	F
1	某企业日生产情况表					
2	产品型号	日产量(台)	单价（元）	产值（元）	产量所占比例	产值所占比例
3	M01	1230	320	393600	9.93%	3.39%
4	M02	2510	150	376500	20.26%	3.24%
5	M03	980	1200	1176000	7.91%	10.13%
6	M04	1160	900	1044000	9.36%	8.99%
7	M05	1880	790	1485200	15.17%	12.79%
8	M06	780	1670	1302600	6.30%	11.22%
9	M07	890	1890	1682100	7.18%	14.49%
10	M08	1220	1320	1610400	9.85%	13.87%
11	M09	580	1520	881600	4.68%	7.59%
12	M10	1160	1430	1658800	9.36%	14.29%
13	总计	12390		11610800		

图 4-15 企业日生产情况表计算后的效果

【例 4-4】现有“家电销售记录表.xlsx”工作簿，Sheet1 工作表中的数据如图 4-16 所示。

	A	B	C	D	E	F	G	H
1	日期	销售员	商品名	单价	折扣	折扣价	数量	销售额
2		张三	电视	15000			5	
3		张三	空调	15000			3	
4		李四	洗衣机	4200	95%		10	
5		李四	吸尘器	1600	95%		3	
6		王五	饮水机	1800	80%		5	
7		王五	洗衣机	5100			7	
8		赵六	吸尘器	1200			2	
9		赵六	冰箱	23000	95%		2	
10		钱七	电风扇	630	95%		8	
11		钱七	电视	23000	95%		2	
12		张三	电视	15000			9	

图 4-16 家电销售记录表

1. 操作要求

（1）填充“日期”列，日期从 2012-1-1 开始，间隔 2 个月，依次填充。

（2）公式计算“折扣价”列，若有折扣，则折扣价=单价*折扣，否则与单价相同，设置格式为“数值”型、2 位小数、负数第 4 种。

（3）公式计算“销售额”列，销售额=折扣价*数量，设置格式为“货币”型、无小数、货币符号“￥”。

2．操作步骤

（1）填充“日期”列，日期从 2012-1-1 开始，间隔 2 个月，依次填充。

① 单击 A2 单元格，输入“2012-1-1”（或者：2012/1/1），按【Enter】键确认。

② 选择 A2:A31 单元格区域，单击“开始”→“编辑”→“填充”→“系列...”按钮，弹出图 4-17 所示的“序列”对话框。

③ 在弹出的“序列”对话框中，选择“序列产生在”“列”选项、“类型”为“等比序列”“日期单位”为“月”、在“步长值”右边的框中输入“2”，“终止值”可以不填。

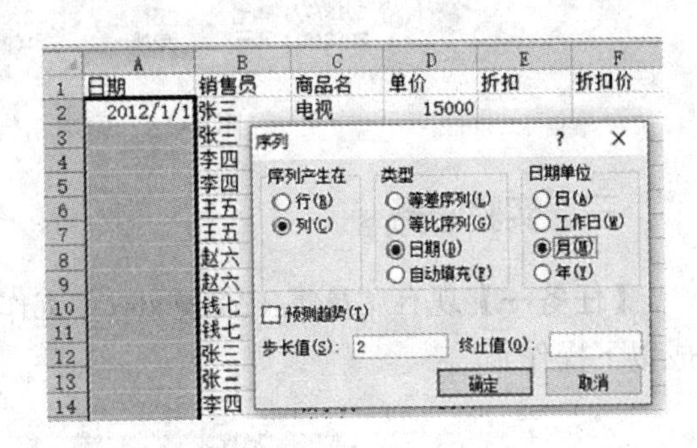

图 4-17 “序列”对话框

④ 单击“确定”按钮。

（2）公式计算“折扣价”列，若有折扣，则折扣价=单价*折扣，否则与单价相同，设置格式为“数值”型、2 位小数、负数第 4 种。

① 选择单元格区域 F2:F31，右击，在弹出的快捷菜单中选择“设置单元格格式”命令，弹出“设置单元格格式”对话框。

② 在弹出的“设置单元格格式”对话框中，选择“数字”选项卡，选择“分类”列表框中的“数值”，将右侧的“小数位数”设置为“2”“负数”选择第 4 种，单击“确定”按钮；

③ 单击 F2 单元格，输入公式“=IF(E2="",D2,D2*E2)”，然后单击编辑栏中的✓按钮确认。

④ 拖动填充柄向下填充到 F31 单元格。

（3）公式计算“销售额”列，销售额=折扣价*数量，设置格式为“货币”型、无小数、货币符号“￥”。

① 选择单元格区域 H2:H31，右击，在弹出的快捷菜单中选择“设置单元格格式”命令，弹出“设置单元格格式”对话框。

② 在弹出的“设置单元格格式”对话框中，选择“数字”选项卡，选择“分类”列表框中的“货币”，“货币符号(国家/地区)”设置为人民币符号“￥”，单击“确定”按钮。

③ 单击 H2 单元格，输入公式“=F2*G2”，然后单击编辑栏中的✓按钮确认。

④ 拖动填充柄向下填充到 H31 单元格。

操作完成后的效果如图 4-18 所示。

日期	销售员	商品名	单价	折扣	折扣价	数量	销售额
2012/1/1	张三	电视	15000		15000.00	5	¥75,000
2012/3/1	张三	空调	15000		15000.00	3	¥45,000
2012/5/1	李四	洗衣机	4200	95%	3990.00	10	¥39,900
2012/7/1	李四	吸尘器	1600	95%	1520.00	3	¥4,560
2012/9/1	王五	饮水机	1800	80%	1440.00	5	¥7,200
2012/11/1	王五	洗衣机	5100		5100.00	7	¥35,700
2013/1/1	赵六	吸尘器	1200		1200.00	2	¥2,400
2013/3/1	赵六	冰箱	23000	95%	21850.00	2	¥43,700
2013/5/1	钱七	电风扇	630	95%	598.50	8	¥4,788
2013/7/1	钱七	电视	23000	95%	21850.00	2	¥43,700
2013/9/1	张三	电视	15000		15000.00	9	¥135,000

图 4-18　家电销售记录表计算后的效果

三、实验任务

【任务一】现有“员工工资表.xlsx”工作簿，Sheet1 表中的数据如图 4-19 所示，请完成以下操作：

I16　600

**公司*月份员工工资表

制表人：***　　制表日期：***　　结算日期：***

姓名	基本工资		加班工资			奖金		扣款		应发工资	实发工资
	底薪	岗位技能工资	加班天数	加班系数	小计	业绩奖金	全勤奖	社保扣除	考勤扣除		
张　丰	4000.0	1200.0	5	108.5		150.0		680.0			
李小芳	3000.0	800.0	1	98.5		100.0		600.0	300.0		
宋　金	2500.0	1200.0	2	112.5		150.0		500.0			
朱　燕	3500.0	1200.0	5	98.5		100.0		610.0	50.0		
郭　诚	3500.0	800.0	3	112.5		200.0	200.0	620.0	300.0		
尚小聪	3000.0	800.0	1	108.5		100.0	200.0	520.0	100.0		
周有峰	3500.0	800.0	1	98.5		200.0		560.0	50.0		
李爱韵	4000.0	1000.0	3	112.5		100.0	200.0	660.0	100.0		
张波涛	3500.0	800.0	2	108.5		200.0	200.0	560.0			
胡菲菲	2800.0	1200.0	3	112.5		150.0		450.0	300.0		
黄　俐	3000.0	1000.0	1	98.5		200.0		480.0	100.0		
杨琴音	3500.0	1200.0	1	108.5		150.0		600.0	50.0		

图 4-19　员工工资表数据

（1）计算加班工资。加班工资=加班天数*加班系数。

（2）计算应发工资。应发工资=基本工资+加班工资+奖金。

（3）计算实发工资。实发工资=应发工资-扣款。

【任务二】制作图 4-20 所示的九九乘法表，操作要求如下：

A1

	A	B	C	D	E	F	G	H	I	J
1		1	2	3	4	5	6	7	8	9
2	1	1*1=1								
3	2	1*2=2	2*2=4							
4	3	1*3=3	2*3=6	3*3=9						
5	4	1*4=4	2*4=8	3*4=12	4*4=16					
6	5	1*5=5	2*5=10	3*5=15	4*5=20	5*5=25				
7	6	1*6=6	2*6=12	3*6=18	4*6=24	5*6=30	6*6=36			
8	7	1*7=7	2*7=14	3*7=21	4*7=28	5*7=35	6*7=42	7*7=49		
9	8	1*8=8	2*8=16	3*8=24	4*8=32	5*8=40	6*8=48	7*8=56	8*8=64	
10	9	1*9=9	2*9=18	3*9=27	4*9=36	5*9=45	6*9=54	7*9=63	8*9=72	9*9=81
11										

图 4-20　九九乘法表

（1）新建一个工作簿文件，用自己的学号和姓名命名，将 Sheet1 重命名为“九九乘法表”。

（2）在表中的 B1 至 J1 单元格中分别输入 1 至 9。

（3）在 A2 至 A10 单元格中分别输入 1 至 9。

（4）公式计算 B2 的值，单元格值的显示效果如图 4–20 所示。

（5）其他单元格的值可以通过公式的复制填充得到。

技巧点拨：

在 B2 单元格中，应用类似于“=B1*A2”形式的公式进行计算，注意灵活运用单元格的混合引用和文本连接运算符“&”。

【任务三】建立一个名叫“采购成本计算.xlsx”的工作簿，输入图 4–21 所示的数据，用公式计算出总成本、单位成本、出库费。

计算公式如下：

（1）总成本=买价+采购费用。

（2）单位成本=总成本/入库数。

（3）出库费=每箱人工*出库数。

	A	B	C	D	E	F	G	H	I
1	水果采购成本计算表								
2	项目	买价（元）	采购费用（元）	总成本（元）	入库数（箱）	单位成本（元）	每箱人工（元）	出库数（箱）	出库费（元）
3	苹果	18000	240		200		1.5	90	
4	梨子	12000	260		200		1.5	120	

图 4–21　采购成本计算表

图 4–22 所示为计算后的结果。

	A	B	C	D	E	F	G	H	I
1	水果采购成本计算表								
2	项目	买价（元）	采购费用（元）	总成本（元）	入库数（箱）	单位成本（元）	每箱人工（元）	出库数（箱）	出库费（元）
3	苹果	18000	240	18240	200	91.2	1.5	90	135
4	梨子	12000	260	12260	200	61.3	1.5	120	180

图 4–22　采购成本计算表的计算结果

【任务四】现有“员工年度考核表.xlsx”的工作簿，数据如图 4–23 所示，请按以下要求完成操作：

	A	B	C	D	E	F	G	H
1	姓名	部门	出勤率	工作态度	工作能力	业务考核	综合考核	年终奖金
2	张惠妹		10	10	10	10		
3	韩晓兰		9	10	9	9		
4	王彩霞		8	9	9	9		
5	胡蓉		6	8	9	7		
6	成艳艳		7	9	8	7		
7	宋江		9	8	9	7		
8	李玲玉		9	10	8	9		
9	江蓓蕾		10	10	10	10		
10	邓国庆		9	8	8	9		
11	王磊		6	8	9	8		
12	周飞鹏		8	9	9	10		
13	邓运志		7	7	8	7		
14	冼海星		9	8	10	9		
15	蒋宝珍		8	9	9	8		
16	郭立强		7	8	8	9		
17	邱志勇		10	10	9	9		
18	戴可可		10	9	9	8		
19	肖华		9	7	9	10		
20	尹相杰		7	8	8	8		

图 4–23　员工年度考核表

（1）在第一行前插入一行，在 A 列左边插入一列，将 A1:I1 单元格区域合并，并在 A1 单元格中输入文本“员工年度考核表”。

（2）设置 A1 中文本格式：黑体、16 磅，水平垂直居中。

（3）在 A2 中输入文本“编号”，在 A3 ~ A30 中分别输入“D001” ~“D028”。

（4）填充“部门”列，A3:A6 为“人力部”、A7:A14 为“销售部”、A15:A25 为“研发部”，A26:A30 为“财务部”。

（5）公式计算“综合考核”列数据。综合考核=出勤率+工作态度+工作能力+业务考核，“数值”型、无小数。

（6）根据“综合考核”列数据公式填充“年终奖金”列数据。综合考核等于 40 分的为 20000，35 ~ 39 分为 15000，30 ~ 34 分为 10000，30 分以下为 5000，“货币”型、无小数，货币符号为“￥”。

（7）为表格加上细线边框，设置表格第 1 行行高为 20，其他各行行高为 16。

操作完成后的效果如图 4-24 所示。

	A	B	C	D	E	F	G	H	I
1	员工年度考核表								
2	编号	姓名	部门	出勤率	工作态度	工作能力	业务考核	综合考核	年终奖金
3	D001	张惠妹	人力部	10	10	10	10	40	¥20,000
4	D002	韩晓兰	人力部	9	10	9	9	37	¥15,000
5	D003	王彩霞	人力部	8	9	9	9	35	¥15,000
6	D004	胡蓉	人力部	6	8	9	7	30	¥10,000
7	D005	成艳艳	销售部	7	9	8	7	31	¥10,000
8	D006	宋江	销售部	9	8	9	7	33	¥10,000
9	D007	李玲玉	销售部	9	10	8	9	36	¥15,000
10	D008	江蓓蕾	销售部	10	10	10	10	40	¥20,000
11	D009	邓国庆	销售部	9	8	8	9	34	¥10,000
12	D010	王磊	销售部	6	8	9	8	31	¥10,000
13	D011	周飞鹏	销售部	8	9	9	10	36	¥15,000
14	D012	邓运志	销售部	7	7	8	7	29	¥5,000
15	D013	冼海星	研发部	9	8	10	9	36	¥15,000
16	D014	蒋宝珍	研发部	8	9	9	8	34	¥10,000
17	D015	郭立强	研发部	7	8	8	9	32	¥10,000
18	D016	邱志勇	研发部	10	10	9	9	38	¥15,000
19	D017	戴可可	研发部	10	9	9	8	36	¥15,000
20	D018	肖华	研发部	9	7	9	10	35	¥15,000

图 4-24　员工年度考核表的计算结果

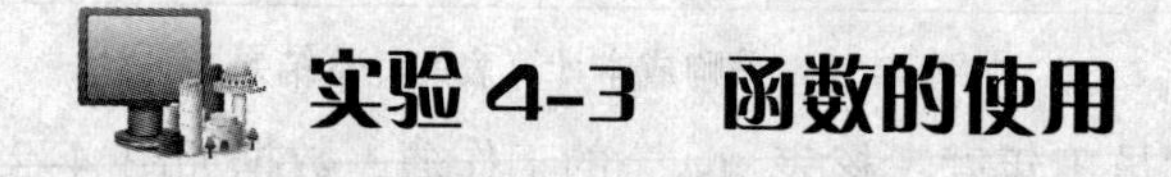

实验 4-3　函数的使用

一、实验目的

（1）熟练掌握求和、求平均值、求最大值、求最小值、计数等常用函数的用法。

（2）熟练应用 IF、COUNTIF、SUMIF 等函数解决实际问题。

（3）会应用排名函数 RANK.EQ 排名次。

（4）会应用 VLOOKUP 函数快速查找引用其他工作表中的数据。

二、实验示例

【例 4-5】工资管理是企事业单位管理的一项重要内容，单位员工工资一般由基本工资、薪级工资、社会保险扣款等多项数据组成，工资的计算统计是每月都要进行的工作，利用

Excel 进行工资管理，既便于数据之间的相互调用，又能应用 Excel 强有力的公式和函数功能实现快速计算，这样可以大大降低财务人员的工作负担，提高工作效率。现有“工资管理.xlsx” 工作簿 ，其中有“工资表”“社会保险缴存表”“五险一金缴存比例”和“税率表”等 4 个工作表。“工资表”内容如图 4-25 所示，“社会保险缴存表”内容如图 4-26 所示。

	A	B	C	D	E	F	G	H
1	***单位****年**月份工资明细表							
2	工号	姓名	岗位工资	薪级工资	五险一金缴存合计	应发工资	个人所得税	实发工资
3	12001	张力英	4500	2500				
4	12002	王明才	3600	1800				
5	12003	马宏图	3800	1900				
6	12004	王彩霞	3500	1700				
7	12005	王美丽	4000	1800				
8	12006	张　磊	3000	1600				
9	12007	刘晓敏	4200	1900				
10	12008	赵一明	3200	1600				
11	12009	马上有	4000	1800				
12	12010	刘国强	4300	1800				
13	12011	李又平	2800	1500				
14	12012	唐海洋	3400	1600				

图 4-25　工资表

	A	B	C	D	E	F	G	H	I
1	工号	姓名	岗位工资	薪级工资	住房公积金	医疗保险	养老保险	失业保险	缴存合计额
2	12001	张力英	4500	2500					
3	12002	王明才	3600	1800					
4	12003	马宏图	3800	1900					
5	12004	王彩霞	3500	1700					
6	12005	王美丽	4000	1800					
7	12006	张　磊	3000	1600					
8	12007	刘晓敏	4200	1900					
9	12008	赵一明	3200	1600					
10	12009	马上有	4000	1800					
11	12010	刘国强	4300	1800					
12	12011	李又平	2800	1500					
13	12012	唐海洋	3400	1600					

图 4-26　社会保险缴存表

1. 操作要求

（1）计算“社会保险缴存表”中的数据。

根据“五险一金缴存比例表”中的数据，计算出“社会保险缴存表”中的“住房公积金”“医疗保险”“养老保险”“失业保险”，再计算“缴存合计额”。

（2）引用填充“工资表”中的“五险一金缴存合计”列数据。

利用 VLOOKUP 函数将“社会保险缴存表”中的“缴存合计额”列数据引用到“工资表”中的“五险一金缴存合计”列。

（3）计算“应发工资”。应发工资=岗位工资+薪级工资-五险一金缴存合计。

（4）计算“个人所得税”。根据“税率表”中的税率计算“个人所得税”。

（5）计算“实发工资”。实发工资=应发工资-个人所得税。

图 4-27 所示是“工资表”的计算结果。

	A	B	C	D	E	F	G	H
1	***单位****年**月份工资明细表							
2	工号	姓名	岗位工资	薪级工资	五险一金缴存合计	应发工资	个人所得税	实发工资
3	12001	张力英	4500	2500	717.0	6283.0	38.5	6244.5
4	12002	王明才	3600	1800	553.8	4846.2	0.0	4846.2
5	12003	马宏图	3800	1900	584.4	5115.6	3.5	5112.1
6	12004	王彩霞	3500	1700	533.4	4666.6	0.0	4666.6
7	12005	王美丽	4000	1800	594.6	5205.4	6.2	5199.2
8	12006	张　磊	3000	1600	472.2	4127.8	0.0	4127.8
9	12007	刘晓敏	4200	1900	625.2	5474.8	14.2	5460.6
10	12008	赵一明	3200	1600	492.6	4307.4	0.0	4307.4
11	12009	马上有	4000	1800	594.6	5205.4	6.2	5199.2
12	12010	刘国强	4300	1800	625.2	5474.8	14.2	5460.6
13	12011	李又平	2800	1500	441.6	3858.4	0.0	3858.4
14	12012	唐海洋	3400	1600	513.0	4487.0	0.0	4487.0

图 4-27　工资表计算结果

2. 操作步骤

（1）计算“社会保险缴存表”中的数据。

① 计算“住房公积金”。

步骤 1：打开“工资管理.xlsx”工作簿，单击“社会保险缴存表”使之成为活动工作表。

步骤 2：单击选定 E2 单元格，输入公式“=(C2+D2)*12%”，然后单击编辑栏中的✓按钮确认。

步骤 3：拖动 E2 单元格的填充柄向下填充到 E13 单元格。

② 计算“医疗保险”。

步骤 1：单击选定 F2 单元格，输入公式“=(C2+D2)*2%+3”，然后单击编辑栏中的✓按钮确认。

步骤 2：拖动 F2 单元格的填充柄向下填充到 F13 单元格。

③ 计算“养老保险”。

步骤 1：单击选定 G2 单元格，输入公式“=(C2+D2)*8%”，然后单击编辑栏中的✓按钮确认。

步骤 2：拖动 G2 单元格的填充柄向下填充到 G13 单元格。

④ 计算“失业保险”。

步骤 1：单击选定 H2 单元格，输入公式“=(C2+D2)*0.2%”，并单击编辑栏中的✓按钮确认。

步骤 2：右击，在弹出的快捷菜单中选择“设置单元格格式”命令，弹出“设置单元格格式”对话框。

步骤 3：在对话框的“数字”选项卡中选择“分类”列表框中的“数值”，将右侧的“小数位数”设置为“1”，单击“确定”按钮关闭对话框。

步骤 4：拖动 H2 单元格的填充柄向下填充到 H13 单元格。

⑤ 计算“缴存合计额”。

步骤 1：单击选定 I2 单元格，输入公式“=SUM(F2:H2)”，单击编辑栏中的✓按钮确认。

步骤 2：右击，在弹出的快捷菜单中选择“设置单元格格式”命令，弹出“设置单元格格式”对话框。

步骤 3：在对话框的“数字”选项卡中选择“分类”列表框中的“数值”，将右侧的“小数位数”设置为“1”，单击“确定”按钮关闭对话框。

步骤 4：拖动 I2 单元格的填充柄向下填充到 I13 单元格。

计算结果如图 4-28 所示。

	A	B	C	D	E	F	G	H	I
1	工号	姓名	岗位工资	薪级工资	住房公积金	医疗保险	养老保险	失业保险	缴存合计额
2	12001	张力英	4500	2500	840	143	560	14.0	717.0
3	12002	王明才	3600	1800	648	111	432	10.8	553.8
4	12003	马宏图	3800	1900	684	117	456	11.4	584.4
5	12004	王彩霞	3500	1700	624	107	416	10.4	533.4
6	12005	王美丽	4000	1800	696	119	464	11.6	594.6
7	12006	张　磊	3000	1600	552	95	368	9.2	472.2
8	12007	刘晓敏	4200	1900	732	125	488	12.2	625.2
9	12008	赵一明	3200	1600	576	99	384	9.6	492.6
10	12009	马上有	4000	1800	696	119	464	11.6	594.6
11	12010	刘国强	4300	1800	732	125	488	12.2	625.2
12	12011	李又平	2800	1500	516	89	344	8.6	441.6
13	12012	唐海洋	3400	1600	600	103	400	10.0	513.0

图 4-28　社会保险缴存表计算结果

（2）引用填充“工资表”中的“五险一金缴存合计”列数据。

① 单击“工资表”使之成为活动工作表。

② 单击 E3 单元格，输入公式“=VLOOKUP(A3,社会保险缴存表!$A$2: $I$13,9,FALSE)”，然后单击编辑栏中的✔按钮确认。

③ 拖动 E3 单元格的填充柄向下填充到 E14 单元格。

（3）计算“应发工资”。

① 单击 F3 单元格，输入公式“=C3+D3-E3”后，单击编辑栏中的✔按钮确认。

② 拖动 F3 单元格的填充柄向下填充到 F14 单元格。

（4）计算“个人所得税”。

① 单击 G3 单元格，输入公式“=IF(F3-5000<=0,0,IF(F3-5000<=3000,(F3- 5000)*0.03,(F3-5000)*0.1-210))”，然后单击编辑栏中的✔按钮确认。

② 拖动 G3 单元格的填充柄向下填充到 G14 单元格。

（5）计算“实发工资”。

① 单击 H3 单元格，输入公式“=F3-G3”，然后单击编辑栏中的✔按钮确认。

② 拖动 H3 单元格的填充柄向下填充到 H14 单元格。

【例 4-6】根据现有“销售统计表素材.xlsx”文件，销售部助理小王需要针对公司上半年产品销售情况进行统计分析，并根据全年销售计划的执行情况进行评估。

1. 操作要求

（1）打开“销售统计表素材.xlsx”文件，将其另存为“销售统计表.xlsx”。

（2）在“销售业绩”工作表的“个人销售总计”列中，通过公式计算每名销售人员 1 月～6 月的销售总和。

（3）依据“个人销售总计”列的统计数据，在“销售业绩”工作表的“销售排名”列中，通过公式计算销售排名，“个人销售总计”排名第 1 的，显示“第 1 名”，“个人销售总计”排名第 2 的，显示“第 2 名”，以此类推。

（4）在“按月统计”工作表中，利用公式计算 1 月～6 月的销售达标率，即销售额大于 60 000 元的人数所占比例，并填写在“销售达标率”行中。要求以百分比格式显示计算数据，并保留2位小数。

（5）在“按月统计”工作表中，分别通过公式计算各月排名第1、第2和第3的销售业绩，并填写在“销售第1名业绩”“销售第2名业绩”和“销售第3名业绩”所对应的单元格中。要求使用人民币会计专用数据格式，并保留2位小数。

操作完成后的效果如图4-29和图4-30所示。

***公司上半年销售统计表

员工编号	姓名	销售团队	1月份	2月份	3月份	4月份	5月份	6月份	个人销售总计	销售排名
SC11	杨伟健	销售2部	¥ 76,500.00	¥ 70,000.00	¥ 64,000.00	¥ 75,000.00	¥ 87,000.00	¥ 78,000.00	¥ 450,500.00	第28名
SC12	张新成	销售2部	¥ 95,000.00	¥ 95,000.00	¥ 70,000.00	¥ 89,500.00	¥ 61,150.00	¥ 61,500.00	¥ 472,150.00	第20名
SC14	李月明	销售2部	¥ 88,000.00	¥ 82,500.00	¥ 83,000.00	¥ 75,500.00	¥ 62,000.00	¥ 85,000.00	¥ 476,000.00	第18名
SC16	唐霞	销售3部	¥ 63,500.00	¥ 73,000.00	¥ 65,000.00	¥ 95,000.00	¥ 75,500.00	¥ 61,000.00	¥ 433,000.00	第37名
SC18	杨红敏	销售2部	¥ 80,500.00	¥ 96,000.00	¥ 72,000.00	¥ 66,000.00	¥ 61,000.00	¥ 85,000.00	¥ 460,500.00	第25名
SC25	许泽平	销售3部	¥ 94,000.00	¥ 68,050.00	¥ 78,000.00	¥ 60,500.00	¥ 76,000.00	¥ 67,000.00	¥ 443,550.00	第31名
SC32	李芬	销售3部	¥ 71,500.00	¥ 61,500.00	¥ 82,000.00	¥ 57,500.00	¥ 57,000.00	¥ 85,000.00	¥ 414,500.00	第43名
SC33	郝艳芬	销售2部	¥ 84,500.00	¥ 78,500.00	¥ 87,500.00	¥ 64,500.00	¥ 72,000.00	¥ 76,500.00	¥ 463,500.00	第24名
SC36	李娜	销售3部	¥ 85,500.00	¥ 64,500.00	¥ 74,000.00	¥ 78,500.00	¥ 64,000.00	¥ 76,000.00	¥ 442,500.00	第32名
SC39	李成智	销售1部	¥ 92,000.00	¥ 64,000.00	¥ 97,000.00	¥ 93,000.00	¥ 75,000.00	¥ 93,000.00	¥ 514,000.00	第2名

图4-29 销售业绩表计算结果

***公司上半年销售统计表（按月统计）

	1月份	2月份	3月份	4月份	5月份	6月份
销售达标率	95.45%	93.18%	97.73%	90.91%	88.64%	90.91%
销售第1名业绩	¥ 97,500.00	¥ 99,500.00	¥ 100,000.00	¥ 100,000.00	¥ 99,500.00	¥ 99,000.00
销售第2名业绩	¥ 97,000.00	¥ 98,500.00	¥ 99,500.00	¥ 98,500.00	¥ 98,000.00	¥ 96,500.00
销售第3名业绩	¥ 96,500.00	¥ 97,500.00	¥ 97,000.00	¥ 98,000.00	¥ 96,500.00	¥ 94,000.00

图4-30 按月统计表计算结果

2. 操作步骤

（1）打开“销售统计表素材.xlsx”文件，将其另存为“销售统计表.xlsx”。

① 在文件所在的“资源管理器”窗口中，双击打开“销售统计表素材.xlsx”文件。

② 单击“文件”→“另存为”命令，打开“另存为”对话框。

③ 在对话框中，将文件名改为“销售统计表”，文件的保存位置和文件类型不变。

（2）在“销售业绩”工作表的“个人销售总计”列中，通过公式计算每名销售人员1月~6月的销售总和。

① 单击“销售业绩”工作表中的J3单元格，在J3单元格中输入公式“=SUM(D3:I3)”，单击编辑栏中的✔按钮确认。

② 拖动J3单元格的填充柄向下填充到J46单元格。

（3）依据“个人销售总计”列的统计数据，在“销售业绩”工作表的“销售排名”列中，通过公式计算销售排名，“个人销售总计”排名第1的，显示“第1名”，“个人销售总计”排名第2的，显示“第2名”，以此类推。

① 单击“销售业绩”工作表中的K3单元格，在K3单元格中输入公式“="第"&RANK.EQ(J3,$J$3:$J$46,0)&"名"”，按【Enter】键确认输入。

② 再单击K3单元格，拖动K3单元格右下角的填充柄，向下填充到K46单元格。

（4）在“按月统计”工作表中，利用公式计算 1 月 ~ 6 月的销售达标率，即销售额大于 60 000 元的人数所占比例，并填写在“销售达标率”行中。要求以百分比格式显示计算数据，并保留 2 位小数。

① 单击“按月统计”工作表标签，选中 B3: G3 单元格区域。

② 右击，在弹出的快捷菜单中选择“设置单元格格式”命令，弹出“设置单元格格式”对话框。

③ 在对话框的“数字”选项卡中选择“分类”列表框中的“百分比”，将右侧的“小数位数”设置为“2”，单击“确定”按钮。

④ 选中 B3 单元格，输入公式“=COUNTIF(销售业绩!D3:D46,">60000")/COUNT(销售业绩!D3:D46)”，按【Enter】键确认输入。

⑤ 再单击选 B3 单元格，拖动 B3 单元格的填充柄，向右填充到 G3 单元格。

技巧点拨：

如果为“销售业绩”工作表的单元格区域 A2:K46 应用了表格样式，则该区域的名称被自动命名为“表 1”，则 B3 单元格中的公式也可以是这种形式：“=COUNTIF(表 1[1 月份],">60000")/COUNT(表 1[1 月份])”。

（5）在“按月统计”工作表中，分别通过公式计算各月排名第 1、第 2 和第 3 的销售业绩，并填写在“销售第 1 名业绩”“销售第 2 名业绩”和“销售第 3 名业绩”所对应的单元格中。要求使用人民币会计专用数据格式，并保留 2 位小数。

① 选中“按月统计”工作表中的 B4:G6 单元格区域，右击，在弹出的快捷菜单中选择“设置单元格格式”命令，弹出“设置单元格格式”对话框。

② 在对话框的“数字”选项卡中选择“分类”列表框中的“会计专用”，将右侧的“小数位数”设置为“2”，“货币符号(国家/地区)”设置为人民币符号“￥”，单击“确定”按钮。

③ 单击 B4 单元格，输入公式“=LARGE(销售业绩!D3:D46,1)”，单击编辑栏中的 ✓ 按钮确认输入。

④ 用鼠标拖动 B4 单元格的填充柄，向右填充到 G4 单元格。

⑤ 单击 B5 单元格，输入公式“=LARGE(销售业绩!D3:D46,2)”，单击编辑栏中的 ✓ 按钮确认输入。

⑥ 用鼠标拖动 B5 单元格的填充柄，向右填充到 G5 单元格。

⑦ 把 E5 单元格中的公式“=LARGE(销售业绩!D3:D46,2)”改为“=LARGE(销售业绩!D3:D46,3)”。

⑧ 单击 B6 单元格，输入公式“=LARGE(销售业绩!D3:D46,3)”，单击编辑栏中的 ✓ 按钮确认输入。

⑨ 用鼠标拖动 B6 单元格的填充柄，向右填充到 G6 单元格。

⑩ 把 E6 单元格中的公式“=LARGE(销售业绩!D3:D46,3)”改为“=LARGE(销售业绩!D3:D46,4)”。

技巧点拨：

本题修改E5和E6单元格中的公式，是因为销售第1名业绩有两个相同的值，为了数据不重复，E5和E6分别取第3名和第4名的业绩。

三、实验任务

【任务一】现有"某公司员工培训统计表.xlsx"工作簿文件，其中Sheet1工作表中的内容如图4-31所示。

某公司员工培训成绩统计表

编号	姓名	部门	项目一	项目二	项目三	总成绩	平均成绩	排名	等级
ZH0001	李伊云	人力资源部	62	85	88				
ZH0002	宋 波	人力资源部	65	60	67				
ZH0003	胡飞飞	人力资源部	85	93	94				
ZH0004	将平进	研发部	60	54	55				
ZH0005	苏 敏	研发部	92	87	89				
ZH0006	龙斯潘	研发部	83	89	97				
ZH0007	张北斗	研发部	90	85	96				
ZH0008	刘 海	研发部	70	72	60				
ZH0009	黄 军	测试部	60	79	88				
ZH0010	陈道明	测试部	99	92	94				
ZH0011	梁家辉	测试部	87	84	95				
ZH0012	赵金星	销售部	70	78	60				
ZH0013	夏青山	销售部	64	50	55				
ZH0014	周伶俐	销售部	92	90	89				
ZH0015	文英华	销售部	87	84	95				
ZH0016	王建国	销售部	61	60	65				

部门	人数	平均成绩
人力资源部		
研发部		
测试部		
销售部		
所有部门		

各部门各等级人数统计表

部门	优秀	一般	差
人力资源部			
研发部			
测试部			
销售部			

图4-31　员工培训成绩统计表

利用公式及函数进行统计计算，操作要求如下：

（1）使用SUM、AVERAGE函数计算总分、平均分，其中平均分保留1位小数。

（2）使用RANK.EQ、IF函数计算排名、排名等级。排名等级有三级：优秀、一般、差。

平均分在85分以上（包括85分），等级为：优秀。

平均分在60至84分之间，等级为：一般。

平均分低于60，等级为：差。

（3）使用COUNTIF函数、AVERAGEIF（或者SUMIF）函数计算各部门的人数、各部门平均成绩，其中平均成绩保留1位小数。

（4）使用COUNTIFS函数计算各部门各等级人数。

计算结果如图4-32所示。

某公司员工培训成绩统计表

编号	姓名	部门	项目一	项目二	项目三	总成绩	平均成绩	排名	等级
ZH0001	李伊云	人力资源部	62	85	88	235	78.3	9	一般
ZH0002	宋 波	人力资源部	65	60	67	192	64.0	13	一般
ZH0003	胡飞飞	人力资源部	85	93	94	272	90.7	2	优秀
ZH0004	将平进	研发部	60	54	55	169	56.3	15	差
ZH0005	苏 敏	研发部	92	87	89	268	89.3	6	优秀
ZH0006	龙斯潘	研发部	83	89	97	269	89.7	5	优秀
ZH0007	张北斗	研发部	90	85	96	271	90.3	3	优秀
ZH0008	刘 海	研发部	70	72	60	202	67.3	12	一般
ZH0009	黄 军	测试部	60	79	88	227	75.7	10	一般
ZH0010	陈道明	测试部	99	92	94	285	95.0	1	优秀
ZH0011	梁家辉	测试部	87	84	95	266	88.7	7	优秀
ZH0012	赵金星	销售部	70	78	60	208	69.3	11	一般
ZH0013	夏青山	销售部	64	50	55	169	56.3	15	差
ZH0014	周伶俐	销售部	92	90	89	271	90.3	3	优秀
ZH0015	文英华	销售部	87	84	95	266	88.7	7	优秀
ZH0016	王建国	销售部	61	60	65	186	62.0	14	一般

部门	人数	平均成绩
人力资源部	3	77.7
研发部	5	78.6
测试部	3	86.4
销售部	5	73.3
所有部门	16	78.3

各部门各等级人数统计表

部门	优秀	一般	差
人力资源部	1	2	0
研发部	3	1	1
测试部	2	1	0
销售部	2	2	1

图4-32　员工培训成绩统计表结果

【任务二】现有“学生奖学金.xlsx”工作簿文件，其中有“学生信息”和“学院信息”两个工作表，“学生信息”工作表内容如图 4-33 所示，“学院信息”工作表内容如图 4-34 所示。

	A	B	C	D	E	F
1	学号	姓名	学院	年级	奖学金等级	奖学金
2	201601030107	刘玉芳			二等	
3	201602030102	洪涛			三等	
4	201604020135	文华			一等	
5	201605010109	徐一婷			二等	
6	201605010209	孙平平			二等	
7	201607010406	李希雅			一等	
8	201609030235	王斌彬			二等	
9	201610030111	萧敏真			三等	
10	201611010131	安然			一等	
11	201613000136	赵秀芹			二等	
12	201703010126	尹峰			二等	

图 4-33　学生信息表

	A	B
1	学院代号	学院名称
2	01	人文与社会科学学院
3	02	经济与管理学院
4	03	外国语学院
5	04	理学院
6	05	化学与生物工程学院
7	06	电子与信息工程学院
8	07	传媒学院
9	08	土木与环境工程学院
10	09	体育学院
11	10	音乐与舞蹈学院
12	11	美术与艺术设计学院
13	12	马克思主义学院
14	13	国学院

图 4-34　学院信息表

在“学生信息”工作表中，学号的前 4 位代表年级，第 5、6 位表示学院代号。奖学金发放标准如下：一等奖学金金额为 8 000 元，二等奖学金金额为 5 000 元，三等奖学金金额为 3 000 元。

操作要求如下：

（1）公式填充年级列，从学号中提取年级信息。

（2）从学号中提取学院代号，并用 VLOOKUP 函数填充学院名称。

（3）根据奖学金等级，用 IF 函数计算填充奖学金。

（4）用 COUNTIF 函数统计获得一等奖学金的人数。

（5）利用“条件格式”中的“新建规则”命令为奇数行和偶数行设置不同的填充颜色。

操作完成后的效果如图 4-35 所示。

技巧点拨：

为奇数行和偶数行设置不同的填充颜色的方法：选择单元格区域，单击“开始”→“样式”→“条件格式”→“新建规则...”按钮，打开“新建格式规则”对话框，单击“选择规则类型：”中的“使用公式确定要设置格式的单元格”选项，如图 4-36 所示，然后输入公式“=MOD(ROW(),2)<>0”，再单击“格式”按钮，设置填充颜色。其中 ROW()函数返回当前单元格的行号，表达式 MOD(ROW(),2)<>0 表示行号除以 2 的余数不等于 0，即奇数行。

	A	B	C	D	E	F	G
1	学号	姓名		学院	年级	奖学金等级	奖学金
2	201601030107	刘玉芳	01	人文与社会科学学院	2016	二等	5000
3	201602030102	洪涛	02	经济与管理学院	2016	三等	3000
4	201604020135	文华	04	理学院	2016	一等	8000
5	201605010109	徐一婷	05	化学与生物工程学院	2016	二等	5000
6	201605010209	孙平平	05	化学与生物工程学院	2016	二等	5000
7	201607010406	李希雅	07	传媒学院	2016	一等	8000
8	201609030235	王斌彬	09	体育学院	2016	二等	5000
9	201610030111	萧敏真	10	音乐与舞蹈学院	2016	三等	3000
10	201611010131	安然	11	美术与艺术设计学院	2016	一等	8000
11	201613000136	赵秀芹	13	国学院	2016	二等	5000
12	201703010126	尹峰	03	外国语学院	2017	二等	5000

图 4-35　学生信息表结果

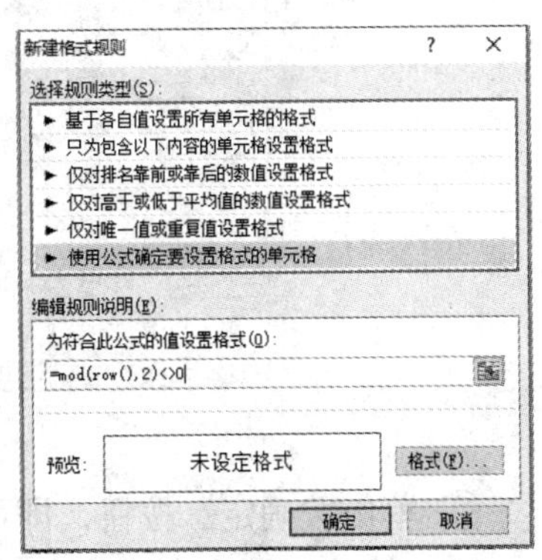

图 4-36　“新建格式规则”对话框

实验 4-4　Excel 2010 数据管理操作

一、实验目的

（1）掌握数据清单中数据排序的方法。

（2）掌握数据清单中数据筛选的方法。

（3）掌握数据清单中数据分类汇总的方法。

（4）掌握数据透视表的制作。

二、实验示例

【例 4-7】请根据学生成绩单表（“学生成绩单表.xlsx”文件），完成统计和分析工作。

1. 操作要求

（1）按平均分从高到低进行排序，平均分相同的再按英语的降序排列。

（2）筛选出学生成绩单表中 2 班的成绩情况。

（3）利用“高级筛选”功能筛选出“学生成绩单表”中各班学生的平均分在 80~90 分之间的情况。

（4）通过分类汇总功能求出每个班各科的平均成绩，并将每组结果分页显示。

（5）最后取消汇总的结果，显示原始数据。

说明：数据列表与一般表格的区别在于：数据列表必须有列标题；每一列必须是同一数据类型；在数据列表与其他数据之间至少留出一个空白列或一个空白行。

2. 操作步骤

（1）按平均分从高到低进行排序，平均分相同的再按英语的降序排列。

① 将光标定位于数据列表中的任一单元格，单击“数据”→“排序”按钮，弹出图 4-37 所示的“排序”对话框，在对话框中选择排序的主要关键字平均分降序和次要关键字英语降序排序。

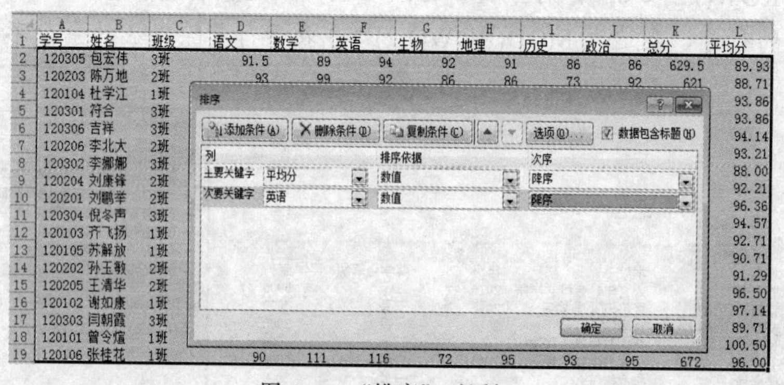

图 4-37 “排序”对话框

② 单击“确定”按钮，即可得到所需的排序结果。

（2）筛选出学生成绩单表中 2 班的成绩情况。

① 将光标定位于数据列表中，单击“数据”→“筛选”按钮。

② 数据列表中每列字段名的右边出现一个下拉按钮，单击“班级” 字段旁边的下拉按钮，弹出图 4–38 所示的自动筛选菜单，在菜单中选择“2 班”，则数据列表中只显示 2 班的记录，其余行被暂时隐藏起来，最终筛选的结果如图 4–39 所示。

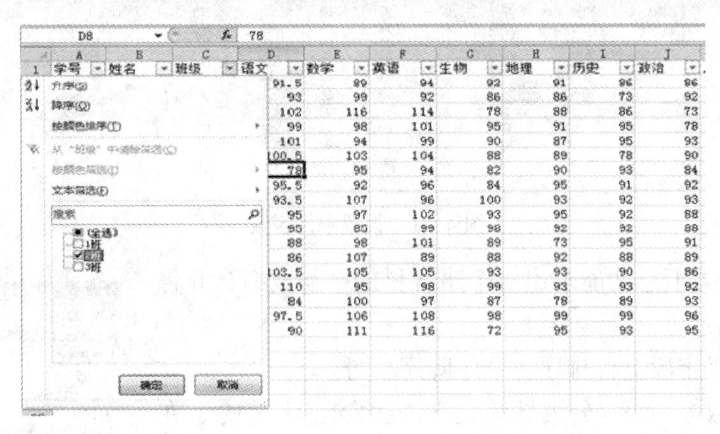

图 4–38　数据的自动筛选

	A	B	C	D	E	F	G	H	I	J	K	L
1	学号	姓名	班级	语文	数学	英语	生物	地理	历史	政治	总分	平均分
3	120203	陈万地	2班	93	99	92	86	86	73	92	621	88.71
7	120206	李北大	2班	100.5	103	104	88	89	78	90	652.5	93.21
9	120204	刘康锋	2班	95.5	92	96	84	95	91	92	645.5	92.21
10	120201	刘鹏举	2班	93.5	107	96	100	93	92	93	674.5	96.36
14	120202	孙玉敏	2班	86	107	89	88	92	88	89	639	91.29
15	120205	王清华	2班	103.5	105	105	93	93	90	86	675.5	96.50
20												

图 4–39　数据筛选后的结果

如果再对平均分在 90 以上进行自定义筛选，打开平均分字段名右边的下拉按钮，选择数字筛选，然后设置筛选条件即可。 对于这种两个或者两个以上条件筛选的情况，还可以选用下面所讲的高级筛选来完成。

（3）利用“高级筛选”功能筛选出“学生成绩单表”中各班学生的平均分在 80~90 分之间的情况。

① 建立条件区域。将“班级”和“平均分”两个字段名复制到数据列表以外的区域，设置两个“平均分”字段，在“班级”所在的单元格的下方单元格依次输入“1 班”“2 班”“3 班”，第一个“平均分”字段所在的单元格的下方单元格依次输入“>=80”，第二个“平均分”字段所在的单元格的下方单元格依次输入“<=90”，如图 4–40 所示。

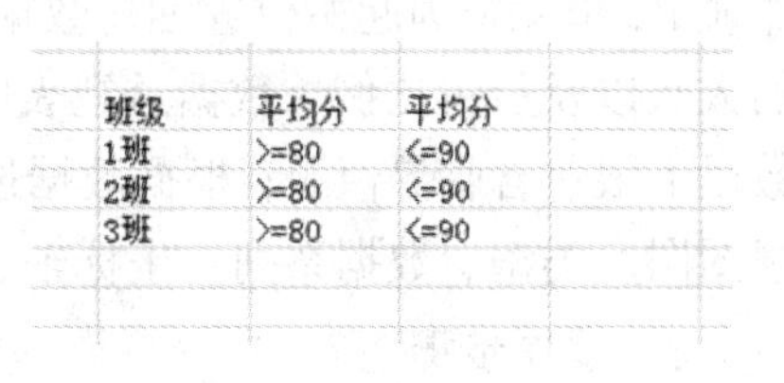

班级	平均分	平均分
1班	>=80	<=90
2班	>=80	<=90
3班	>=80	<=90

图 4–40　高级筛选的条件

② 单击数据列表中的任意单元格，单击“数据”→“排序和筛选”→“高级”按钮，在图 4–41 所示的“高级筛选”对话框中单击“条件区域”下拉按钮，弹出“高级筛选–条件区域”对话框后，用鼠标拖动选择条件区域，条件区域的地址将自动填入对话框的输入框中，如图 4–41 所示。也可以直接在“条件区域”输入框手动输入条件区域的绝对地址。最后单击“确定”按钮。

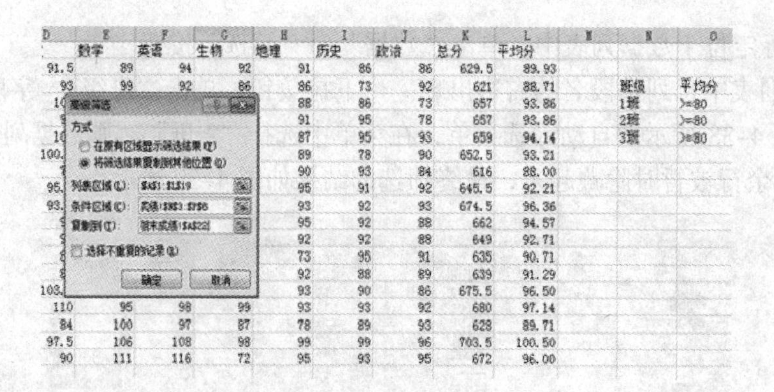

图 4-41　设置条件区域

（4）通过分类汇总功能求出每个班各科的平均成绩，并将每组结果分页显示。

① 先按班级字段进行排序，升序降序均可。

② 选择“数据”→“分级显示”→“分类汇总”命令，在弹出的“分类汇总”对话框中进行汇总参数的设置，如图 4-42 所示。

③ 单击“确定”按钮即可看到汇总的结果。

（5）最后取消汇总的结果，显示原始数据。

打开“分类汇总”对话框中，单击“全部删除”按钮即可。

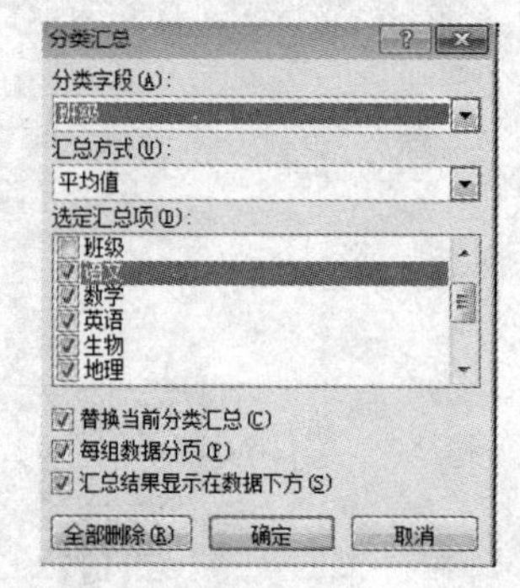

图 4-42　“分类汇总”对话框

【例 4-8】请根据 Office 应用能力考核表（“Office 应用能力考核表.xlsx”文件），完成统计和分析工作。

1．操作要求

（1）依据自定义序列“研发部→物流部→采购部→行政部→生产部→市场部”进行排序；如果部门名称相同，则按照平均成绩由高到低顺序排序。

（2）设置“分数段统计”工作表标签颜色为蓝色；参考表中的图表效果样例，以该工作表 B2 单元格为起始位置创建数据透视表，计算“成绩单”工作表中平均成绩在各分数段的人数以及所占比例（数据透视表中的数据格式设置以参考示例为准，其中平均成绩各分数段下限包含临界值）；根据数据透视表在单元格区域 E2:L17 内创建数据透视图（数据透视图图表类型、数据系列、坐标轴、图例等设置以参考示例为准）。

2．操作步骤

（1）依据自定义序列“研发部→物流部→采购部→行政部→生产部→市场部”进行排序；如果部门名称相同，则按照平均成绩由高到低的顺序排序。

① 选中“成绩单”工作表的 B2:M336 单元格区域，单击“开始”→“编辑”→“排序和筛选”下拉按钮，在下拉列表中选择“自定义排序”，弹出“排序”对话框，将“主要关键字”设置为“部门”；单击右侧“次序”下拉按钮，在下拉列表中选择“自定义序列”，弹出“自定义序列”对话框，在中间的输入序列列表框中输入新的数据序列“研发部”“物流部”“采购部”“行政部”“生产部”“市场部”，单击右侧的“添加”按钮。

② 输入完序列后，单击“确定”按钮，关闭“自定义序列”对话框。

③ 在“排序”对话框中，单击“添加条件”按钮，在“次要关键字”中选择“平均成绩”，在对应的“次序”中设置“降序”。

④ 单击“确定”按钮，关闭“排序”对话框。

（2）设置“分数段统计”工作表标签颜色为蓝色；参考表中的图表效果样例，以该工作表 B2 单元格为起始位置创建数据透视表，计算“成绩单”工作表中平均成绩在各分数段的人数以及所占比例（数据透视表中的数据格式设置以参考示例为准，其中平均成绩各分数段下限包含临界值）；根据数据透视表在单元格区域 E2:L17 内创建数据透视图（数据透视图图表类型、数据系列、坐标轴、图例等设置以参考示例为准）。

① 在“分数段统计”工作表表名中右击，在弹出的快捷菜单中选择“工作表标签颜色”命令，在级联菜单中选择“标准色”→“蓝色”。

② 选中“分数段统计”工作表的 B2 单元格，单击“插入”→“表格”→“数据透视表”下拉按钮，在下拉列表中选择“数据透视表”，弹出“创建数据透视表”对话框，在“表/区域”文本框中输入“成绩单!$B$2:$M$336”。

③ 单击“确定”按钮，在工作表右侧出现“数据透视表字段列表”任务窗格，将“平均成绩”字段拖动到“行标签”；拖动两次“员工编号”字段到“数值”区域；选择当前工作表的 B3 单元格，单击“数据透视表工具”→“选项”→“分组”→“将所选内容分组”按钮，弹出“组合”对话框，将“起始于”设置为 60，“终止于”设置为 100，“步长”设置为 10。设置完成后，单击“确定”按钮。

④ 双击 C2 单元格，弹出“值字段设置”对话框，在“自定义名称”文本框中输入字段名称“人数”，“值汇总方式”计算类型选择“计数”，单击“确定”按钮。

⑤ 双击 D2 单元格，弹出“值字段设置”对话框，在“自定义名称”文本框中输入字段名称“所占比例”，单击“确定”按钮；选中 D2 单元格，右击，在弹出的快捷菜单中选择“值显示方式”→“总计的百分比”。

⑥ 选中 D3:D8 单元格区域，右击，在弹出的快捷菜单中选择“设置单元格格式”命令，弹出“设置单元格格式”对话框，在“数字”选项卡中将单元格格式设置为“百分比”，并保留 1 位小数，单击“确定”按钮。

⑦ 选中 B2:D7 单元格区域，单击“数据透视表工具/选项”→“工具”→“数据透视图”按钮，在弹出的“插入图表”对话框中选择“柱形图”→“簇状柱形图”，单击“确定”按钮。

⑧ 选中插入的柱形图中的“所占比例”系列，单击“数据透视表工具/设计”→“类型”→“更改图表类型”按钮，弹出“更改图表类型”对话框，选择“折线图”→“带数据标记的折线图”，单击“确定”按钮。

⑨ 选中图表中的“所占比例”系列，右击，在弹出的快捷菜单中选择“设置数据系列格式”，弹出“设置数据系列格式”对话框，在“系列选项”中，选择“次坐标轴”，单击“关闭”按钮。

⑩ 单击“数据透视表工具/布局”→“标签”→“图例”下拉按钮，在下拉列表中选

择“在底部显示图例”。

⑪ 选中次坐标轴，右击，在弹出的快捷菜单中选择“设置坐标轴格式”命令，弹出“设置坐标轴格式”对话框，切换到左侧列表框中的“数字”选项卡，在右侧的设置项中，将“类别”设置为“百分比”，将小数位数设置为“0”，设置完成后单击“关闭”按钮。

⑫ 适当调整图表的大小以及位置，使其位于工作表的 E2:L17 单元格区域。

三、实验任务

【任务一】请根据计算机设备全年销量统计表（“计算机设备全年销量统计表.xlsx”文件），按照如下要求完成统计和分析工作：

（1）将数据列表按照主要关键字“店铺笔画”降序和次要关键字“销售量”升序重新排列记录。

（2）按店铺分类统计销售额的总和。

（3）使用自动筛选功能筛选出西直门店的记录情况，进一步筛选销售量在 500 以上的记录。

（4）先恢复原始记录数据，然后使用高级筛选功能筛选出西直门店 1 季度销售量在 500 以上的记录。

（5）为工作表“销售情况”中的销售数据创建一个数据透视表，放置在一个名为“数据透视分析”的新工作表中，要求针对各类商品比较各门店每个季度的销售额。其中，商品名称为报表筛选字段，店铺为行标签，季度为列标签，并对销售额求和。最后对数据透视表进行格式设置，使其更加美观。

【任务二】请根据图书销售订单明细表（“销售订单明细表.xlsx”文件），按照如下要求完成统计和分析工作：

（1）按书店名称进行简单排序，可升序也可降序。

（2）在第一步的基础上，按书店名称分类统计销量的总和。

（3）为工作表“销售情况”中的销售数据创建一个数据透视表，放置在一个名为“数据透视分析”的新工作表中，要求针对各书店比较各类书每天的销售额。其中，书店名称为列标签，日期和图书名称为行标签，并对销售额求和。

实验 4-5　Excel 2010 图表操作

一、实验目的

（1）掌握图表的创建方法。

（2）掌握编辑图表数据源、图表标题的方法。

（3）掌握设置图表系列、图例位置、图表数据标签等的方法。

（4）会设置图表形状样式。

二、实验示例

【例 4-9】请根据计算机类图书 12 月份销售情况表（“计算机类图书 12 月份销售情况表.xlsx”文件），完成如下操作：

1. 操作要求

（1）根据书名、单价和销量字段的数据生成簇状柱形图，并将柱形图放在新的工作表中。

（2）去掉图表中表示单价的列，重新设置数据系列产生的方向——产生在行/列，即设置每本书为一数据系列。

（3）将图表的标题设为“12 月份计算机图书销量”，并设置其字体为黑体，字号为 20 号，颜色为标准色蓝色。

（4）设置图例显示在图表下方，设置图表数据标签显示在外侧。

2. 操作步骤

（1）根据书名、单价和销量字段的数据生成簇状柱形图，并将柱形图放在新的工作表中。

① 选中 B3 ~ D16 单元格区域，单击“插入”→“图表”→“柱形图”下拉按钮，在下拉列表中选择“簇状柱形图”，如图 4-43 所示，则系统自动生成了一个图表。

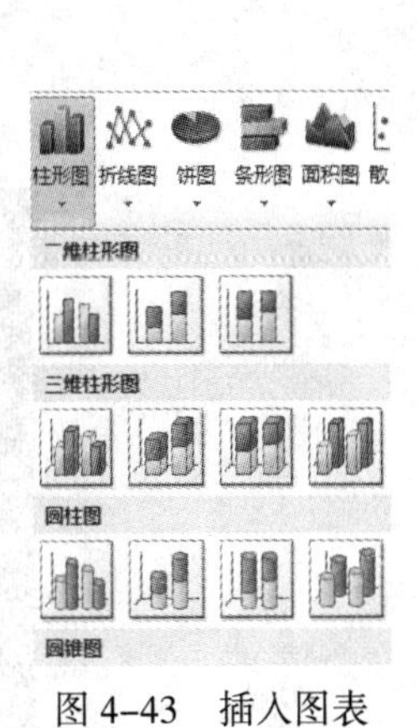

图 4-43　插入图表

② 在图表上右击，在快捷菜单中选择“移动图表”命令，或单击“图表工具/设计”→“位置”→“移动图表”按钮，打开“移动图表”对话框。选择“新工作表”单选按钮，如图 4-44 所示，则系统产生一个新的工作表“Chart1”显示所建的图表，如图 4-45 所示。

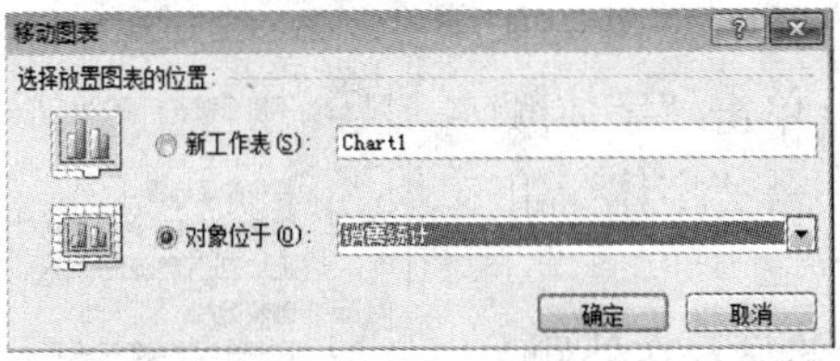

图 4-44　“移动图表”对话框

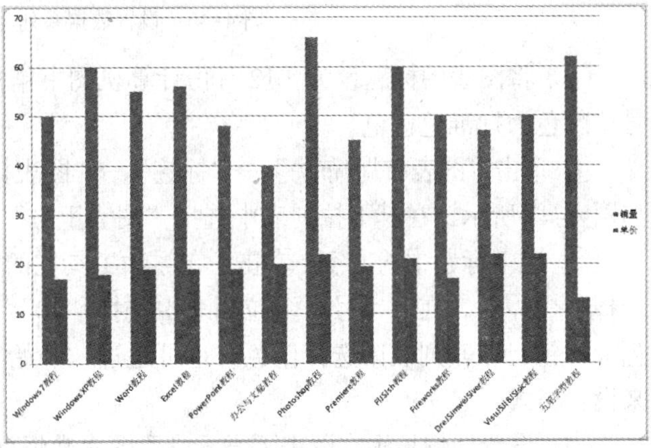

图 4-45　簇状柱形图

（2）去掉图表中表示单价的列，重新设置数据系列产生的方向——产生在行/列，即设置每本书为一数据系列。

① 在图表上“单价”列的任意一点上单击，选中图表中的单价数据列。

② 按【Delete】键，或在“单价”数据列上右击，选择快捷菜单中的“删除”命令，

删除“单价”数据列。

③ 单击“设计”→“数据”→“切换行/列”按钮，则图表按行（书名）来产生数据系列。或者单击“设计”→“数据”→“选择数据”按钮，在“选择源数据”对话框中，选择“切换行/列”命令。

技巧点拨：

当设置系列产生在列时（见图 4-45），工作表的每一列产生一个数据系列，即销量和单价两个数据系列，在图表中用同一种颜色的图形表示，图表中有销量和单价数据系列。当设置系列产生在行时（见图 4-46），工作表的每一行产生一个数据系列，即每个书名为一个数据系列，在图表中用同一种颜色的图形表示。

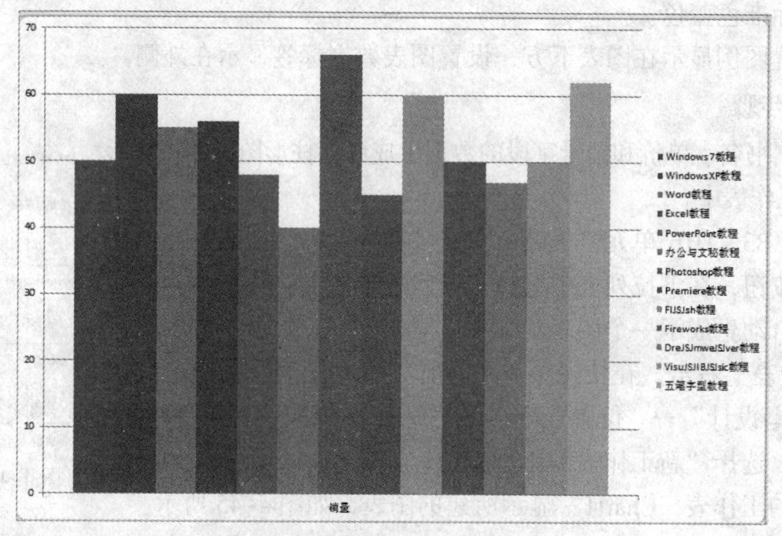

图 4-46 设置数据系列为行的图表

（3）将图表的标题设为“12 月份计算机图书销量”，并设置其字体为黑体，字号为 20 号，颜色为标准色蓝色。

① 单击“图表布局/布局”→“标签”→“图表标题”下拉按钮，如图 4-47 所示，在其下拉列表中选择“图表上方”。

② 选中标题中的文字，右击，在浮动工具栏的字体下拉列表中选择“黑体”，在“字号”下拉列表中选择“20”，单击“字体颜色”按钮，在其列表中选择蓝色。也可通过“开始”→“字体”组来设置格式。

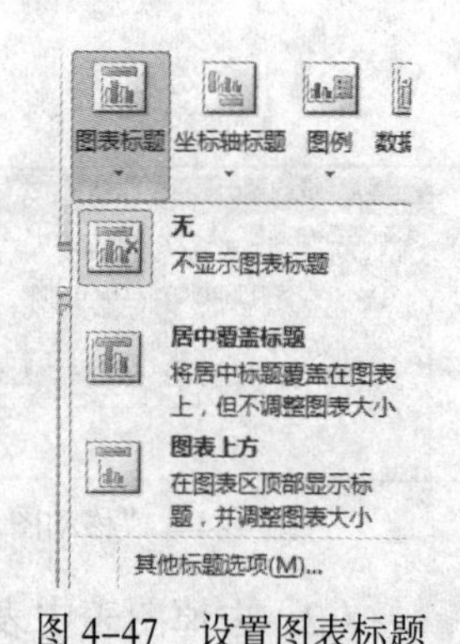

图 4-47 设置图表标题

（4）设置图例显示在图表下方，设置图表数据标签显示在外侧。

① 单击“图表工具/布局”→“标签”→“图例”下拉按钮，如图 4-48 左图所示，在其下拉列表中选择“在底部显示图例”选项。

另外，在图例上右击，在快捷菜单中选择“设置图例格式”命令，打开“设置图例格式”对话框，如图 4-48 右图所示，也可设置图例的位置。

② 单击“图表工具/布局”→“标签”→“数据标签”下拉按钮，选择“数据标签外”，如图 4-49 所示。

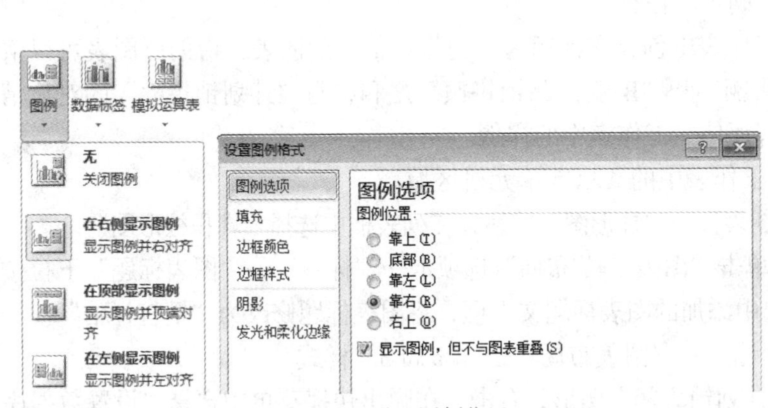

图 4-48　设置图例位置

图 4-49　设置数据标签

【例 4-10】请你根据销售统计表（"销售统计表.xlsx"文件），完成如下操作：

1．操作要求

（1）依据“销售业绩表”中的数据明细，在“按部门统计”工作表中创建一个数据透视表，并将其放置于 A1 单元格。要求可以统计出各部门的人员数量，以及各部门的销售额占销售总额的比例。数据透视表效果可参考“按部门统计”工作表中的样例。

（2）在“销售评估”工作表中创建一标题为“销售评估”的图表，借助此图表可以清晰反映每月“A 类产品销售额”和“B 类产品销售额”之和，与“计划销售额”的对比情况。图表效果可参考“销售评估”工作表中的样例。

2．操作步骤

（1）依据“销售业绩表”中的数据明细，在“按部门统计”工作表中创建一个数据透视表，并将其放置于 A1 单元格。要求可以统计出各部门的人员数量，以及各部门的销售额占销售总额的比例。数据透视表效果可参考“按部门统计”工作表中的样例。

① 选中“按部门统计”工作表中的 A1 单元格。

② 单击“插入”→“表格”→“数据透视表”按钮，弹出“创建数据透视表”对话框，单击“表区域”文本框右侧的折叠按钮，单击销售业绩表并选择数据区域 A2: K46，按【Enter】键展开“创建数据透视表”对话框， 最后单击“确定”按钮。

③ 拖动“按部门统计”工作表中右侧的“数据透视表字段列表”中的“销售团队”字段到行标签区域中。

④ 拖动“销售团队”字段到“数值”区域中。

⑤ 拖动“个人销售总计”字段到“数值”区域中。

⑥ 单击“数值区域”中的“个人销售总计”下拉按钮，在弹出的下拉列表中选择“值字段设置”选项，弹出“值字段设置”对话框，选择“值显示方式”选项卡，在“值显示

方式”下拉列表中选择“全部汇总百分比”，单击“确定”按钮。

⑦ 双击 A1 单元格，输入标题名称“部门”，双击 B1 单元格，在弹出的“值字段设置”对话框中，在“自定义名称”文本框中输入“销售团队人数”，单击“确定”按钮。同理双击 C1 单元格，打开“值字段设置”对话框，在“自定义名称”文本框中输入“各部门所占销售比例”，单击“确定”按钮。

（2）在“销售评估”工作表中创建一标题为“销售评估”的图表，借助此图表可以清晰反映每月“A 类产品销售额”和“B 类产品销售额”之和，与“计划销售额”的对比情况。图表效果可参考“销售评估”工作表中的样例。

① 选中“销售评估”工作表中的 A2:G5 单元格区域。

② 单击“插入”→“图表”→“柱形图”按钮，在列表框中选择“堆积柱形图”。

③ 选中创建的图表，单击“图表工具/布局”选项卡→“标签”→“图表标题”下拉按钮，选择“图表上方”。选中添加的图表标题文本框，将图表标题修改为“销售评估”。

④ 单击“图表工具/设计”→“图表布局”→“布局 3”样式。

⑤ 选中图表区中的“计划销售额”图形，右击，在弹出快捷菜单中选择“设置数据序列格式”命令，弹出“设置数据序列格式”对话框，选中左侧列表框中的“系列选项”，拖动右侧“分类间距”中的滑动块，将比例调整到 25%，同时选择“系列绘制在”选项组中的“次坐标轴”。

⑥ 选中左侧列表框中的“填充”，在右侧的“填充”选项组中选择“无填充”。

⑦ 选中左侧列表框中的“边框颜色”，在右侧的“边框颜色”选项组中选择“实线”，将颜色设置为标准色的“红色”。

⑧ 选中左侧列表框中的“边框样式”，在右侧的“边框样式”选项组中将“宽度”设置为 2 磅，单击“关闭”按钮。

⑨ 选中图表右侧出现的“次坐标轴”，按【Delete】键将其删除。

⑩ 适当调整图表的大小及位置。

三、实验任务

【任务】请你根据 Office 应用能力考核表（“Office 应用能力考核表.xlsx”文件），按照如下要求完成统计和分析工作：

（1）根据“成绩单”工作表中的“年龄”和“平均成绩”两列数据，创建名为“成绩与年龄”的图表工作表（参考样例表中的示例，图表类型、样式、图表元素均以此示例为准）。设置图表工作表标签颜色为绿色，并将其放置在全部工作表的最右侧。

（2）将“成绩单”工作表中的数据区域设置为打印区域，并设置标题行在打印时可以重复出现在每页顶端。

（3）将所有工作表的纸张方向都设置为横向，并为所有工作表添加页眉和页脚，页眉中间位置显示“成绩报告”文本，页脚样式为“第 1 页，共?页”。

实验 4-6　综 合 实 验

一、实验目的

（1）综合掌握 Excel 的基本操作方法。

（2）综合掌握函数和公式的使用方法。

（3）综合掌握数据处理的方法。

二、实验示例

【例 4-11】建立图 4-50 所示的数据列表。

成绩单					
姓名	高数	计算机	思想品德	体育	英语
王丽	84	71	76	65	83
陈强	92	82	85	81	86
张晓晓	78	80	93	81	79
刘磊	79	80	91	80	88
冯燕	02	07	89	72	72
王晓	79	75	86	75	90
陈白	78	76	89	75	74
刘萌萌	54	81	94	85	67
刘艾嘉	82	82	90	80	90
张平	90	74	83	85	77
邱恒	99	60	80	76	76
林嘉欣	68	81	89	66	72
王二	90	80	85	78	77
张安	82	77	86	80	84
戴青	82	65	77	75	73
李丽	46	60	72	73	77
李萍	60	88	86	76	75
王娜	63	65	71	30	74

绩点表						
姓名	高数	计算机	思想品德	体育	英语	总绩点
王丽						
陈强						
张晓晓						
刘磊						
冯燕						
王晓						
陈白						
刘萌萌						
刘艾嘉						
张平						
邱恒						
林嘉欣						
王二						
张安						
戴青						
李丽						
李萍						
王娜						

Sheet1

图 4-50　数据列表

1．操作要求

1）基本编辑

（1）编辑 Sheet1 工作表。

① 分别合并后居中 A1:F1 单元格区域、I1:O1 单元格区域，而后均设置为宋体、25 磅、加粗，填充黄色（标准色）底纹。

② 将 J3:O35 单元格区域的对齐方式设置为水平居中。

（2）数据填充。

① 根据“成绩单”（A~F 列）中的各科成绩，公式填充“绩点表”中各科的绩点（即 J3:N35 单元格区域）: 90~100 分=4.0，85~89 分= 3.6，80~84 分=3.0，70~79 分=2.0， 60~69 分=1.0，60 分以下=0。

② 公式计算“总绩点”列（O 列），总绩点为各科绩点之和。

③ 根据“成绩单”（A~F 列）中的各科成绩，分别统计出各科各分数段的人数，结果放在 B41:F45 单元格区域。分数段的分隔为：60 以下、60~69、70~79、80~89，90 及以上。

④ 插入两个新工作表，分别重命名为“排序”“筛选”，并复制 Sheet1 工作表中 A2:F35 单元格区域到新工作表的 A1 单元格开始处。

2）数据处理

（1）对“排序”工作表中的数据按“高数”降序、“英语”升序、“计算机”降序排序。

（2）对“筛选”工作表中的数据进行自动筛选，筛选出“高数”“英语”“计算机”均大于等于 80 的记录。

要点提示：

数据列表必须有列标题；每一列必须是同一数据类型；在数据列表与其他数据之间至少留出一个空白列或一个空白行。

2. 操作步骤

1）基本编辑

（1）编辑 Sheet1 工作表。

① 分别合并后居中 A1:F1 单元格区域、I1:O1 单元格区域，而后均设置为宋体、25 磅、加粗，填充黄色（标准色）底纹。

② 将 J3:O35 单元格区域的对齐方式设置为水平居中。

步骤 1：同时选中 A1:F1 单元格区域和 I1:O1 单元格区域，右击，选择“设置单元格格式”命令，弹出图 4-51 所示的“设置单元格格式”对话框，分别在“对齐”“字体”和“填充”选项卡按照要求设置参数。

步骤 2：J3:O35 单元格区域的对齐方式设置，依然可以在“设置单元格格式”对话框中完成。

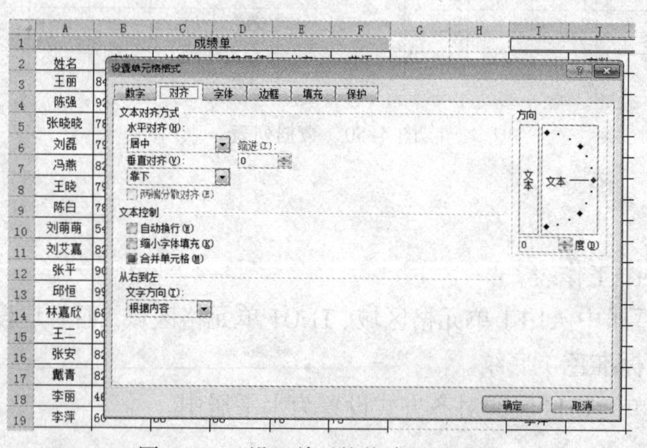

图 4-51 “设置单元格格式”对话框

（2）数据填充。

① 根据“成绩单”（A~F 列）中的各科成绩，公式填充“绩点表”中各科的绩点（即 J3:N35 单元格区域）：90~100 分=4.0，85~89 分= 3.6，80~84 分=3.0，70~79 分=2.0，60~69 分=1.0，60 分以下=0。

步骤 1：选定要插入的单元格 J3，单击“公式”→“插入函数”按钮，打开图 4-52 所示的“插入函数”对话框。

步骤 2：从“选择函数”列表框中选择要插入的函数名称：IF。如果在常用函数中找不到所需要的函数，就在“搜索函数”栏直接输入所需的函数名，然后单击“转到”按钮或者直接按【Enter】键也可选择所需函数。

步骤 3：单击“确定”按钮，弹出“函数参数”对话框，函数参数设置如图 4-53 所示。也可以直接选定要插入的单元格 J3，然后在编辑栏输入如下公式：

=IF(B3>=90,4,IF(B3>=85,3.6,IF(B3>=80,3,IF(B3>=70,2,IF(B3>=60,1,0)))))

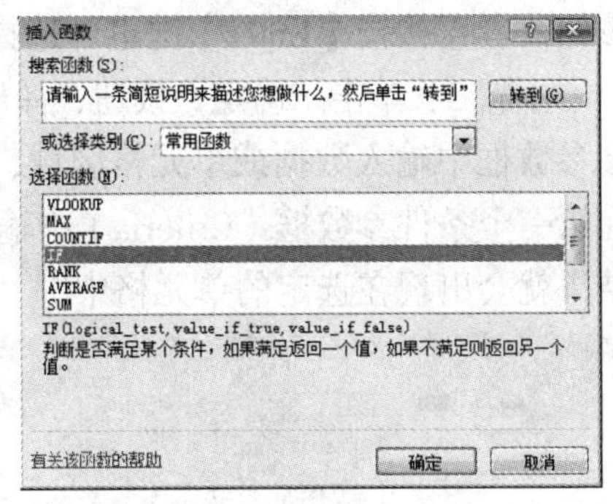

图 4-52　插入函数

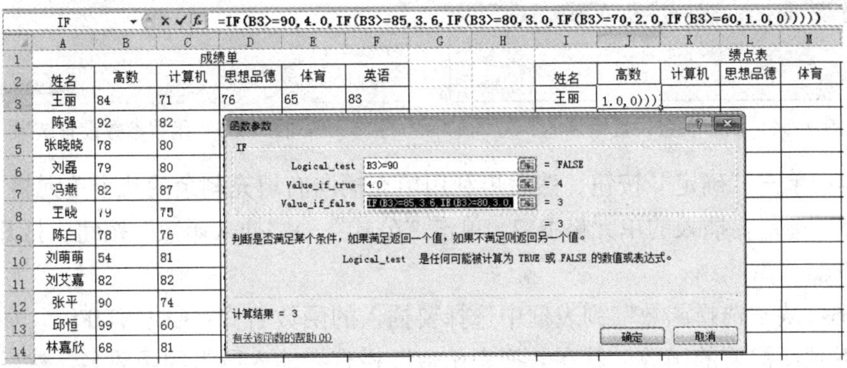

图 4-53　函数参数设置结果

步骤 4：单击“确定”按钮，然后再利用填充柄向右和向下两个方向填充剩余的需要填充绩点的单元格。

② 公式计算“总绩点”列（O 列），总绩点为各科绩点之和。

求和的方法有公式法和函数法两种。公式法比较简单，在这里介绍函数法实现的过程。

步骤 1：选定要插入的单元格 O3，单击“公式”→“插入函数”按钮，打开如图 4-52 所示的“插入函数”对话框。

步骤 2：从“选择函数”列表框中选择要插入的函数名称：SUM 。如果在常用函数中找不到所需要的函数，就在“搜索函数”栏直接输入所需的函数名，然后单击“转到”按钮或者直接按【Enter】键也可选择所需函数。

步骤 3：单击“确定”按钮，弹出“函数参数”对话框，函数参数设置如图 4-54 所示。或者可以直接选定要插入的单元格 O3，然后在编辑栏输入如下公式：“=SUM(J3:N3)”。还可以直接单击“开始”→“编辑”→“自动求和”按钮。

③ 根据“成绩单”（A:F 列）中的各科成绩，分别统计出各科各分数段的人数，结果放在 B41:F45 单元格区域。分数段的分隔为：60 以下、60~69、70~79、80~89，90 及以上。

步骤 1：选定要插入的单元格 B41，单击“公式”→“插入函数”按钮，打开“插入函数”对话框。

步骤 2：从“选择函数”列表框中选择要插入的函数名称：COUNTIF 。如果在常用函数中找不到所需要的函数，就在“搜索函数”栏直接输入所需的函数名，然后单击“转到”

按钮或者直接按【Enter】键也可选择所需函数。

步骤 3：单击“确定”按钮，弹出“函数参数”对话框，函数参数设置如图 4-55 所示。在参数框中输入数据或单元格区域，在第一个计数区域参数框（Range）中输入 B3:B35，在第一个条件参数框（Criteria）中输入“<60”，输入完毕后单击“确定”按钮，函数计算结果就会出现在选定的单元格中。

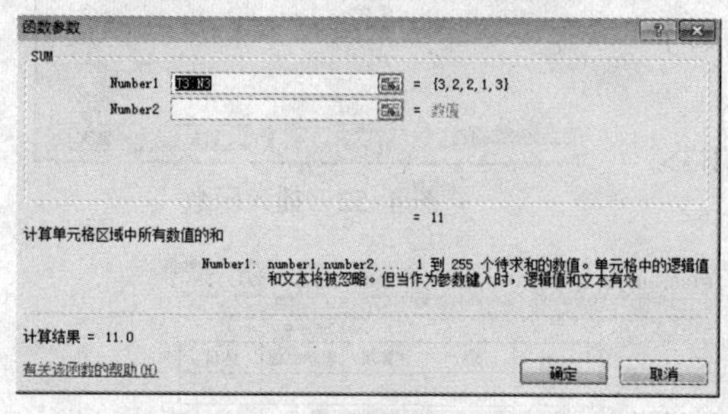

图 4-54　函数参数设置结果

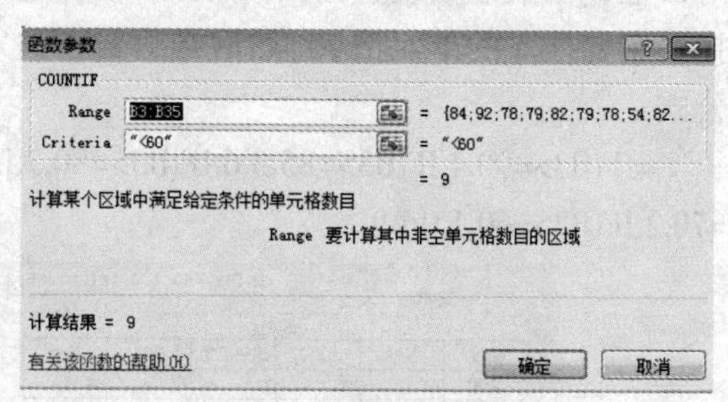

图 4-55　函数参数设置结果

步骤 4：单击“确定”按钮，然后再利用填充柄向右填充剩余的几个单元格。

步骤 5：选定要插入的单元格 B42，单击“公式”→“插入函数”按钮，打开“插入函数”对话框。

步骤 6：从“选择函数”列表框中选择要插入的函数名称：COUNTIFS 。如果在常用函数中找不到所需要的函数，就在“搜索函数”栏直接输入所需的函数名，然后单击“转到”按钮或者直接按【Enter】键也可选择所需函数。

步骤 7：单击“确定”按钮，弹出“函数参数”对话框，函数参数设置如图 4-56 所示。在参数框中输入数据或单元格区域，在第一个计数区域参数框（Criteria _range1）中输入 B3:B35，在第一个条件参数框（Criteria1）中输入“>=60”，在第二个计数区域参数框（Criteria _range2）中输入 B3:B35，在第二个条件参数框（Criteria2）中输入“<70”，输入完毕后单击“确定”按钮，函数计算结果就会出现在选定的单元格中。

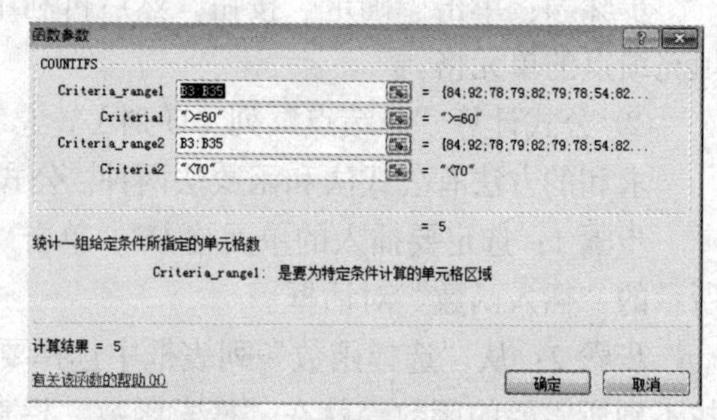

图 4-56　函数参数设置结果

步骤 8：单击“确定”按钮，然后再利用填充柄向右填充剩余的几个单元格。

步骤 9：B43：B45 这三个单元格的填充过程与 B42 单元格类似，只需要按照它们各自的要求去设置条件即可，接下来的工作就是重复步骤 5~8 填充剩余的单元格。

（3）插入两个新工作表，分别重命名为“排序”“筛选”，并复制 Sheet1 工作表中 A2:F35 单元格区域到新工作表的 A1 单元格开始处。

① 单击“开始”→“单元格”→“插入”→“插入工作表”按钮，插入两个新工作表，将鼠标指针移至工作表标签位置，右击，弹出快捷菜单，重命名为“排序”“筛选”。

② 复制 Sheet1 工作表中 A2:F35 单元格区域到新工作表的 A1 单元格开始处。

2）数据处理

（1）对“排序”工作表中的数据按“高数”降序、“英语”升序、“计算机”降序排序。

（2）对“筛选”工作表中的数据进行自动筛选，筛选出“高数”“英语”“计算机”均大于等于 80 的记录。

① 将光标定位于排序工作表中数据列表的任一单元格，单击“数据”→“排序”按钮，弹出图 4-57 所示的“排序”对话框，在对话框中选择排序的主要关键字高数降序、次要关键字英语降序和计算机降序排序。

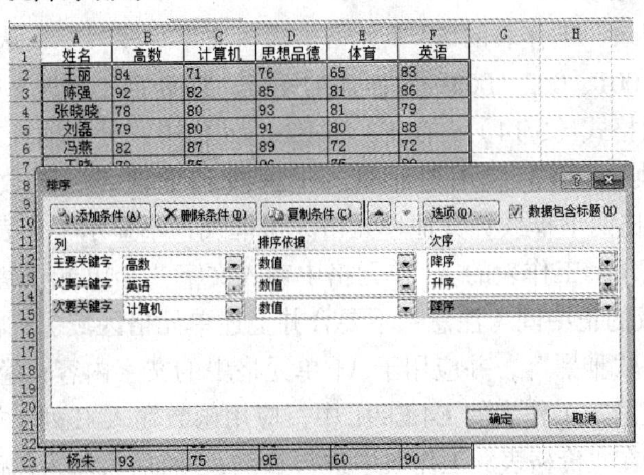

图 4-57　“排序”条件设置对话框

② 单击“确定”按钮，即可得到排序结果。

③ 接下来筛选。将光标定位于筛选工作表中数据列表的任一单元格，单击“数据”→“筛选”按钮，在每个字段名旁边就会出现一个下拉按钮，单击“高数”旁边的下拉按钮，弹出图 4-58 左图所示的画面，选择“数字筛选”→“大于”命令，在弹出的对话框中设置参数，参数设置如图 4-58 右图所示。

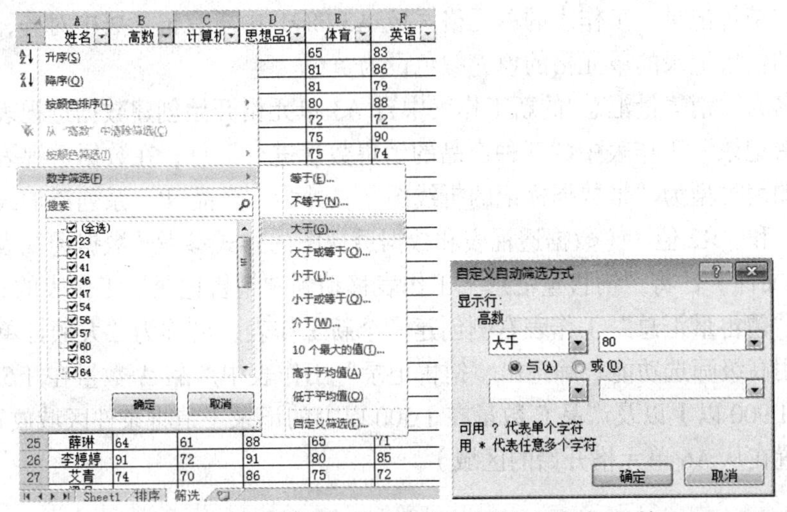

图 4-58　“自动筛选”画面和“自动筛选”方式对话框

④ 单击“确定”按钮。然后用同样的方式设置英语和计算机的自动筛选方式，即可得到筛选结果。

【例 4-12】李东阳是某家用电器企业的战略规划人员，正在参与制订本年度的生产与营销计划。为此，他需要对上年度不同产品的销售情况进行汇总和分析，从中提炼出有价值的信息。根据下列要求，帮助李东阳运用已有的原始数据完成上述分析工作。

1. 操作要求

（1）在工作表 Sheet1 中，从 B3 单元格开始，导入“数据源.txt”中的数据，并将工作表名称修改为“销售记录”。

（2）在“销售记录”工作表的 A3 单元格中输入文字“序号”，从 A4 单元格开始，为每笔销售记录插入“001、002、003…”格式的序号；将 B 列（日期）中数据的数字格式修改为只包含月和日的格式（3/14）；在 E3 和 F3 单元格中，分别输入文字“价格”和“金额”；对标题行区域 A3:F3 应用单元格的上框线和下框线，对数据区域的最后一行 A891:F891 应用单元格的下框线；其他单元格无边框线；不显示工作表的网格线。

（3）在“销售记录”工作表的 A1 单元格中输入文字“2012 年销售数据"，并使其显示在 A1:F1 单元格区域的正中间（注意：不要合并上述单元格区域）；将“标题”单元格样式的字体修改为“微软雅黑”，并应用于 A1 单元格中的文字内容；隐藏第 2 行。

（4）在“销售记录”工作表的 E4:E891 中，应用函数输入 C 列（类型）所对应的产品价格，价格信息可以在“价格表”工作表中进行查询； 然后将填入的产品价格设为货币格式，并保留零位小数。

（5）在“销售记录”工作表的 F4:F891 中，计算每笔订单记录的金额，并应用货币格式，保留零位小数，计算规则为“金额=价格×数量×(1－折扣百分比)”，折扣百分比由订单中的订货数量和产品类型决定，可以在“折扣表”工作表中进行查询，例如某个订单中产品 A 的订货量为 1 510，则折扣百分比为 2%（提示：为便于计算，可对“折扣表”工作表中表格的结构进行调整）。

（6）将“销售记录”工作表的单元格区域 A3:F891 中所有记录居中对齐，并将发生在周六或周日的销售记录的单元格的填充颜色设为黄色。

（7）在名为“销售量汇总"的新工作表中自 A3 单元格开始创建数据透视表，按照月份和季度对销售记录”工作表中的三种产品的销售数量进行汇总；在数据透视表右侧创建数据透视图，图表类型为“带数据标记的折线图”，并为“产品 B”系列添加线性趋势线，显示“公式”和“R2 值”（数据透视表和数据透视图的样式参考“数据透视表和数据透视图.jpg”示例文件）；将“销售量汇总”工作表移动到“销售记录”工作表的右侧。

（8）在“销售量汇总”工作表右侧创建一个新工作表，名称为“大额订单”；在这个工作表中使用高级筛选功能，筛选出“销售记录”工作表中产品 A 数量在 1 550 以上、产品 B 数量在 1 900 以上以及产品 C 数量在 1 500 以上的记录（请将条件区域放置在 1~4 行，筛选结果放置在从 A6 单元格开始的区域）。

2. 操作步骤

（1）在工作表 Sheet1 中，从 B3 单元格开始，导入“数据源.txt”中的数据，并将工作表名称修改为“销售记录”。

① 打开“Excel 素材.xlsx”文件。

② 选中 Sheet1 工作表中的 B3 单元格，单击“数据”→“获取外部数据”→“自文本”按钮，弹出“导入文本文件”对话框，选择考生文件夹下的“数据源.txt 文件，单击“导入”按钮。

③ 在弹出的“文本导入向导–第 1 步，共 3 步”对话框中，采用默认设置，单击“下一步”按钮，在弹出的“文本导入向导第 2 步，共 3 步”对话框中，采用默认设置，继续单击“下一步”按钮。

④ 进入“文本导入向导–第 3 步，共 3 步”对话框，在“数据预览”选项卡中，选中“日期”列，在“列数据格式”选项组中，设置“日期”列格式为“YMD"，按照同样的方法设置“类型”列数据格式为“文本”，设置“数量”列数据格式为“常规”，单击“完成”按钮。

⑤ 弹出“导入数据”对话框，采用默认设置，单击“确定”按钮。

⑥ 鼠标双击 Sheet1，输入工作表名称“销售记录”。

（2）在“销售记录”工作表的 A3 单元格中输入文字“序号”，从 A4 单元格开始，为每笔销售记录插入“001、002、003…”格式的序号；将 B 列（日期）中数据的数字格式修改为只包含月和日的格式（3/14）；在 E3 和 F3 单元格中，分别输入文字“价格”和“金额”;对标题行区域 A3:F3 应用单元格的上框线和下框线,对数据区域的最后一行 A891:F891 应用单元格的下框线；其他单元格无边框线；不显示工作表的网格线。

① 选中“销售记录”工作表的 A3 单元格，输入文本“序号”。

② 选中 A4 单元格，在单元格中输入“001”，拖到 A4 单元格右下角的填充柄填充到 A891 单元格。

③ 选择 B3: B891 单元格区域，右击，选择“设置单元格格式”命令，在弹出的“设置单元格格式”对话框中选择“数字”选项卡，在“分类”列表框中选择“日期”，在右侧的“类型”列表框中选择“3/14”，单击“确定”按钮。

④ 选中 E3 单元格，输入文本“价格”；选中 F3 单元格，输入文本“金额”。

⑤ 选中标题 A3:F3 单元格区域，单击“开始”→“字体”→“框线”按钮，在下拉列表中选择“上下框线”。

⑥ 选中数据区域的最后一行 A891:F891，单击“开始”→“字体”→“框线”按钮，在下拉列表中选择“下框线”。

⑦ 在“视图”→“显示”组中取消勾选“网格线”复选框。

（3）在“销售记录”工作表的 A1 单元格中输入文字“2012 年销售数据”，并使其显示在 A1:F1 单元格区域的正中间（注意：不要合并上述单元格区域）；将“标题”单元格样式的字体修改为“微软雅黑”，并应用于 A1 单元格中的文字内容；隐藏第 2 行。

① 选中“销售记录”工作表的 A1 单元格，输入文本“2012 年销售数据”。

② 选中“销售记录”工作表的A1:F1单元格区域，右击，在弹出的快捷菜单中选择“设置单元格格式”命令，弹出“设置单元格格式”对话框，选择“对齐”选项卡，在“水平对齐”列表框中选择“跨列居中”，单击“确定”按钮。

③ 选中“销售记录”工作表的A1:F1单元格区域，在“开始”→“字体”→“字体”下拉列表中选择“微软雅黑”。

④ 选中第2行，右击，在弹出的快捷菜单中选择“隐藏”命令。

（4）在“销售记录”工作表的E4:E891中，应用函数输入C列（类型）所对应的产品价格，价格信息可以在“价格表”工作表中进行查询；然后将填入的产品价格设为货币格式，并保留零位小数。

① 选中“销售记录”工作表的E4单元格，在单元格中输入公式“=VLOOKUP(C4,价格表!$B$2:$C$5,2,0)”，输入完成后按【Enter】键确认。

② 拖动E4单元格的填充柄，填充到E891单元格。

③ 选中E4:E891单元格区域，右击，在弹出的快捷菜单中选择“设置单元格格式”命令，弹出“设置单元格格式”对话框，选择“数字”选项卡，在“分类”列表框中选择“货币”，并将右侧的小数位数设置为“0”，单击“确定”按钮。

（5）在“销售记录”工作表的F4:F891中，计算每笔订单记录的金额，并应用货币格式，保留零位小数，计算规则为：金额=价格×数量×（1－折扣百分比），折扣百分比由订单中的订货数量和产品类型决定，可以在“折扣表”工作表中进行查询，例如某个订单中产品A的订货量为1 510，则折扣百分比为2%（提示：为便于计算，可对“折扣表”工作表中表格的结构进行调整）。

① 选择“折扣表”工作表中的B2:E6数据区域，按【Ctrl+C】组合键复制该区域。

② 选中B8单元格，右击，在弹出的快捷菜单中选择“选择性粘贴”命令，在右侧出现的级联菜单中选择“粘贴”组中的“转置”命令，将原表格行列进行转置。

③ 选中“销售记录”工作表的F4单元格，在单元格中输入公式：=D4*E4*(1-VLOOKUP(C4,折扣表!$B$9: $F$11,IF(D4<1000,2,IF(D4<1500,3,IF(D4<2000,4,5))))), 输入完成后按【Enter】键确认输入。

④ 拖动F4单元格的填充柄，填充到F891单元格。

⑤ 选中“销售记录”工作表的F4:F891单元格区域，右击，在弹出的快捷菜单中选择“设置单元格格式”命令，弹出“设置单元格格式”对话框，选择“数字”选项卡，在“分类”列表框中选择“货币”，并将右侧的小数位数设置为“0”，单击“确定”按钮。

（6）将“销售记录”工作表的单元格区域A3:F891中所有记录居中对齐，并将发生在周六或周日的销售记录的单元格的填充颜色设为黄色。

① 选择“销售记录”工作表中的A3:F891数据区域。

② 单击“开始”→“对齐方式”组中的“居中”按钮。

③ 选中表格A4:F891数据区域，单击“开始”→“样式”组中的“条件格式”按钮，在下拉列表中选择“新建规则”，弹出“新建格式规则”对话框，在“选择规则类型”列表框中选择“使用公式确定要设置格式的单元格”，在下方的“为符合此公式的值设置格

式”文本框中输入公式：=OR(WEEKDAY($B4,2)=6,WEEKDAY($B4,2)=7)，单击“格式”按钮。

④ 在弹出的“设置单元格格式”对话框中，切换到“填充”选项卡，选择填充颜色为“黄色”，单击“确定”按钮。

（7）在名为“销售量汇总”的新工作表中自 A3 单元格开始创建数据透视表，按照月份和季度对销售记录”工作表中的三种产品的销售数量进行汇总；在数据透视表右侧创建数据透视图，图表类型为“带数据标记的折线图”，并为“产品 B”系列添加线性趋势线，显示“公式”和“R2 值”（数据透视表和数据透视图的样式参考“数据透视表和数据透视图.jpg”示例文件）；将“销售量汇总”工作表移动到“销售记录”工作表的右侧。

① 单击“折扣表”工作表后面的“插入工作表”按钮，添加一张新的 Sheet1 工作表，双击 Sheet1 工作表名称，输入文字“销售量汇总”。

② 在“销售量汇总表”中选中 A3 单元格。

③ 单击“插入”→“表格”→“数据透视表”按钮，在下拉列表中选择“数据透视表”，弹出“创建数据透视表”对话框，在“表/区域”文本框中选择数据区域“销售记录!$A$3:$F$891”，其余采用默认设置，单击“确定”按钮。

④ 在工作表右侧出现“数据透视表字段列表”对话框，将“日期”列拖动到“行标签”区域中，将“类型”列拖动到“列标签”区域中，将“数量”列拖动到“数值”区域中。

⑤ 选中“日期”列中的任一单元格，右击，在弹出的快捷菜单中选择“创建组”命令，弹出“分组”对话框，在“步长”选项组中选择“月”和“季度”，单击“确定”按钮。

⑥ 选中“数据透视表”的任一单元格，单击“插入”→“图表”→“折线图”下拉按钮，在下拉列表中选择“带数据标记的折线图”。

⑦ 选择“设计”→“图表布局”组中的“布局 4”样式。

⑧ 选中图表绘图区中“产品 B”的销售量曲线，单击“布局”→“分析”→“趋势线”下拉按钮，从下拉列表中选择“其他趋势线选项”。

⑨ 弹出“设置趋势线格式”对话框，在右侧的显示框中勾选“显示公式”和“显示 R 平方值”复选框，单击“关闭”按钮。

⑩ 选择折线图右侧的“坐标轴”，右击，弹出“设置坐标轴格式”对话框，在“坐标轴选项”组中，设置“坐标轴选项"下方的“最小值”为“固定”“20000”，“最大值”为“固定”“50000”，“主要刻度单位”为“固定”“10000”，单击“关闭”按钮。

⑪ 参照“数据透视表和数据透视图.jpg”示例文件，适当调整公式的位置以及图表的大小，移动图表到数据透视表的右侧位置。

⑫ 选中“销售量汇总”工作表，按住鼠标左键不放，拖动到“销售记录”工作表右侧位置。

（8）在“销售量汇总”工作表右侧创建一个新工作表，名称为“大额订单”；在这个工作表中使用高级筛选功能，筛选出“销售记录”工作表中产品 A 数量在 1 550 以上、产品 B 数量在 1 900 以上以及产品 C 数量在 1 500 以上的记录（请将条件区域放置在 1~4 行，筛选结果放置在从 A6 单元格开始的区域）。

① 单击“销售量汇总”工作表后的“插入工作表”按钮，新建“大额订单”工作表。

② 在“大额订单”工作表的A1单元格输入“类型”，在B1单元格中输入“数量”条件，在A2单元格中输入“产品A”，B2单元格中输入“>1550”，A3单元格中输入“产品B”，B3单元格中输入“>1900”，A4单元格中输入“产品C”，B4单元格中输入“>1500”。

③ 单击“数据”→“排序和筛选”→“高级”按钮，弹出“高级筛选”对话框，选中“将筛选结果复制到其他位置”，单击“列表区域”后的折叠按钮，选择列表区域“销售记录!$A$3:$F$891”，单击“条件区域”后的“折叠对话框”按钮，选择“条件区域”“$A$1:$B$4”，单击“复制到”后的折叠按钮，选择单元格A6，按【Enter】键展开“高级筛选”对话框，最后单击“确定”按钮。

三、实验任务

【任务一】请你根据员工年度考核表（“员工年度考核表.xlsx”文件），按照如下要求完成统计和分析工作：

1）基本编辑

（1）编辑Sheet1工作表。

① 将“所属部门”列移动到“姓名”列的左侧。

② 在第一行前插入1行，设置行高为35磅，并在A1单元格输入文本“员工年度考核表”，华文行楷、22磅加粗、标准色中的蓝色，跨列居中A1:H1单元格，垂直靠上。

③ 设置A2:H30单元格区域的数据水平居中，并将A:H列的列宽设置为自动调整列宽。

（2）数据填充。

① 填充“所属部门”列，A3:A9为“工程部”、A10:A16为“采购部”、A17:A23为“营运部”、A24:A30为“财务部”。

② 公式计算“综合考核”列数据，综合考核=出勤率+工作态度+工作能力+业务考核，“数值”型、负数第四种、无小数。

③ 根据“综合考核”列数据公式填充“年终奖金”列数据：综合考核大于等于38分的为10 000，37 ~35分为8 000，34~31分为7 000，小于31分的为5 500，“货币”型、负数第四种、无小数，货币符号“¥”。

（3）将A2:H30单元格区域的数据分别复制到Sheet2、Sheet3中A1单元格开始处，并将Sheet2重命名为“排序”，Sheet3重命名为“筛选”。

2）数据处理。

（1）对“排序”工作表中的数据按“年终奖金”降序、“所属部门”升序排序。

（2）对“筛选”工作表自动筛选出业务考核为10分的记录。

【任务二】小李在东方公司担任行政助理，年底小李统计了公司员工档案信息的分析和汇总。请你根据东方公司员工档案表（“东方公司员工档案表.xlsx”文件），按照如下要求完成统计和分析工作：

（1）请对“员工档案表”工作表进行格式调整，将所有工资列设为保留两位小数的数值，适当加大行高列宽。

（2）根据身份证号，请在“员工档案表”工作表的“出生日期”列中，使用 MID 函数提取员工生日，单元格式类型为“yyyy 年 m 月 d 日”。

（3）根据入职时间，请在“员工档案表”工作表的“工龄”列中，使用 TODAY 函数和 INT 函数计算员工的工龄，工作满一年才计入工龄。

（4）引用“工龄工资”工作表中的数据计算“员工档案表”工作表员工的工龄工资，在“基础工资”列中，计算每个人的基础工资。（基础工资=基本工资+工龄工资）

（5）根据“员工档案表”工作表中的工资数据，统计所有人的基础工资总额，并将其填写在“统计报告”工作表的 B2 单元格中。

（6）根据“员工档案表”工作表中的工资数据，统计职务为项目经理的基本工资总额，并将其填写在“统计报告”工作表的 B3 单元格中。

（7）根据“员工档案表”工作表中的数据，统计东方公司本科生平均基本工资，并将其填写在“统计报告”工作表的 B4 单元格中。

（8）通过分类汇总功能求出每个职务的平均基本工资。

（9）创建一个饼图，对每个员工的基本工资进行比较，并将该图表放置在“统计报告”中。

【任务三】阿文是某食品贸易公司销售部助理，现需要对 2015 年的销售数据进行分析，根据以下要求，帮助她完成此项工作：

（1）请根据 2015 年的销售数据表（“2015 年的销售数据表.xlsx” 文件），按照要求完成操作，后续操作均基于此文件，否则不得分。

（2）命名“产品信息”工作表的单元格区域 A1:D78 名称为“产品信息”；命名“客户信息”工作表的单元格区域 A1:G92 名称为“客户信息”。

（3）在“订单明细”工作表中，完成下列任务：

① 根据 B 列中的产品代码，在 C 列、D 列和 E 列填入相应的产品名称、产品类别和产品单价（对应信息可在“产品信息”工作表中查找）。

② 设置 G 列单元格格式，折扣为 0 的单元格显示“-”，折扣大于 0 的单元格显示为百分比格式，并保留 0 位小数（如 15%）。

③ 在 H 列中计算每笔订单的销售金额，公式为“金额=单价*数量*(1-折扣)”，设置 E 列和 H 列单元格为货币格式，保留 2 位小数。

（4）在“订单信息”工作表中，完成下列任务：

① 根据 B 列中的客户代码，在 E 列和 F 列填入相应的发货地区和发货城市（提示：需首先清除 B 列中的空格和不可见字符），对应信息可在“客户信息”工作表中查找。

② 在 G 列计算每订单的订单金额，该信息可在“订单明细”工作表中查找（注意：一个订单可能包含多个产品），计算结果设置为货币格式，保留 2 位小数。

③ 使用条件格式，将每订单订货日期与发货日期间隔大于 10 天的记录所在单元格填充颜色设置为红色”，字体颜色设置为“白色，背景 1”。

（5）在“产品类别分析”工作表中，完成下列任务：

① 在 B2:B9 单元格区域计算每类产品的销售总额，设置单元格格式为货币格式，保留 2 位小数；并按照销售额对表格数据降序排序。

② 在单元格区域 D1:L17 中创建复合饼图，并根据样例文件“图表参考效果.png”设置图表标题、绘图区、数据标签的内容及格式。

（6）在所有工作表的最右侧创建一个名为“地区和城市分析”的新工作表，并在该工作表 A1:C19 单元格区域创建数据透视表，以便按照地区和城市汇总订单金额。数据透视表设置需与样例文件“透视表参考效果.png”保持一致。

（7）在“客户信息”工作表中，根据每个客户的销售总额计算其所对应的客户等级（不要改变当前数据的排序），等级评定标准可参考“客户等级”工作表；使用条件格式，将客户等级为 1 级 ~ 5 级的记录所在单元格填充颜色设置为“红色”，字体颜色设置为“白色，背景 1”。

（8）为文档添加自定义属性，属性名称为“机密”，类型为“是或否”，取值为“是”。

第 5 章 PowerPoint 2010演示文稿制作软件实验

PowerPoint 2010 是微软公司推出的 Microsoft Office 2010 软件中的一员，利用 PowerPoint 2010 能制作出包括文本、声音、图形、图像、动画等形式多样、内容丰富的电子演示文稿。

实验 5-1　演示文稿的外观设计及内容编辑

一、实验目的

（1）熟练掌握演示文稿创建、保存、关闭的操作方法。

（2）熟练掌握幻灯片的插入、复制、移动、删除等基本操作。

（3）学会利用主题、母版、背景等设计演示文稿的外观。

（4）学会在演示文稿中插入各种对象，如文本框、图片、图表、SmartArt 图形、媒体文件、页眉页脚等。

（5）学会在演示文稿中设置背景音乐的方法。

二、实验示例

【例 5-1】演示文稿的创建、保存、演示文稿中幻灯片的编辑。

（1）新建空白演示文稿。

单击“开始”按钮，单击“所有程序”→“Microsoft office”→“Microsoft PowerPoint 2010”命令，启动 PowerPoint 2010，系统会自动新建一个空白演示文稿，该演示文稿只包含一张幻灯片，使用的是默认设计模板，版式为“标题幻灯片”，文件名为演示文稿 1.pptx。

（2）新建幻灯片。

在大纲视图的结尾按【Enter】键。此时在演示文稿的结尾处出现一张新幻灯片，该幻灯片直接套用前面那张幻灯片的版式；或单击“开始”→“新建幻灯片”下拉按钮在“Office 主题”下拉列表中可以选择所需要的版式。

（3）插入幻灯片。

在演示文稿的浏览视图或普通视图的大纲窗格中，选择要在其后插入新幻灯片的幻灯片，直接按【Enter】键添加与其同一版式的幻灯片；或单击“开始”→“新建幻灯片”下拉按钮，在“Office 主题”下拉列表选择一个合适的版式，单击即可完成插入。

（4）删除幻灯片。

选择要删除的幻灯片，单击“开始”→“剪切”按钮，或按【Delete】键。

（5）调整幻灯片的位置。

选中要移动的幻灯片，按住鼠标左键，拖动到合适的位置松手，在拖动的过程中，在浏览视图中有一条竖线指示幻灯片移动目标位置，在普通视图下有一条横线指示演示文稿的位置；或选中要移动的幻灯片，单击“开始”→“剪切”按钮，然后在目标位置单击“开始”→“粘贴”按钮。

（6）隐藏幻灯片。

单击“视图”→“演示文稿”→“幻灯片浏览”按钮，右击要隐藏的幻灯片，选择“隐藏幻灯片”命令，该幻灯片右下角的编号上出现一条斜杠，表示该幻灯片已被隐藏。

若想取消隐藏，则选中该幻灯片，再一次单击“隐藏幻灯片”命令。

（7）为幻灯片编号和插入页眉页脚。

单击“插入”→“幻灯片编号”按钮，出现图 5-1 所示的对话框，进行相应的设置，根据需要单击“全部应用”按钮或“应用”按钮。

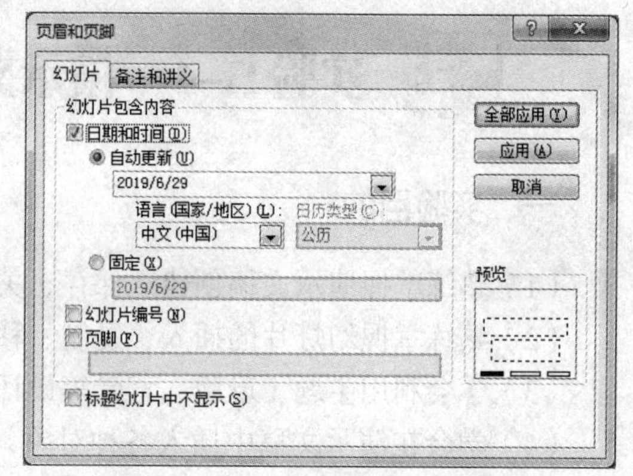

图 5-1　设置幻灯片编号及页眉页脚

（8）保存和关闭演示文稿。

单击“文件”→“保存”命令，如果演示文稿是第一次保存，则系统会弹出“另存为”对话框，由用户选择保存文件的位置和名称。或单击快速访问工具栏中的“保存”按钮。

注意：PowerPoint 2010 生成的文档文件默认扩展名是“.pptx”，这是一个向下兼容的文件类型，如果希望将演示文稿保存为使用早期的 PowerPoint 版本可以打开的文件，则在“另存为”对话框的“保存类型”下拉列表中选择“PowerPoint97－2003 演示文稿”选项。

【例 5-2】要求制作一份介绍世界动物日的 PowerPoint 演示文稿，效果如图 5-2 所示。

1．设计要求

（1）新建一个空白演示文稿，将其命名为“世界动物日.pptx”（.pptx 为文件扩展名）。

（2）选择内置的主题“龙腾四海”，并应用于所有的幻灯片。

（3）将幻灯片大小设置为“全屏显示（16:9）”。

（4）按照如下要求修改幻灯片母版：

① 将幻灯片母版名称修改为“世界动物日”；母版标题应用“填充-白色，轮廓-强调文字颜色 1”的艺术字样式，文本轮廓颜色为“蓝色，强调文字颜色 1”，字体为“微软黑”，并应用加粗效果；母版各级文本样式设置为“方正姚体”，文字颜色为“蓝-

灰, 强调文字颜色 1，深色 25%”。

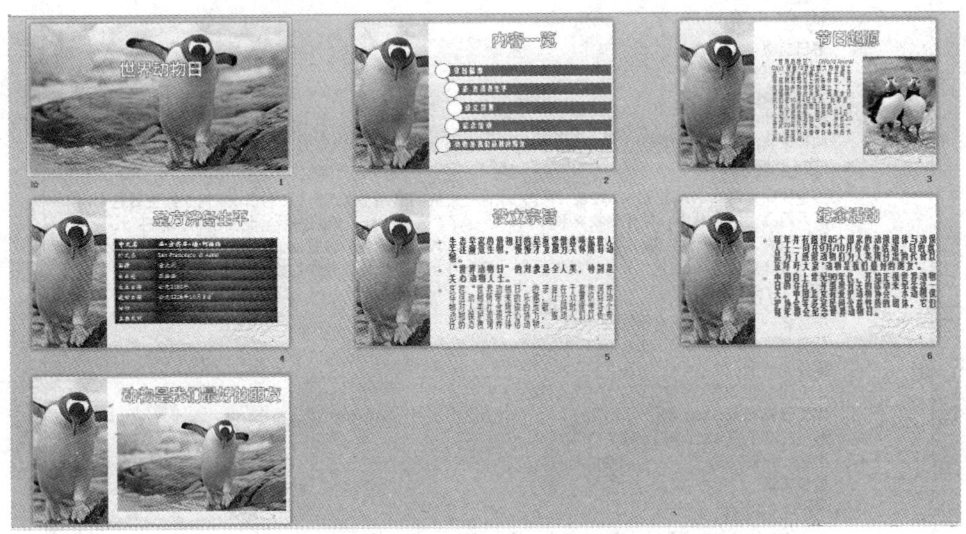

图 5–2　完成效果.pptx

② 使用图 5–3 所示的“图片 1.jpg”作为标题幻灯片版式的背景。

③ 新建名为“世界动物日 1”的自定义版式，在该版式中插入图 5–4 所示的“图片 2.jpg”，并对齐幻灯片左侧边缘；调整标题占位符的宽度为 17.6 cm，将其置于图片右侧；在标题占位符下方插入内容占位符，宽度为 17.6 cm，高度为 9.5 cm，并与标题占位符左对齐。

图 5–3　图片 1.jpg

图 5–4　图片 2.jpg

④ 依据“世界动物日 1”版式创建名为“世界动物日 2”的新版式，在“世界动物日 2”版式中将内容占位符的宽度调整为 10 cm（保持与标题占位符左对齐）；在内容占位符右侧插入宽度为 72 cm、高度为 9.5 cm 的图片占位符，并与左侧的内容占位符顶端对齐，与上方的标题占位符右对齐。

（5）演示文稿共包含七张幻灯片，所涉及的文字内容保存在图 5–5 所示的“文字素材.docx”文档中，具体所对应的幻灯片可参见图 5–2 所示的“完成效果.pptx”文档所示样例。其中第 1 张幻灯片版式为“标题幻灯片”，第 2 张幻灯片、第 4 ~ 7 张幻灯片的版式为“世界动物日 1”，第 3 张幻灯片的版式为“世界动物日 2”；所有幻灯片中的文字字体保持与母版中的设置一致。

世界动物日

▪内容一览

节日起源

圣•方济各生平

设立宗旨

纪念活动

动物是我们最好的朋友

▪节日起源

“世界动物日”(World Animal Day) 源自13世纪意大利修道士圣•方济各的倡议。他长期生活在阿西西岛上的森林中，热爱动物并和动物们建立了“兄弟姐妹”般的关系。他要求村民们在10月4日这天“向献爱心给人类的动物们致谢”。后人为了纪念他，就把10月4日定为“世界动物日”，并自20世纪20年代开始，每年的这一天，在世界各地举办各种形式的纪念活动。

▪圣•方济各生平

中文名　圣•方济各•迪•阿西西

外文名　San Francesco di Assisi

国籍 意大利

出生地　亚西西

出生日期 公元1182年

逝世日期 公元1226年10月3日

信仰

主要成就

▪设立宗旨

生态学家的最初目的是希望借此唤起世人关注濒危生物，慢慢才发展为关怀所有动物。

“世界动物日”的对象是全人类，特别是关心动物人士。

庆祝“世界动物日”的宗旨在于宣传饲养伴侣动物所带来的乐趣，让公众意识到动物对人类社会所做的贡献，同时促使各个动物保护组织齐心协力，推动人们以负责任的态度饲养伴侣动物。

▪纪念活动

每年并有超过85个国家的动保团体与动保人士一同在9月/10月份举办活动，目的就是为了感谢动物们为人类所付出的代价以及呼吁大家　"动物是我们最好的朋友"。

中国自上世纪90年代，开始正视世界动物日的存在，并组织有关的活动来纪念这一天。中国北京有爱护动物协会、小动物保护协会等多家民间公益性质的团体，它们每年都会纪念世界动物日。

▪动物是我们最好的朋友

图 5-5　“文字素材.docx”文档

（6）将第2张幻灯片中的项目符号列表转换为SmartArt图形，布局为“垂直曲形列表”，图形中的字体为“方正姚体”。

（7）在第3张幻灯片档案右侧的图片占位符中插入图5-6所示的“图片3.jpg”。

（8）将第4张幻灯片中的文字转换为8行2列的表格，适当调整表格的行高、列宽以及表格样式；设置文字字体为“方正姚体”，字体颜色为“白色，背景 1”；并应用图5-7所示的“表格背景.jpg”作为表格背景。

图 5-6　片 3.jpg

图 5-7　表格背景.jpg

（9）为演示文稿插入幻灯片编号，编号从1开始，标题幻灯片中不显示编号。

（10）在第 7 张幻灯片的内容占位符中插入视频“动物相册.wmv”，并使用“图片 1.jpg”作为视频剪辑的预览图像。

（11）在第 1 张幻灯片中插入“背景音乐.mid”文件作为第 1～6 张幻灯片的背景音乐（即第 6 张幻灯片放映结束后背景音乐停止），放映时隐藏图标。

（12）删除“标题幻灯片”、“世界动物日 1”和“世界动物日 2”之外的其他幻灯片版式。

2. 操作步骤

（1）新建演示文稿。

单击“文件”→“新建”命令，选择“空白演示文稿”并单击“创建”按钮。单击“文件”→“保存”命令，在“另存为”对话框的“文件名（N）：”文本框中输入“世界动物日”，在“保存类型（T）：”中选择“PowerPoint 演示文稿（*.pptx）”，选择一个保存位置，单击“保存”按钮。

（2）设置主题。

单击“设计”→“主题”→“龙腾四海”按钮。

（3）设置幻灯片大小。

单击“设计”→“页面设置”组→“页面设置”按钮，弹出“页面设置”对话框，将“幻灯片大小”设置为“全屏显示（16:9）”，单击“确定”按钮。

（4）设计幻灯片母版。

① 单击“视图”→“母版视图”→“幻灯片母版”按钮，进入幻灯片母版视图设计界面。

② 选定“幻灯片母版”，单击“幻灯片母版”→“编辑母版”→“重命名”按钮，弹出“重命名版式”对话框，将版式名称修改为“世界动物日”，单击“重命名”按钮。

③ 选中幻灯片母版中的标题文本框，单击“绘图工具/格式”→“艺术字样式”→“其他”按钮，在下拉艺术字样式列表框中选择“填充-白色，轮廓-强调文字颜色 1”，在“开始”选项卡“字体”组中将“字体”设置为“微软雅黑”，并应用加粗效果。

④ 选中下方的各级母版文本，在“字体”组中将“字体”设置为“方正姚体”，文字颜色设置为“蓝-灰,强调文字颜色 1，深色 25%”。

⑤ 在母版视图中选中“标题幻灯片”版式，右击，在弹出的快捷菜单中选择“设置背景格式”命令，弹出“设置背景格式”对话框，在“填充”选项中选择“图片或纹理填充”，单击“文件”按钮，弹出“插入图片”对话框，选中“图片 1.jpg”文件，单击“插入”按钮。单击“关闭”按钮，关闭“设置背景格式”对话框。

⑥ 单击“幻灯片母版”→“编辑母版”→“插入版式”按钮，选中新插入的版式并右击，在弹出的快捷菜单中选择“重命名版式”命令，弹出“重命名版式”对话框，将“版式名称”修改为“世界动物日 1”，单击“重命名”按钮。

⑦ 单击“插入”→“图像”→“图片”按钮，弹出“插入图片”对话框，选择“图片 2.jpg”，单击插入“按钮。选择新插入的图片文件，单击“图片工具/格式”→“排列”→

“对齐”按钮，在下拉列表中选择“左对齐”。

⑧ 选择标题占位符，在“绘图工具/格式”→“大小”组中将“宽度”调整为“17.6 厘米”；单击“排列”→“对齐”按钮，在下拉列表中选择“右对齐”。

⑨ 单击“幻灯片母版”→“母版版式”→“插入占位符”按钮，在下拉列表中选择“内容”，在标题占位符下方绘制出一个矩形框。选择该内容占位符对象，在“绘图工具/格式”→“大小”组中将“高度”调整为“9.5 厘米”，“宽度”调整为“17.6 厘米”。

⑩ 同时选中标题占位符文本框和内容占位符文本框，单击“绘图工具/格式”→“排列”→“对齐”按钮，在下拉列表中选择“左对齐”，使内容占位符文本框与上方标题占位符文本框左对齐。

⑪ 选中“世界动物日 1”版式，右击，在弹出的快捷菜单中选择“复制版式”，在下方复制出一个“ 1_世界动物日 1 版式”，单击该版式，在弹出的快捷菜单中选择“重命名版式”，弹出“重命名版式”对话框，将版式名称修改为“世界动物日 2”，单击“重命名”按钮。

⑫ 选中内容占位符文本框，在“绘图工具/格式”→“大小”组中将“宽度”调整为“10 厘米”

⑬ 单击“幻灯片母版”→“母版版式”→“插入占位符”按钮，在下拉列表中选择“图片”，在内容占位符文本框右侧绘制出一个矩形框。选中该图片占位符文本框，在“绘图工具/格式”→“大小”组中将“高度”调整为“9.5 厘米”，将“宽度”调整为“7.2 厘米”。

⑭ 同时选中左侧的内容占位符文本框和右侧的图片占位符文本框，单击“绘图工具/格式”→“排列”→“对齐”按钮，在下拉列表中选择“顶端对齐”，使内容占位符文本框与图片占位符文本框顶端对齐。

⑮ 同时选中上方的标题占位符文本框和下方的图片占位符文本框，单击“绘图工具/格式”→“排列”→“对齐”按钮，在下拉列表中选择“右对齐”，使图片占位符文本框与上方的标题占位符文本框右对齐。

⑯ 单击“绘图工具/格式”→“关闭”→“关闭母版视图”按钮。

（5）添加幻灯片。

① 在“世界动物日.pptx”演示文稿中，单击“开始”→“幻灯片”→“新建幻灯片”按钮，创建 7 张幻灯片。

② 选中第 1 张幻灯片，单击“幻灯片”→“版式”按钮，在下拉列表中选择“标题幻灯片”。按照同样的方法，将第 2、第 4~7 张幻灯片的版式设置为“世界动物日 1”，将第 3 章幻灯片版式设置为“世界动物日 2”。

③ 参考“完成效果.pptx”文件，将“文字素材.docx”文件中的文本信息复制到相应的演示文稿中，如图 5-8 所示。

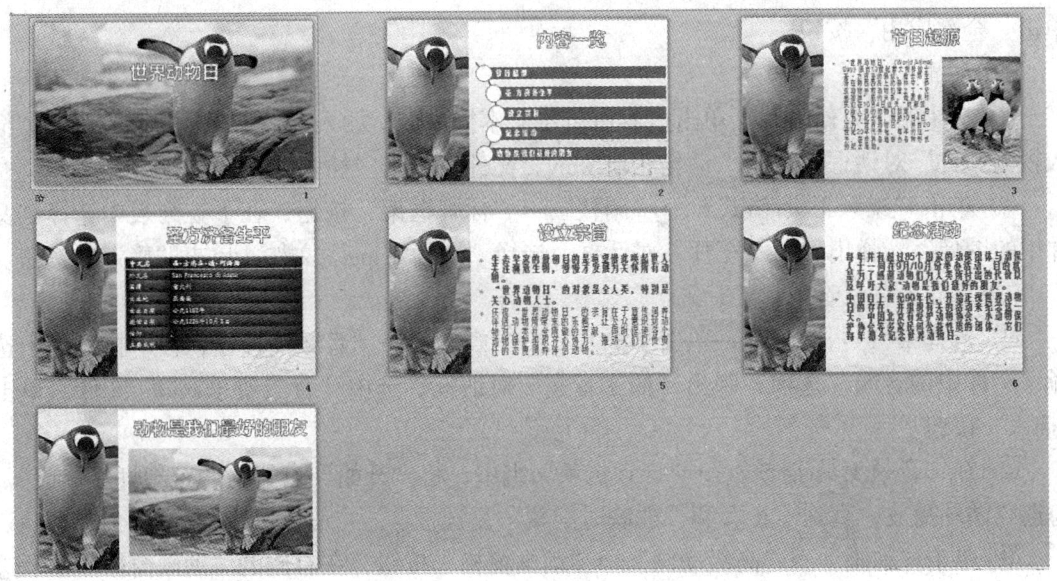

图 5-8 “世界动物日.pptx”

（6）插入 SmartArt 图形。

① 选中第 2 张幻灯片内容文本框，单击“开始”→“段落”→“转换为 SmartArt”按钮，在下拉列表中选择“其他 SmartArt 图形”选项，弹出“选择 SmartArt 图形”对话框，选择“列表/垂直曲形列表”，单击“确定”按钮。

② 选中 SmartArt 对象，在“开始”→“字体”组中，将“字体”设置为“方正姚体”。

（7）插入图片。

选中第 3 张幻灯片，在幻灯片右侧的图片占位符文本框中，单击“插入来自文件”按钮，弹出“插入图片”对话框，选择“图片 3.jpg”文件，单击“插入”按钮。

（8）插入表格、设置表格背景。

① 选中第 4 张幻灯片，单击“插入”→“表格”组→“表格”按钮，在下拉列表中选择“插入表格”选项，弹出“插入表格”对话框，将“列数”设置为“2”，将“行数”设置为“8”，单击“确定”按钮。

② 将文本框中的内容，剪切粘贴到表格单元格中，适当调整行高与列宽，选中表格对象，单击“表格工具/设置”→“表格样式”→“其他”按钮，在下拉列表中选择一种表格样式。

③ 选中整个表格对象，在“开始”→“字体”组中，将字体设置为“方正姚体”，将字体颜色设置为“白色，背景 1”。

④ 选中表格对象，右击，在弹出的快捷菜单中选择“设置形状格式”命令，弹出“设置形状格式”对话框，在“填充”选项中，选择“图片或纹理填充”，单击下方的“文件”按钮，弹出“插入图片”对话框，选择“表格背景.jpg”文件，单击“插入”按钮。

（9）插入幻灯片编号。

选中第 1 张幻灯片，单击“插入”→“文本”→“幻灯片编号”按钮，弹出“页眉和页脚”对话框，在对话框中勾选“幻灯片编号”和“标题幻灯片中不显示”两个复选框，单击“全部应用”按钮。

（10）插入视频。

① 选中第 7 张幻灯片，单击内容占位符文本框中的“插入媒体剪辑”按钮，弹出“插入视频文件”对话框，选中“动物相册.wmv”文件，单击“插入”按钮。

② 单击“视频工具/格式”→“调整”→“标牌框架”按钮，在下拉列表中选择“文件中的图像”，弹出“插入图片”对话框，选择“图片 1.jpg”文件，单击“确定”按钮。

（11）插入背景音乐。

① 选择第 1 张幻灯片，单击“插入”→“媒体”→“音频”按钮，在下拉列表中选择“文件中的音频”选项，弹出“插入音频”对话框，选中“背景音乐.mid”文件，单击“插入”按钮。

② 在“音频工具/播放”→“音频选项”组中，将“开始”设置为“跨幻灯片播放”，勾选“循环播放，直到停止”和“放映时隐藏”复选框。

③ 单击“动画”→“高级动画”→“动画窗格”按钮，在右侧的“动画窗格”中，选中“背景音乐.mid”，单击右侧的下拉按钮，在下拉列表中选择“效果选项”，弹出“播放音频”对话框；在“停止播放”组中的“在：”中输入“6”，单击“确定”按钮。

（12）删除版式。

① 单击“视图”→“母版视图”→“幻灯片母版”按钮，进入幻灯片母版视图。

② 选中除“标题幻灯片”、“世界动物日 1”和“世界动物日 2”版式之外的所有幻灯片版式，右击，选择“删除版式”命令，关闭母版视图。

③ 单击快速访问工具栏中的“保存”按钮，关闭所有文档。

三、实验任务

【任务一】制作一个节能环保低碳创业大赛有关赛事宣传的演示文稿。按照下列要求制作完成包含 12 张幻灯片的演示文稿。

（1）根据“节能环保低碳创业大赛.docx”创建包含 13 张幻灯片、名为“节能环保低碳创业大赛. pptx”的演示文稿（“docx”、“.pptx 均为文件扩展名），其对应关系如表 5-1 所示。新生成的演示文稿“节能环保低碳创业大赛.pptx”不包含原素材中的任何格式。

表 5-1 Word 文本颜色与对应的 PPT 内容

Word 文本颜色	红色	蓝色	绿色	黑色
对应 PPT 内容	标题	第一级文本	第二级文本	备注文本

（2）创建一个名为“环境保护”的幻灯片母版，对该幻灯片母版进行下列设计：

① 仅保留“标题幻灯片”、“标题和内容”、“节标题”、“空白”、“标题和竖排文字”和“标题和文本”六个默认版式。

② 在最下面增加为“标题和 SmartArt 图形”的新版式，并在标题框下添加 SmartArt 占位符。

③ 设置幻灯片中所有中文字体为“微软雅黑”、西文字体为“Calibri”。

④ 将所有幻灯片中一级文本的颜色设为标准蓝色、项目符号替换为“图片 1. png”。

⑤ 将图片“背景图片. jpg”作为“标题幻灯片”版式的背景、透明度为 65%。

⑥ 设置除标题幻灯片外其他版式的背景为渐变填充“雨后初晴”；插入“图片 2. jpg”，设置该图片背景色透明，并令其对齐幻灯片的右侧和下部，不要遮挡其他内容。

⑦ 为演示文稿“节能环保低碳创业大赛. ppt”应用新建的设计主题“环境保护”。

（3）为第 1 张幻灯片应用“标题幻灯片”版式。将素材中的黑色文本作为标题幻灯片的备注内容，在备注文字下方添加图片“图片 3 .png”，并适当调整其大小。

（4）将第 3 张幻灯片中的文本转换为字号 60 磅、字符间距加宽至 20 磅的“填充-红色强调文字颜色 2，暖色粗糙棱台”样式的艺术字，文本效果转换为“朝鲜鼓”，且位于幻灯片的正中间。

（5）将第 5 张幻灯片的版式设为“节标题”；在其中的文本框中创建目录，内容分别为 6、7、8 张幻灯片的标题，并分别链接到相应的幻灯片。

（6）将第 9、10 两张幻灯片合并为一张，并应用版式“标题和 SmartArt 图形”；将合并后的文本转换为“垂直块列表”布局的 SmartArt 图形；适当调整其颜色和样式。

（7）将第 10 张幻灯片的版式设为“标题和竖排文字”，并令文本在文本框中左对齐。为最后一张幻灯片应用“空白”版式，将其中包含联系方式的文本框左右居中。

（8）将第 5~8 张幻灯片组织为一节，节名为“参赛条件”，为该节应用设计主题“暗香扑面”。

【任务二】设计一个介绍中国春节的演示文稿，并满足以下要求：

（1）演示文稿中的幻灯片不能少于 5 张。

（2）第一张幻灯片的版式是“标题幻灯片”，其中副标题的内容必须是本人的信息，包括“专业、班级、姓名、学号”。

（3）其他的幻灯片中要包含与中国春节相关的文字、图片或艺术字等。

（4）除“标题幻灯片”之外，每张幻灯片上都要显示页码。

（5）选择至少两种“应用设计模板”或“背景”对文件进行设置。

（6）幻灯片的整体布局合理、美观大方。

实验 5-2 演示文稿的放映设计

一、实验目的

（1）熟练掌握演示文稿中对象动画设置的方法。

（2）掌握演示文稿中幻灯片切换效果的设置方法。

（3）掌握在演示文稿中插入超链接的方法。

（4）学会对演示文稿的放映进行设置。

二、实验示例

【例 5-3】演示文稿“唐诗赏析.pptx”，如图 5-9 所示。

图 5-9　唐诗赏析.pptx

1. 设计要求

（1）为该演示文稿第三张幻灯片设置动画效果，标题的进入动画效果为“飞入”，效果选项为“自左上部”；文本的进入动画效果为“轮子”，效果选项为“4 轮副图案”。

（2）为该演示文稿的第 5 张幻灯片的文本添加动画，强调效果为“陀螺旋”；效果选项中的方向选“顺时针”；开始为“单击鼠标时”；动画播放后文字变为红色；声音为“风铃”。为该演示文稿第 5 张幻灯片的左下角的图片添加动画。动画效果为“霹裂”，方向为“中央向左右展开”；开始时间为“在前一动画之后”。

（3）为该演示文稿的第 4 张幻灯片设置切换效果，切换方式为“擦除”；效果选项为“自左侧”；单击鼠标时换片或每隔 4 秒换片。其他幻灯片的切换效果设置为“旋转”。

（4）为该演示文稿的第 2 张幻灯片中的文本“4、回乡偶书二首”添加超链接，链接到第 6 张幻灯片。将第一张幻灯片的文本“湖南科技学院”添加超链接，链接到 http://www.huse.edu.cn。

（5）为该演示文稿的第 6 张幻灯片的右下角添加自定义动作按钮，按钮高度 1.5 cm，宽度 4 cm，按钮文本为“返回”，并为该按钮添加动作设置：单击时链接到第 2 张幻灯片。

（6）设置演示文稿由观众自行浏览且自动循环播放，并保存该文档于“E:\唐诗”文件夹中。

2. 操作步骤

（1）设置动画效果。

① 打开演示文稿“唐诗赏析.pptx”，选定第 3 张幻灯片中的标题，单击“动画”→“动画”→“其他”按钮，在打开的下拉列表中选择“进入”中的“飞入”；单击“动画”→

“效果选项”按钮，在打开的下拉列表中选择“自左上部”。

② 选定第 3 张幻灯片中的文本，单击“动画”→“动画”→“其他”按钮，在打开的下拉列表中选择“进入”中的“轮子”；单击“动画”→“效果选项”按钮，在打开的下拉列表中选择“4 轮副图案”。

③ 选定第 5 张幻灯片中的文本，单击“动画”→“动画”组→“其他”按钮，在打开的下拉列表中选择“强调”中的“陀螺旋”；单击“动画”→“效果选项”按钮，在打开的下拉列表中选择“顺时针”；单击“显示其他效果选项”按钮，打开“陀螺旋”对话框，如图 5-10 所示。

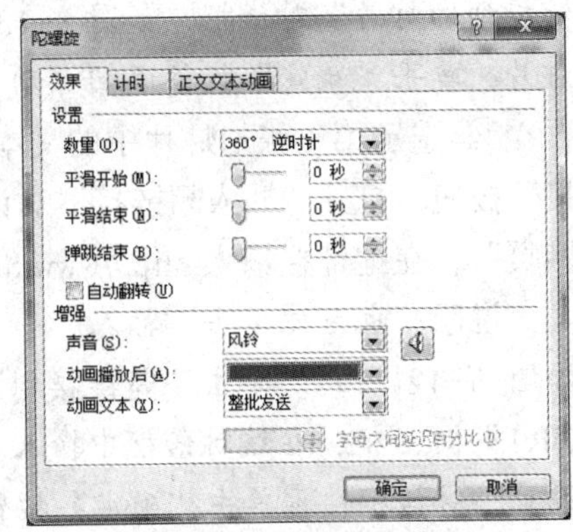

图 5-10 “陀螺旋”对话框

在“效果”选项卡中，声音选择“风铃”，动画播放后选择“其他颜色”中的红色；在“计时”选项卡中，开始选择“单击时”。

④ 选定第 5 张幻灯片中的左下角的图片，单击“动画”→“动画”组→“其他”按钮，在打开的下拉列表中选择“进入”中的“霹裂”；单击“动画”→“效果选项”按钮，方向选择“中央向左右展开”；在“计时”→“开始”选择“上一动画之后”。

（2）设置切换效果。

① 选定第 4 张幻灯片，单击“切换”→“切换到此幻灯片”→“其他”按钮，在打开的下拉列表中选择“细微型”中的“擦除”；单击“切换到此幻灯片”→“效果选项”按钮，在打开的下拉列表中选择“自左侧”。

② 分别选择“计时”→“单击鼠标时”复选框和“设置自动换片时间”复选框，并将其设置为 4 秒。

③ 选定第 1，2，3，5，6 张幻灯片，单击“切换”选项卡中“切换到此幻灯片”组的“其他”按钮，在打开的下拉列表中选择“动态内容”中的“旋转”；单击“切换到此幻灯片”组中的“效果选项”按钮，在打开的下拉列表中选择“自顶部”。

（3）设置超链接。

① 选定第 2 张幻灯片中的文本“4、回乡偶书二首”，单击“插入”→“链接”→“超链接”按钮，打开“插入超链接”对话框，如图 5-11 所示，选择“链接到”中“本文档中的位置”，在列表框中选择第 6 张幻灯片，单击“确定”按钮完成设置。

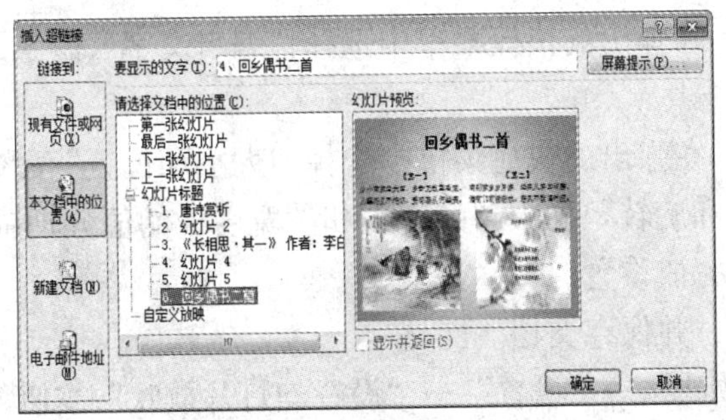

图 5-11 “插入超链接”对话框

说明：也可以单击“插入”→“链接”→“动作”按钮，打开“动作设置”对话框，如图 5-12 所示。单击“超链接到”，在打开的下拉列表中选择“幻灯片…”，则打开“超链接到幻灯片”对话框，如图 5-13 所示。从中选择幻灯片标题为“6.回乡偶书二首”的幻灯片，单击“确定”按钮返回“动作设置”对话框，单击“确定”按钮完成设置。

② 选定第 1 张幻灯片中的文本“湖南科技学院”，单击“插入”→“链接”→“超链接”按钮，打开“插入超链接”对话框，如图 5-11 所示。单击“链接到”中“现有文件或网页”，在地址栏输入 http://www.huse.edu.cn，单击“确定”按钮完成设置。

说明：也可以单击“插入”→“链接”→“动作”按钮，打开“动作设置”对话框，如图 5-12 所示。单击“超链接到”，在打开的下拉列表中选择“URL”，打开“链接到 URL”对话框，在该对话框中输入 http://www.huse.edu.cn，单击“确定”按钮返回“动作设置”对话框，再单击“确定”按钮完成设置。

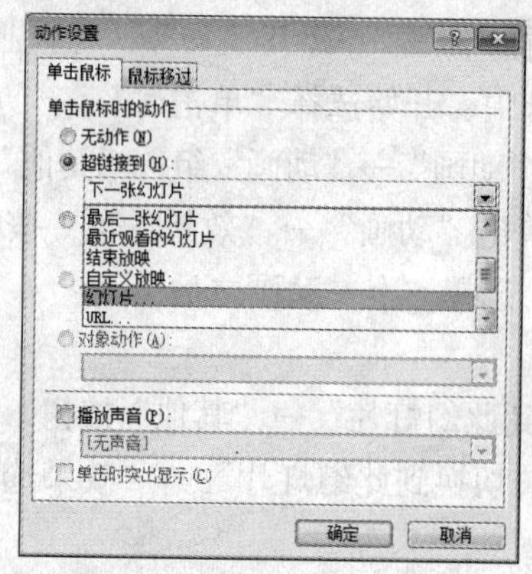

图 5-12 “动作设置”对话框

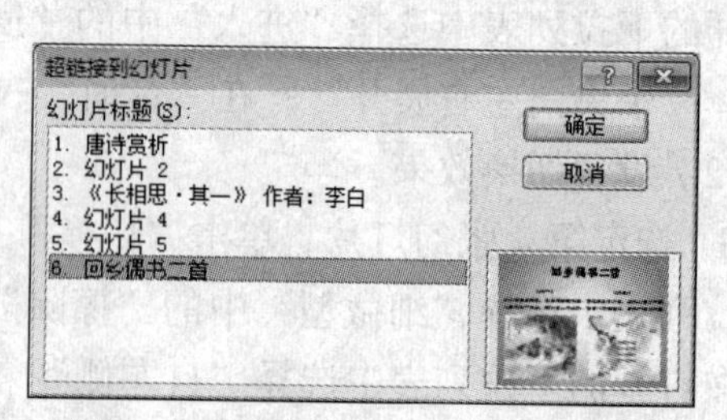

图 5-13 “超链接到幻灯片”对话框

（4）添加动作按钮。

① 选定第 6 张幻灯片，单击“插入”→“插图”→“形状”下拉按钮，在打开的下拉列表中选择“动作按钮”中的“自定义”按钮。此时，鼠标指针变成“十”字形，在该幻灯片的右下角按下鼠标左键并拖动，即可添加一个动作按钮，并同时打开图 5-12“动作设置”对话框。

② 单击“超链接到”下拉按钮，在打开的下拉列表中选择“幻灯片”，则打开“超链接到幻灯片”对话框，从中选择“2.幻灯片 2”，单击“确定”按钮返回“动作设置”对话框，单击“确定”按钮完成设置。

③ 右击动作按钮，在弹出的快捷菜单中选择“编辑文字”命令，然后在动作按钮中输入文字“返回”。

④ 右击动作按钮，在弹出的快捷菜单中选择“大小和位置”命令，打开“设置形状格式”对话框，将“尺寸和旋转”栏中“高度”和“宽度”的值分别调整为 1.5 cm 和 4 cm，然后单击“关闭”按钮完成设置。

（5）设置放映方式，并保存文档。

① 单击“幻灯片放映”→“设置”→“设置幻灯片放映”按钮，打开“设置放映方式

对话框，将“放映类型”设置为“观众自行浏览”，将“放映选项”设置为“循环放映,按ESC 键终止”，单击“确定”按钮。

② 单击“文件”→“另存为”命令，打开“另存为”对话框，选择保存位置为“E:\唐诗”文件夹，关闭所有文档。

三、实验任务

【任务一】打开“唐诗赏析.pptx”演示文稿，进行如下操作：

（1）在第 1 张幻灯片中为文本添加动画。

① 标题的动画效果为“进入”的“随机线条”，效果选项为“水平”，开始时间为“单击时”。

② 副标题的动画效果为“进入”的“飞入”，效果选项为“自左上部”，开始时间为“上一动画之后”，动画播放后变红色。

③ 其他文本的动画效果为“进入”中的“形状”，效果选项为“放大”、圆，开始时间为“上一动画之后延时 1 秒”；动画播放后为“下次单击后隐藏”。

（2）在第 2 张幻灯片中分别为文本和图片添加超链接。

① 文本“1、长相思·其一”链接到第 3 张幻灯片；文本“2、赠孟浩然”链接到第 4 张幻灯片；文本“3、登黄鹤楼”链接到第 5 张幻灯；文本“4、回乡偶书二首”链接到第 6 张幻灯；第 3、4、5 张幻灯片分别自定义一个动作按钮，按钮的高度为“1.7 厘米”，宽度为“3.4 厘米”，按钮文本为“返回”，字体为“宋体”，字号为“25”，加粗，水平居中；并为该按钮添加动作设置，鼠标单击时链接到第 2 张幻灯片。

② 第 2 张幻灯片的图片添加超链接，链接到 http://lib.huse.cn/2012。

（3）为第 3 张幻灯片设置背景，纹理中的“鱼类化石”。

（4）从第 3 张幻灯片放映时播放一个背景音乐，直到第 6 张幻灯片结束。

（5）第 3 张到第 6 张幻灯片的切换效果为“翻转”、持续时间为 1 秒，每隔 6 秒换片。

（6）在末尾添加一张空白版式的幻灯片，插入文本框，输入文字“谢谢赏析”，并设置字体为华文彩云、80 磅、红色。

（7）设置演示文稿由观众自行浏览且自动循环播放。

（8）最后将此演示文稿以原文件名存盘。

【任务二】为北京节水展馆制作一份宣传水知识及节水工作重要性的演示文稿，素材如图 5-14 所示。

制作要求如下：

（1）标题页包含演示主题、制作单位（北京节水展馆）和日期（××××年×月×日）

（2）演示文稿须指定一个主题，幻灯片不少于 5 页，且版式不少于 3 种。

（3）演示文稿中除文字外要有 2 张以上的图片，并有 2 个以上的超链接进行幻灯片之间的跳转。

一、水的知识

1．水资源概述

目前世界水资源达到 13.8 亿立方千米，但人类生活所需的淡水资源却只占 2.53%，约为 0.35 亿立方千米。我国水资源总量位居世界第六，但人均水资源占有量仅为 2200 立方米，为世界人均水资源占有量的 1/4。

北京属于重度缺水地区。全市人均水资源占有量不足 300 立方米，仅为全国人均水资源量的 1/8，世界人均水资源量的 1/30。

北京水资源主要靠天然降水和永定河、潮白河上游来水。

2．水的特性

水是氢氧化合物，其分子式为 H_2O。

水的表面有张力、水有导电性、水可以形成虹吸现象。

3．自来水的由来

自来水不是自来的，它是经过一系列水处理净化过程生产出来的。

二、水的应用

1．日常生活用水

做饭喝水、洗衣洗菜、洗浴冲厕。

2．水的利用

水冷空调、水与减震、音乐水雾、水利发电、雨水利用、再生水利用。

3．海水淡化

海水淡化技术主要有：蒸馏、电渗析、反渗透。

三、节水工作

1．节水技术标准

北京市目前实施了五大类 68 项节水相关技术标准。其中包括：用水器具、设备、产品标准；水质标准；工业用水标准；建筑给水排水标准、灌溉用水标准等。

2．节水器具

使用节水器具是节水工作的重要环节，生活中节水器具主要包括：水龙头、便器及配套系统、沐浴器、冲洗阀等。

3．北京五种节水模式

分别是：管理型节水模式、工程型节水模式、科技型节水模式、公众参与型节水模式、循环利用型节水模式。

图 5-14 “水的知识”素材

（4）动画效果要丰富，幻灯片切换效果要多样。

（5）演示文稿播放的全程需要有背景音乐。

（6）将制作完成的演示文稿以“水资源利用与节水.pptx”为文件名进行保存。

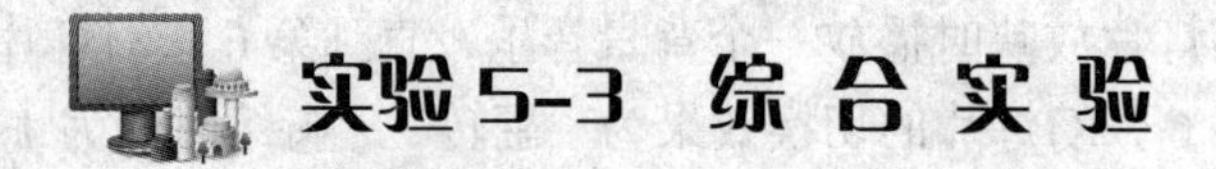

实验 5-3 综合实验

一、实验目的

（1）掌握演示文稿设计、制作、美化、放映及保护输出的完整的过程。

（2）掌握演示文稿的主题、母版、背景的设置方法。

（3）掌握演示文稿中 SmartArt 图形和形状的设置方法。

（4）掌握演示文稿的超链接、幻灯片的切换方式、放映方式的设置。

（5）了解演示文稿的加密及其他输出方式。

（6）了解演示文稿的美化技巧。

二、实验示例

【例 5-4】小李是大四的工科学生，通过努力，他终于完成了毕业论文写作与编排。其论文格式规范、内容丰富、思路清晰、有条理，较好地体现了创新能力，获得了指导老师的赞赏。现在，小李要准备毕业论文的最后一关——毕业论文答辩。毕业论文答辩需要将毕业论文的撰写思路、内容、所获得的研究成果等内容向评委老师进行汇报，虽然答辩的好坏与自己对论文的熟悉程度、答辩内容的组织及口才有很大的关系，但答辩演示文稿的好坏也是至关重要的。因此，小李的首要任务是要制作出一个美观的毕业论文答辩演示文稿。

1. 设计要求

毕业论文答辩演示文稿的目的是将自己撰写的毕业论文展示给评委老师和同学，传达的是毕业论文的设计需求、设计思想、研究内容、创新点、实现及实验结果与分析、结论等，要让评委老师认为论文的选题是有意义的，研究思路是可行的，研究内容是创新的并有一定的实用价值，实验结果表明设计思路是正确的，方法是有效的，结论是正确的。由于毕业论文答辩的场合是非正式的学术性场合，观众是评委老师和同学，因此设计的主体风格应该保持庄重，文字与背景设计应反差较大，结构清晰，逻辑性强，动画不应过多，文字尽量少，并且要添加适量的图和图表，采用手动翻页，设计的具体要求如下：

（1）演示文稿的第一张幻灯片为“标题幻灯片”版式，用以说明演示文稿的主题及演讲者相关的信息等，所以毕业论文答辩演示文稿的第一张幻灯片应给出论文题目、学生班级、学号、姓名、指导老师等相关的信息。

（2）毕业论文答辩演示文稿需要应用庄重的主题：背景适合选用深色调的，如深蓝色，文字选用白色或黄色的黑体字；或者背景用浅色的，如白色，文字用黑色。

（3）在毕业论文答辩演示文稿的每一页，要加上学校的有关信息，包括校名、校徽或学校标志性建筑，以示尊重母校。此外，还要设计导航按钮，这些信息是共同的信息，因此应该放在母版中设计。为了保证与当前版式相协调，在不同的幻灯片上这些信息的放置位置有可能不相同。如在首页的“标题幻灯片”上添加校徽及“本科生毕业论文答辩”文本框，其他幻灯片，如“标题和内容”版式幻灯片，需要展示共同的信息是在顶端左侧加上校徽，底端加上一横线，横线下面插入论文的标题，在底端右边添加导航按钮。

（4）设计合适的背景，例如在幻灯片母版中插入一张来自文件的图片作为背景，透明度为 70%；在幻灯片的普通视图中将第 3 ~ 5 张幻灯片背景设置为纯色填充，第 6、7 张幻灯片背景设置为渐变色。

（5）演示文稿中内容的设计要求如下：

① 插入 SmartArt 图形，并美化。例如将 PPT 中的第 2 张幻灯片中的目录列表的文字转换为 SmartArt 图形，第 6 ~ 7 张的内容都应用 SmartArt 图形。

② 插入形状，利用形状设计出一点效果来，或对多张幻灯片上相同的对象设置形状效果以示突出显示。例如，将第 2 张幻灯片中的“目录”应用形状叠加；将第 3、4、5、8、9 张幻灯片标题文本框形状样式的主题填充设置为“强烈效果-深黄,强调颜色 1”；添加一个“椭圆”形状，形状样式主题填充设置为“强烈效果-茶色,强调颜色 2”，在该形状中输入“语义网”三个字；其他小标题的文本轮廓设置为橙色。

③ 在幻灯片上插入图片。图片朴实，不宜把图片处理得过于精美，以免喧宾夺主。例

如，在致谢那一张幻灯片插入一张图片，美化幻灯片。

（6）放映设置要求。

为了将毕业论文答辩演示文稿内容展示得更加形象逼真，增强动感，增强演示效果，能吸引评委老师的注意力，将 PPT 中某些对象的动画效果设置为：

① 将 PPT 中的 SmartArt 图形制作成动画。

② 在放映演示文稿时，一张幻灯片到下一张幻灯片之间有过渡效果，使放映演示文稿时，幻灯片之间的衔接更加自然、生动有趣，能提高演示文稿的观赏性，给评委老师和同学留下深刻的印象，因此要设置超链接、动作按钮及幻灯片的切换效果。

（7）演示文稿的保护。

为了避免演示文稿被别人拷走或随意修改或传播，所以需要对演示文稿加密，实现对演示文稿的保护。并将这个演示文稿以图片的形式长久地保存下来。

2. 操作步骤

（1）新建“毕业论文答辩.pptx”演示文稿。

启动 PowerPoint 2010，新建一个演示文稿，并保存为“毕业论文答辩.pptx”；在第一张幻灯片，即“标题幻灯片”版式的幻灯片中输入论文题目、答辩者相关信息及指导老师的信息，新建一个“标题和内容”版式的幻灯片，输入目录信息；新建若干张“标题和内容”版式幻灯片，依次录入答辩所需的相关信息，如图 5-15 所示。

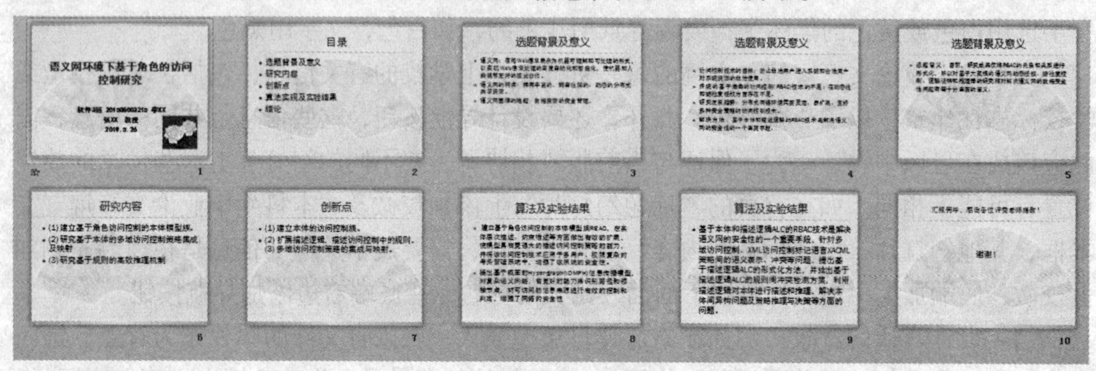

图 5-15　毕业论文答辩演示文稿

（2）设置主题。

单击“设计”→“主题”→“其他”按钮，打开主题下拉列表，在列表中选择内置的主题“暗香扑面”，将应用于演示文稿中所有的幻灯片。

（3）设置母版。

① 单击“视图”→“母版”→“幻灯片母版”按钮，打开母版视图。

② 选定“幻灯片母版”，插入包括校名与校徽图片，调整到适当的位置，这时该幻灯片母版下所有的版式均有此图片。

③ 选定“标题幻灯片版式”，在论文题目的上方插入一个文本框，在文本框中输入“本科生毕业论文答辩”文本。

④ 选定“标题和内容”版式，首先取消勾选“页脚”复选框，然后在其底端插入一条

直线，并设置线条的颜色，横线下面的左端插入一文本框，在文本框中输入论文的标题，右端添加动作按钮作为导航按钮。

（4）设置背景。

① 单击“视图”→“母版视图”→“幻灯片母版”按钮，打开母版视图；选定“幻灯片母版”，单击“幻灯片母版”→“背景”→“背景样式”按钮，打开背景样式列表。

② 在背景样式列表中单击“设置背景格式(B)...”按钮，打开“设置背景格式”，选择“图片或纹理填充”单选按钮。

③ 单击“文件(F)...”按钮，打开“插入图片”对话框，选择所需的图片文件，单击“插入”按钮，然后调整其透明度为 70%，单击“关闭”按钮，关闭幻灯片母版视图。

④ 在幻灯片的普通视图中，选定第 3 ~ 5 张幻灯，将其背景设置为纯色填充；选定第 6 ~ 7 张幻灯片，将背景设置为渐变色；选定第 8 ~ 9 张幻灯片，将其背景设置为某纹理。其设置方法与在母版视图中设置是一样的，不再赘述。

（5）插入 SmartArt 图形。

将第 2 张幻灯片中目录列表的文字转换为 SmartArt 图形，第 6、7 张的内容都应用 SmartArt 图形。以第 2 张幻灯片为例来说明插入 SmartArt 图形的步骤。

① 选定第 2 张幻灯片的目录内容所在的文本框，单击“开始”→“段落”→“转换为 SmartArt 图形”下拉按钮，打开 SmartArt 图形下拉列表，列出常用的 20 种图形。将鼠标指针放置在某种图形上，即可在幻灯片的设计区预览到应用该图形的效果，如果不满意或不适合，可以单击“其他 SmartArt 图形”按钮，打开“选择 SmartArt 图形”对话框，对话框中按类别给出了所有的 SmartArt 图形。

② 找到合适的图形，单击“确定”按钮。图 5-16 所示给出了“棱锥形列表”SmartArt 图形后的效果图。

图 5-16　“棱锥形列表”应用效果

③ 选定“棱锥形列表”SmartArt 图形对象，利用“SmartArt 工具”选项卡的“设计”和“格式”两个子选项提供的美化修饰工具进一步修饰美化。

打开“设计”→“SmartArt 样式”组的样式列表，选择“强烈效果”样式，打开颜色列表，选择“渐变循环－强调文字颜色 1”；在“格式”→“形状”组更改形状为“流程图：资料袋”，在“形状样式”组更改形状样式为“细微效果：黑色，深色 1”，形状轮廓线颜色为“黄色”、粗细为“1 磅”。

④ 第 6、7 张的内容都应用 SmartArt 图形，设计步骤类似于第 2 张幻灯片的设置，如图 5–17 所示。

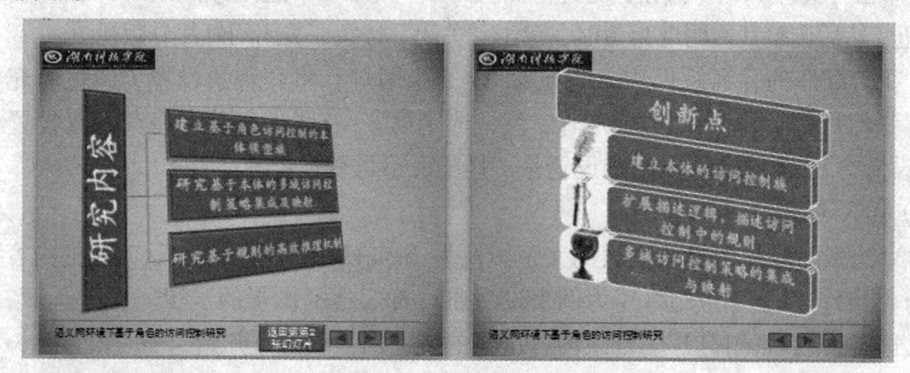

图 5–17　应用 SmartArt 图形

（6）插入形状。

① 单击“插入”→“形状”下拉按钮，打开形状列表，在形状列表中选择“基本形状”中的椭圆，在插入“椭圆”形状时，同时按住【Shift】键不放，则插入一个圆。选定该圆，打开“绘图工具/格式”选项卡，在“形状样式”组中设置该圆为无填充颜色，轮廓线为实线，粗细为 2.25 磅，颜色为 RGB（105,95,12），无形状效果。

② 插入略小一点的圆，轮廓线为实线，粗细为 1 磅，颜色为 RGB（105,95,12），填充颜色为 RGB（105,95,12），无形状效果。圆心与第一个圆重合，即将两个圆均“上下居中对齐”“左右居中对齐”，然后将两个圆组合。

③ 删去原来的“目录”两个字。插入一个文本框，输入“目录”两个字，文本颜色为白色，字体字号适中，居中对齐，文本框无填充颜色、无轮廓颜色，将其置于顶层，中心与组合圆心重合，然后再与圆组合，将三个形状组合为一个形状。然后，将组合的形状置于合适的位置，如图 5–18 所示。

（7）设置形状效果。

① 选定第 3 张幻灯片的标题文本框，形状样式的主题填充为“强烈效果–深黄,强调颜色 1”。

② 插入一个“椭圆”形状，形状样式的主题填充效果设置为“强烈效果–茶色,强调颜色 2”，右击该形状，弹出快捷菜单，选择“编辑文字”命令，此时在“椭圆”形状中输入“语义网”三个字，设置合适大小的字体字号；

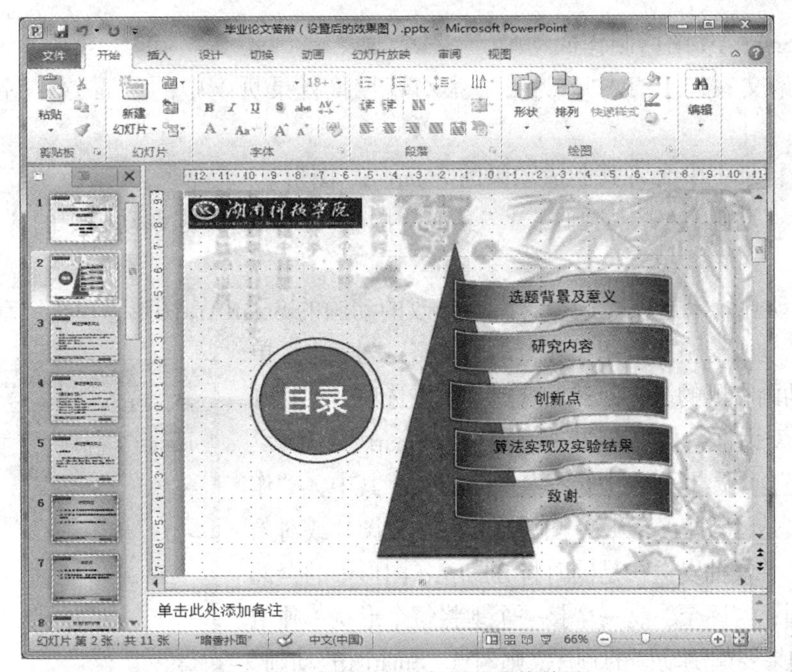

图 5-18　应用形状叠加设置最终效果

③ 选择“定义”两个字，将其“文本轮廓”设置为橙色。

④ 第 4、5、8、9 张幻灯片相对应的对象作类似的设置。

（8）插入图片。

单击第 10 张幻灯片，单击“插入”→“图像”→“图片”按钮，弹出“插入图片”对话框，找到所需要的图片，单击“插入”按钮插入该图片。

最终效果如图 5-19 所示。

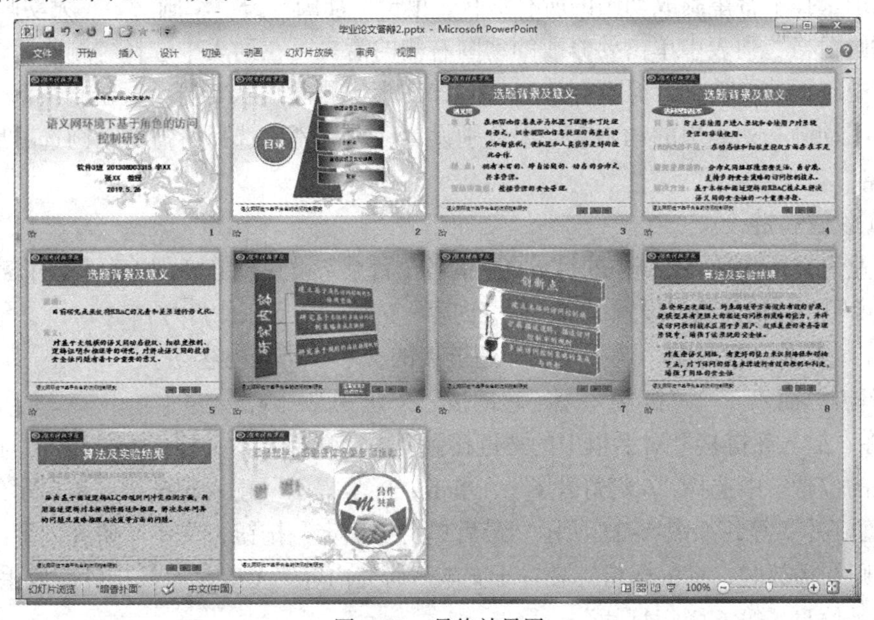

图 5-19　最终效果图

（9）将 SmartArt 图形制作成动画。

以毕业论文答辩 PPT 中，为第 2 张幻灯片（目录页）中的 SmartArt 图形设置动画为例。

① 单击目录页中要将其制成动画的 SmartArt 图形。

② 单击“动画”→“动画”→“其他”按钮，然后选择强调动画中的“放大/缩小”动画效果。

③ 设置动画效果选项。选择含有要修改的动画的 SmartArt 图形；单击“动画”→“高级动画”→“动画窗格”按钮；在“动画窗格”列表中，单击要修改的动画右侧的箭头，然后选择“效果选项”；打开“放大/缩小”对话框，如图 5-20 所示。在“SmartArt 动画”选项卡的“组合图形”列表中选择某一个选项。其中，“作为一个对象”是将整个 SmartArt 图形当作一个大图片或对象来应用动画；“整批发送”是同时将 SmartArt 图形中的全部形状制成动画；“逐个”是一个接一个地将每个形状单独地制成动画。如果要颠倒动画的顺序，则勾选“SmartArt 动画”选项卡中的“倒序”复选框。

图 5-20 “放大/缩小”对话框

④ 利用动画刷将第 2 张幻灯片中 SmartArt 图形的动画复制到第 5、6 张幻灯片中的 SmartArt 图形上。选择含有要复制的动画的 SmartArt 图形，单击“动画”→“高级动画”→“动画刷”按钮，单击要向其中复制动画的 SmartArt 图形。

⑤ 若要将 SmartArt 图形中的个别形状制成动画，在“动画窗格”列表中，单击展开图标显示 SmartArt 图形中的所有形状。在“动画窗格”列表中，按住【Ctrl】键并依次单击每个形状来选择不希望制成动画的所有形状，单击“动画”→“动画”→“无动画”按钮，或在“动画窗格”列表中单击要修改的动画右侧的箭头，在列表中选择“删除”命令，这将从形状中删除动画效果，但不会从 SmartArt 图形中删除形状本身。对于其余每个形状，通过选择“动画”列表中的动画效果来分别设置动画。完成选择所需的动画选项后，关闭“动画窗格”。

（10）设置超链接。

为毕业论文答辩演示文稿中的目录页中的各个目录条设置超链接，以“研究内容”这个文本为例来说明，其他的类似设置。将“研究内容”链接到第 6 张幻灯片：

① 在“普通”视图中，选择要用作超链接的文本“研究内容”。

② 单击“插入”→“链接”→“超链接”按钮。

③ 在“插入超链接”对话框中的“链接到”下，选择“本文档中的位置”，在“请选择文档中的位置”中选择“6.幻灯片 6”，单击“屏幕提示”输入超链接屏幕提示信息，如“第 6 张幻灯片”等，如图 5-21 所示。最后单击“确定”按钮，文本“研究内容”将带有下画线。则在播放时，将鼠标指针悬置于文本“研究内容”上时，鼠标指针变成手形光标，并显示提示信息“第 6 张幻灯片”。

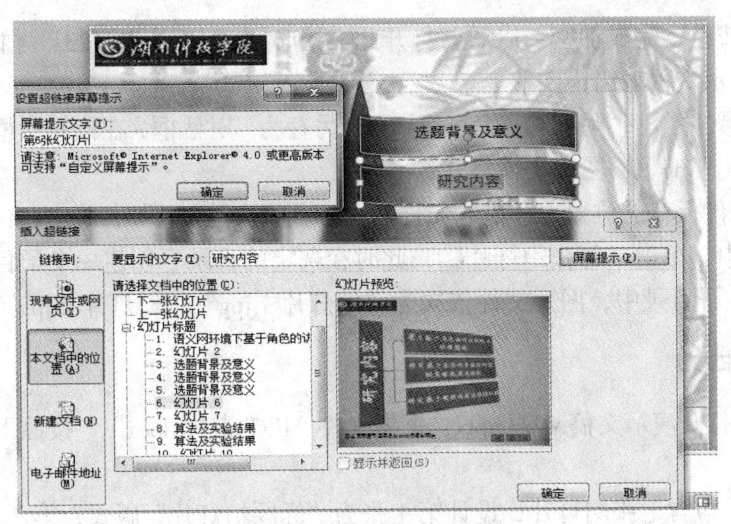

图 5-21　为文本插入超链接

(11) 设置动作按钮。

在第 6 张幻灯片，即“研究内容”所在幻灯片设置一个返回第 2 张幻灯片的动作按钮。

① 单击“插入”→“插图”→“形状”按钮，打开“形状列表”，在其中单击“动作按钮”中的“自定义”动作按钮，打开“动作设置”对话框，在“单击鼠标”选项卡下单击“超链接到”，在其下拉列表中选择“幻灯片...”，打开“超链接到幻灯片”对话框，选择“2 .幻灯片 2”，如图 5-22 所示。最后单击“确定”按钮。

② 选定该动作按钮，右击，弹出快捷菜单，单击“编辑文字”命令，输入“返回第 2 张幻灯片”的文字信息，用来提示该动作按钮的作用。

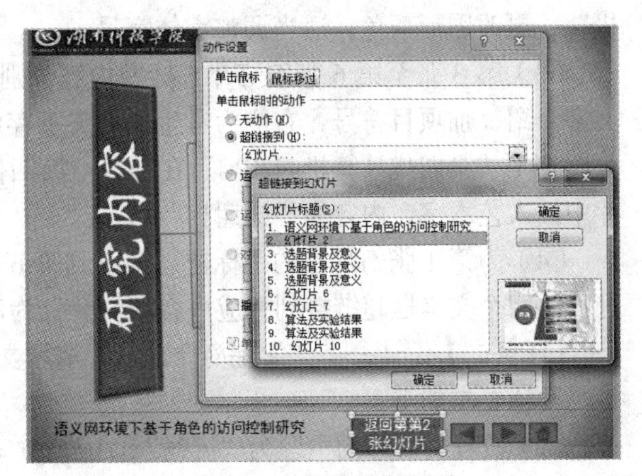

图 5-22　设置动作按钮

(12) 设置幻灯片的切换效果。

① 单击“切换”→“切换到此幻灯片”组，打开幻灯片切换方式列表，在列表中选择“细微型”中的“推进”切换方式。

② 在“效果选项”的下拉列表中选择“自右侧”。

③ 在“计时”组中勾选“换片方式”的“单击鼠标时”复选框，然后单面“全部应用”按钮。

(13) 为毕业论文答辩演示文稿加密。

① 单击“文件”→“信息”命令，再单击“保护演示文稿”按钮，弹出“保护演示文稿”下拉列表。

② 单击“用密码进行加密”按钮，打开“加密文档”对话框，在“密码”框中输入密码，如“123”，单击“确定”按钮，弹出“确认密码”对话框，输入相同的密码“123”，

单击“确定”按钮，完成加密。以后要打开此文档必须输入密码“123”才能打开。

（14）将演示文稿输出为图片。

① 单击“文件”→“另存为”命令，打开“另存为”对话框，在该对话框中选择“JPEG 交换文件格式（*.jpg）”图片文件格式。

② 选定文件保存的位置，并输入文件名“毕业论文答辩 2”，单击“保存”按钮，在打开的对话框中，单击“每张幻灯片”，此时在选定的目录下创建一个子目录名为毕业论文答辩 2，在该子目录中，图片文件依次为“幻灯片 1.jpg”“幻灯片 2.jpg”……。

三、实验任务

【任务一】打开演示文稿 yswg.pptx，根据文件“PPT 素材.docx”，按照下列要求完善此文稿并保存：

（1）使文稿包含七张幻灯片，设计第 1 张为“标题幻灯片”版式，第 2 张为“仅标题”版式，第 3 到第 6 张为“两栏内容”版式，第 7 张为“空白”版式；所有幻灯片统一设置背景样式，要求有预设颜色。

（2）第 1 张幻灯片标题为“计算机发展简史”，副标题为“计算机发展的四个阶段”；第 2 张幻灯片标题为“计算机发展的四个阶段”；在标题下面空白处插入 SmartArt 图形，要求含有四个文本框，在每个文本框中依次输入“第一代计算机”，……，“第四代计算机”，更改图形颜色，适当调整字体字号。

（3）第 3 张至第 6 张幻灯片，标题内容分别为素材中各段的标题；左侧内容为各段的文字介绍，加项目符号，右侧为考生文件夹下存放相对应的图片，第 6 张幻灯片需插入两张图片（“第四代计算机-1.JPG”在上，“第四代计算机-2.JPG”在下）；在第 7 张幻灯片中插入艺术字，内容为“谢谢！”。

（4）为第 1 张幻灯片的副标题、第 3 到第 6 张幻灯片的图片设置动画效果，第 2 张幻灯片的四个文本框超链接到相应内容幻灯片；为所有幻灯片设置切换效果。

【任务二】设计一个“学院简介.pptx”演示文稿，设计效果如图 5-23 所示。

设计要求如下：

（1）设置幻灯片的主题为“流畅”。配色方案为“文字/背景-深色 1”的颜色定义为黑色，“强调文字颜色 1”的颜色定义为蓝色（15，111，198）。

（2）将所有幻灯片的背景设为“新闻纸”的纹理。

（3）编辑幻灯片母版。在左上角插入自选图形“月亮”和“星星”，适当旋转；在“内容与标题”版式中，将其标题占位符形状效果为“三维旋转中”的“倾斜左上”；设置“内容与标题”版式中标题占位符为隶书，36 号；文本占位符为宋体，28 号，项目符号为 §。

（4）在“标题和内容”版式中输入图 5-23 所示的文字，第 2 张幻灯片插入 SmartArt 图形，第 4 张幻灯片插入表格。

（5）对第 2 张幻灯片中 SmartArt 图形设置动画。

（6）对左边的文字“学院简介、组织机构、专业设置、师资队伍”分别设置超链接到相对应的幻灯片，网址也设置超链接到对应的网址上。

（7）设置幻灯片的切换方式。

（8）将演示文稿转换为直接放映格式输出。

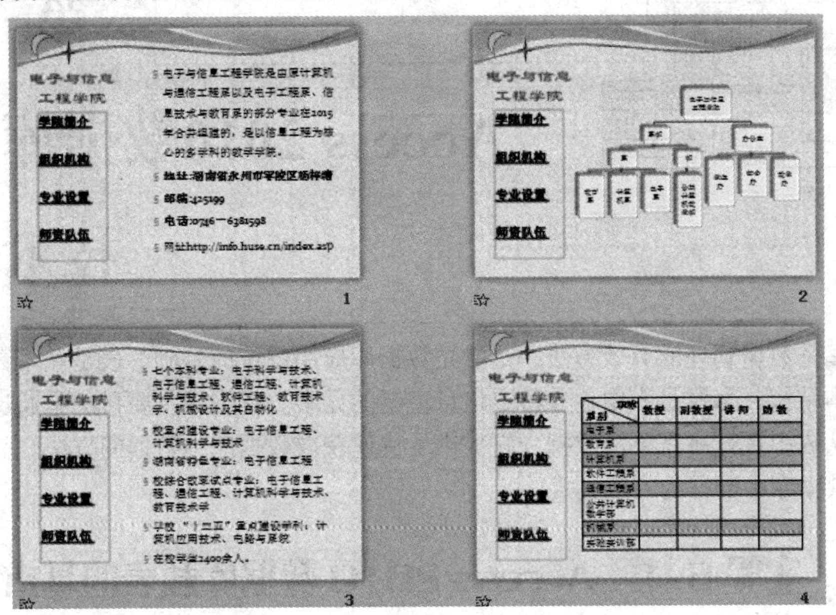

图 5-23　“学院简介.pptx”效果图

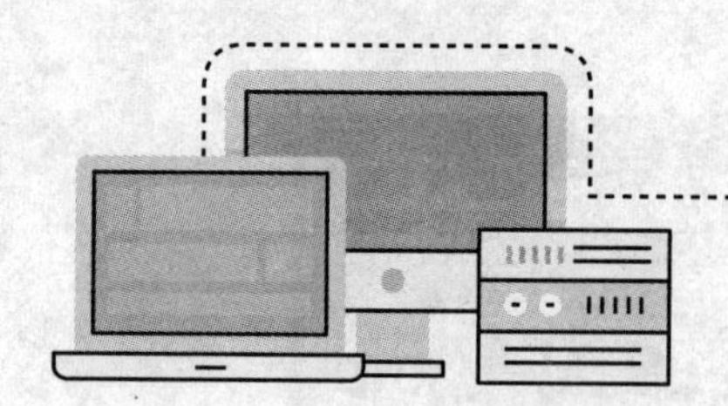

第 6 章 Access 2010数据库应用技术实验

数据库是数据管理的有效方法，是建立数据库应用系统的基础。表是关系数据库管理系统的基本结构，字段是表中包含特定信息主题的元素。查询的主要目的是通过某些条件的设置，从表中选择所需要的数据，它提供了快速获取数据库中数据的方法，而报表是格式化打印数据库中数据的有效方式。

实验 6-1 Access 2010 数据库和表的基本操作

一、实验目的

（1）熟悉 Access 2010 工作界面及各对象名称。

（2）掌握 Access 2010 数据库和表的建立方法。

（3）熟悉创建和编辑表间关系方法。

（4）掌握维护表和操作表的基本方法。

二、实验示例

【例 6-1】建立数据库和表，表的基本操作。

1. 设计要求

（1）在计算机的 E 盘中建立名为“销售数据库”的文件夹，在该文件夹下建立一个“销售基本情况.accdb”的数据库文件，并在该数据库文件中建立“tBook”表和“tDetail”表，“tBook”表结构如表 6-1 所示，“tDetail”表结构如表 6-2 所示。

（2）判断并设置“tBook”表的主键。

（3）设置“入库日期”字段的默认值为系统当前日期的前一天的日期。

（4）在“tBook”表中输入表 6-3 所示的两条记录。

表 6-1 “tBook”表结构

字段名称	数据类型	字段大小	格 式
编号	文本	6	
教材名称	文本	30	

续表

字段名称	数据类型	字段大小	格　式
入库日期	日期/时间		短日期
需要重印否	是/否		是/否

表 6-2 “tDetail”表结构

字段名称	数据类型	字段大小	格　式
编号	文本	6	
出版社名称	文本	30	
作者名	文本	8	
单价	数字	单精度型	小数位数 2 位
简介	备注		

表 6-3 “tBook”表输入的记录

编　号	教材名称	库存数量	入库日期	需要重印否
200401	VB 入门	0	2018-6-1	是
200402	英语六级强化	100	2018-7-1	是

（5）设置“编号”字段的输入掩码为只能输入 6 位数字或字母形式。

（6）在“tDetail”表的数据表视图中将“简介”字段隐藏起来，再取消隐藏。

（7）建立当前数据库表对象“tBook”表和“tDetail”表的表间关系，并实施参照完整性。

2. 操作步骤

（1）在计算机的 E 盘中建立名为“销售数据库”的文件夹，在该文件夹下建立一个“销售基本情况.accdb”的数据库文件，并在该数据库文件中建立“tBook”表和“tDetail”表。

① 在计算机的 E 盘中建立名为“销售数据库”的文件夹，在此文件夹中右击，选择“新建”→“Microsoft Access 数据库”命令，即可建立一个 Access 2010 数据库文件，然后重命名此文件为“销售基本情况.accdb”。

② 打开该数据库文件，然后单击“创建”→“表格”→“表设计”按钮，打开表设计视图，如图 6-1 所示。

③ 按照表 6-1 所示的“tBook”表结构建立新字段，如图 6-2 所示。

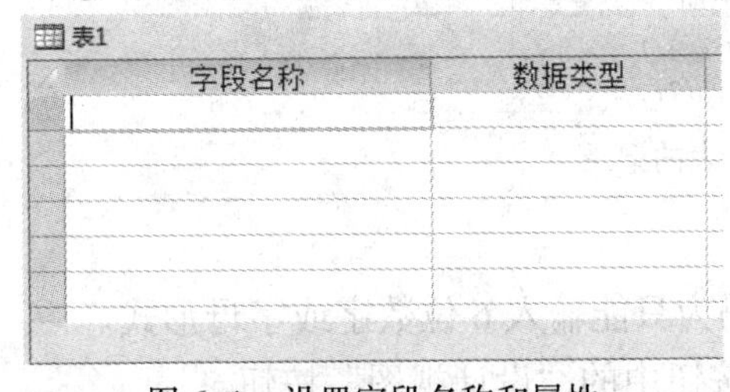

图 6-1　设置字段名称和属性

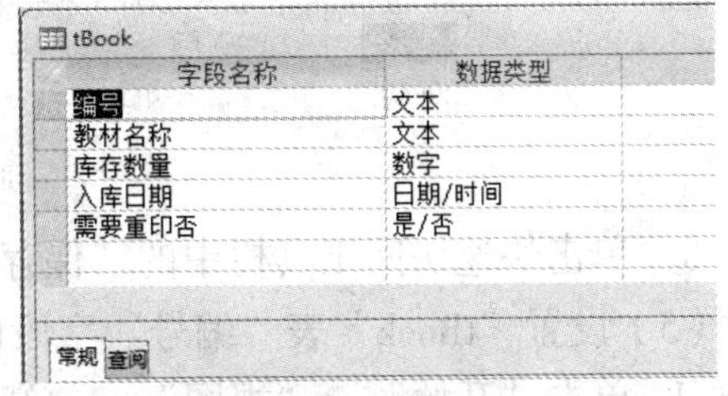

图 6-2　建立“tBook”表结构图

④ 单击快速访问工具栏中的“保存”按钮，另存为“tBook”。

⑤ 重复②到④，即可建立“tDetail”表，如图 6-3 所示。

（2）判断并设置“tBook”表的主键。

① 可以看出，在“tBook”表中，编号的值可以唯一确定一条记录，因此可以得出编号是它的主键，打开“tBook”表设计视图，选中“编号”字段行。

② 右击“编号”行，在弹出的快捷菜单中选择“主键”命令，可以看到该行前面出现一个钥匙图形，如图 6-4 所示。

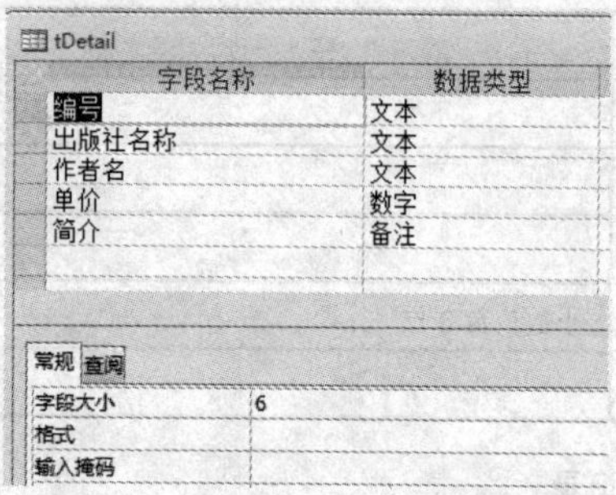

图 6-3　建立“tDetail”表结构图

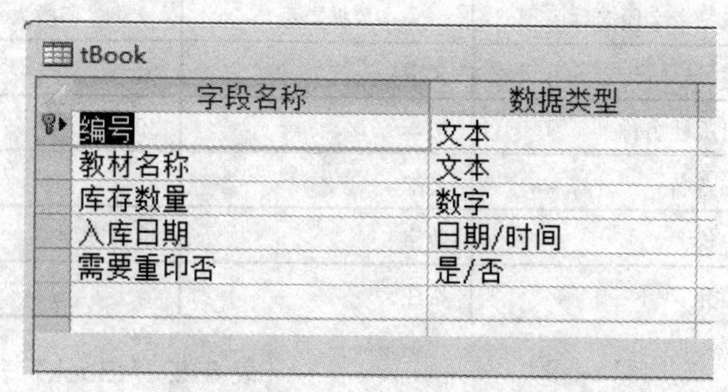

图 6-4　建立“tBook”表的主键

（3）设置“tBook”表“入库日期”字段的默认值为系统当前日期的前一天的日期。

① 在“tBook”表设计视图中，单击“入库日期”字段行任一列。

② 在“常规”选项卡的“默认值”行输入“Date()-1”，如图 6-5 所示。

③ 单击快速访问工具栏中的“保存”按钮，然后关闭表。

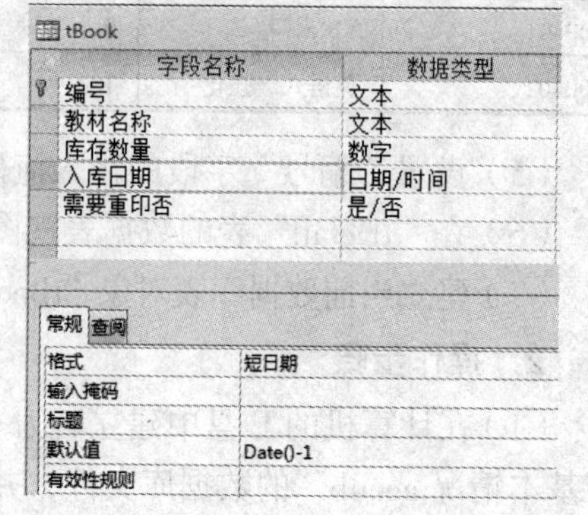

图 6-5　“入库日期”字段“默认值”属性设置

（4）在“tBook”表中输入表 6-3 所示的两条记录。

① 右击“tBook”表，在弹出的快捷菜单中选择“打开”命令，或双击打开“tBook”表，进入“tBook”表的数据表视图。

② 按照表 6-3 所示的值添加新记录即可，如图 6-6 所示。

图 6-6　输入“tBook”表的记录

③ 单击快速访问工具栏中的“保存”按钮。

（5）设置“tBook”表“编号”字段的输入掩码为只能输入 6 位数字或字母形式。

① 单击“开始”→“视图”→“视图”下拉按钮中的“设计视图”按钮。

② 单击“编号”字段行任一字段，在“常规”选项卡的“输入掩码”行输入“AAAAAA”，如图 6-7 所示。

③ 单击快速访问工具栏中的“保存”按钮。

④ 打开“tBook”表的数据表视图进行测试，验证编号是否只能输入 6 位数字或字母形式的数据。

（6）在“tDetail”表的数据表视图中将“简介”字段隐藏起来，再取消隐藏。

① 右击表“tDetail”，在弹出的快捷菜单中选择“打开”命令，或双击打开“tDetail”表的数据表视图。

② 在“tDetail”表的数据表视图中，右击“简介”列，从弹出的快捷菜单中选择“隐藏字段”命令即可，如图 6-8 所示。

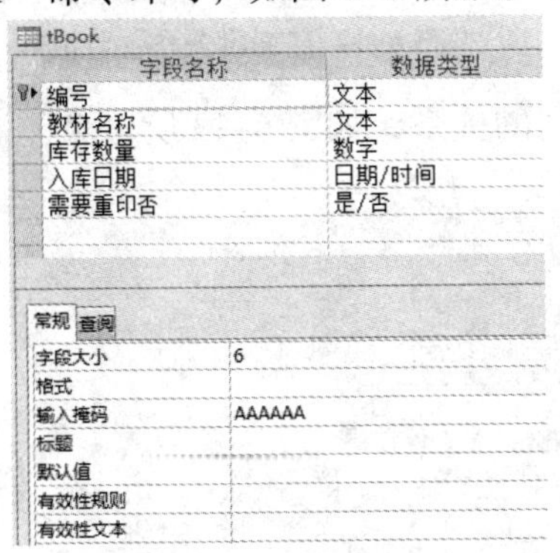

图 6-7　“编号”字段“输入掩码”属性设置

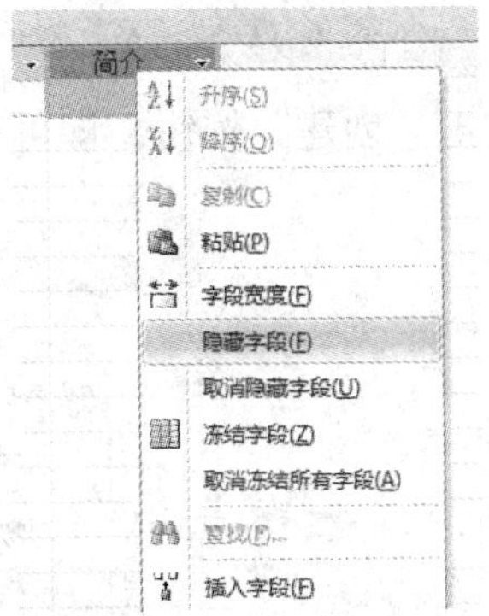

图 6-8　隐藏“tDetail”表的“简介”字段

③ 在“tDetail”表的数据表视图中，右击“单价”列，从弹出的快捷菜单中选择“取消隐藏字段”命令，弹出图 6-9 所示的对话框，勾选“简介”复选框。

④ 单击快速访问工具栏中的“保存”按钮，关闭数据表视图。

（7）建立当前数据库表对象“tBook”表和“tDetail”表的表间关系，并实施参照完整性。

① 单击“数据库工具/关系”命令，然后单击“显示表”按钮，打开图 6-10 所示的“显示表”对话框。

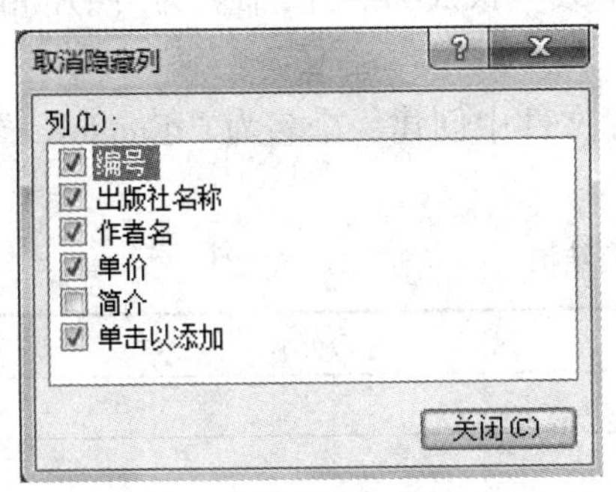

图 6-9　“取消隐藏列”对话框

图 6-10　“显示表”对话框

② 在“显示表”对话框中，单击“tBook”表，然后单击“添加”按钮，接着使用同样的方法将“tDetail”表添加到图 6-11 所示的“关系”对话框中。

③ 分析得出，两个表通过编号字段联系起来，选定“tBook”表中的“编号”字段，然后按下鼠标左键并拖动到“tDetail”表中的“编号”字段上，释放鼠标，屏幕显示图 6-12 所示的“编辑关系”对话框，勾选“实施参照完整性”复选框。

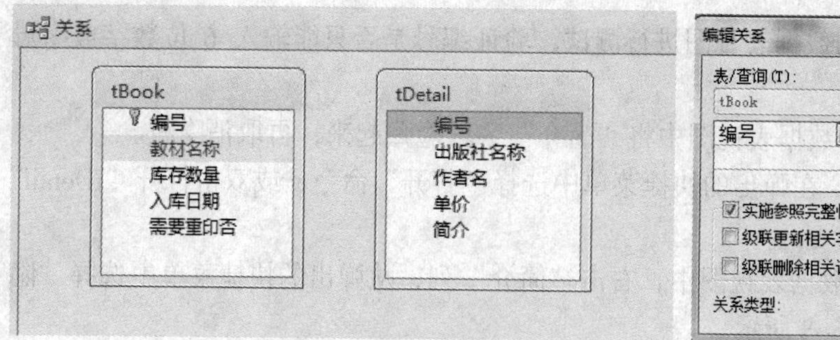

图 6-11 “关系”对话框

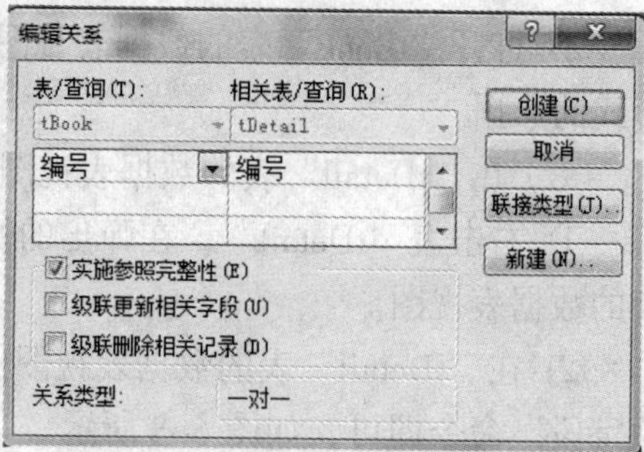

图 6-12 “编辑关系”对话框

④ 单击“创建”按钮，即可显示所建的两表之间的关系，如图 6-13 所示。

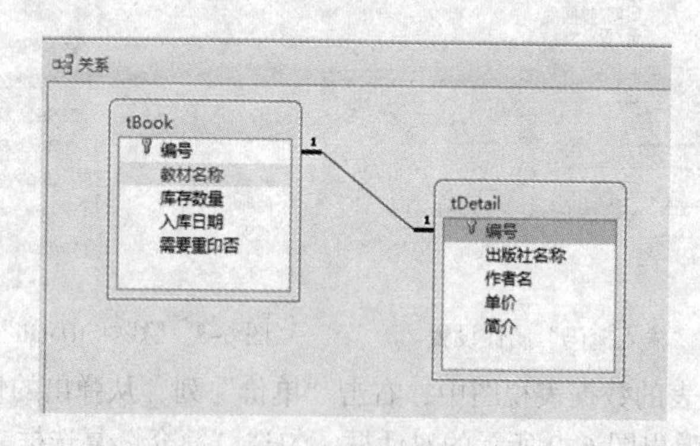

图 6-13 两表建立关系结果

三、实验任务

【任务】在计算机的 E 盘建立一个以职工基本情况命名的文件夹，在该文件中建立一个名为“职工基本情况.accdb”的数据库文件，同时上网下载一张人物照片，命名为“照片.jpg”。然后按以下操作要求，完成表的建立和基本操作：

（1）在该文件夹下“职工基本情况.accdb”数据库文件中创建一个名为“tEmployee”的新表，其表结构如表 6-4 所示。

表 6-4 “tEmployee”表结构

字段名称	类　型	字段大小
职工编号	文本	6
职工姓名	文本	5
性别	文本	2
年龄	数字	整型
职务	文本	5
聘用时间	日期/时间	短日期
简历	备注	

（2）在“职工基本情况. accdb ”数据库中创建一个名为“department”的新表，其表结构如表 6-5 所示。

表 6-5 “department”表结构

字段名称	类　型	字段大小
职工编号	文本	6
部门名称	文本	10

（3）分别给两个表输入几条相应的记录，可以是任意合法的记录值，但应注意公共字段值的一致性。

（4）在“tEmployee”表中增加一个新字段，字段名为“照片”，类型为“OLE 对象”。设置第一条记录的“照片”字段数据为职工基本情况文件夹下的“照片.jpg”图像文件。

（5）判断并设置“tEmployee”表的主键。

（6）设置表对象“tEmployee”的性别字段只能接受选择的数据为：“男或女”，并设置默认值为男。

（7）设置表“tEmployee”中的“年龄”字段的“有效性规则”，保证输入的数字在 18 到 60 之间，并给出有效性文本“年龄必须在 18–60 岁之间”。

（8）建立当前数据库表对象“tEmployee”和“department”的表间关系，并实施参照完整性。

实验 6-2　Access 2010 数据查询

一、实验目的

（1）理解查询的概念。

（2）掌握查询的功能、类型、视图。

（3）学会使用查询条件和函数。

（4）熟练掌握创建带条件的查询、交叉表查询、参数查询、操作查询的方法。

二、实验示例

【例 6-2】在 E 盘职工文件夹中有一个数据库文件“职工. accdb”，里面存在设计好的四个表对象“tEmp”、“tGrp”、“tBmp”和“tTmp”。请按以下要求完成设计：

1. 设计要求

（1）以表对象“tEmp”为数据源，创建一个查询，查找并显示年龄大于等于 40 的职工的“编号”“姓名”“性别”“年龄”和“职务”五个字段内容，将查询命名为“年龄大于等于 40 的职工信息”。

（2）建立表对象“tEmp”的“所属部门”和“tGrp”的“部门编号”之间的多对一关系并实施参照完整性。创建一个查询，按照“部门名称”查找职工信息，显示职工的“编号”“姓名”及“聘用时间”三个字段的内容。要求显示参数提示信息为“请输入职工所属部门名称：”，将查询命名为“职工部门参数查询”。

（3）创建一个查询，将表“tBmp”中“编号”字段值的前面均增加“05”两个字符，将查询命名为“编号更新查询”。

（4）创建一个查询，删除表对象“tTmp”中所有姓名含有“红”字的记录，将查询命名为“姓名含红删除查询”。

（5）根据“tEmp”表分别生成“部门 01”表和“部门 02”表，并命名为“1 号部门员工表”和“2 号部门员工表”。

（6）建立交叉表查询，计算出各个部门男女职工的平均年龄，将查询命名为“各个部门男女职工的平均年龄”。

2. 操作步骤

（1）以表对象“tEmp”为数据源，创建一个查询，查找并显示年龄大于等于 40 的职工的“编号”“姓名”“性别”“年龄”“职务”五个字段内容，将查询命名为“年龄大于等于 40 的职工信息”。

① 打开“职工. accdb”数据库，在该数据库窗口中单击“创建”对象。

② 打开查询设计窗口，并打开“显示表”对话框。

③ 选择“表”选项卡，选中“tEmp”表，然后单击“添加”按钮，此时该表被添加到查询设计视图上半部分窗口中，单击“关闭”按钮。

④ 分别双击“编号”、“姓名”、“性别”、“年龄”和“职务”字段，这时五个字段依次显示在“字段”行上的第 1 列到第 5 列中，同时“表”行显示出这些字段所在的表的名称，结果如图 6-14 所示。

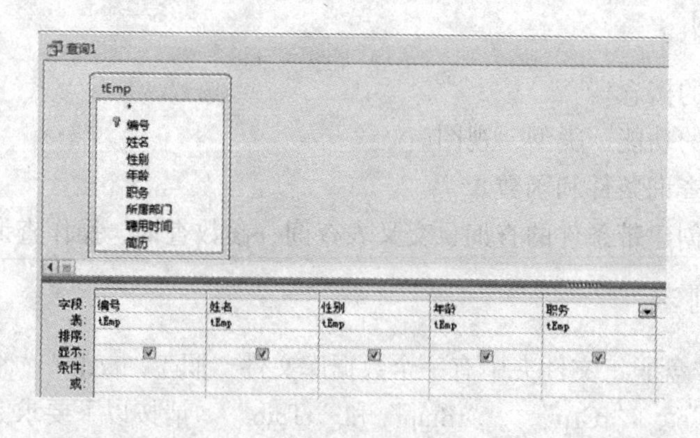

图 6-14 设置查询所涉及字段

⑤ 在“年龄”字段列的“条件”单元格中输入条件“>=40”，设置结果如图 6-15 所示。

注意：同一行上的几个条件是“与”的关系，不同行的几个条件为“或”的关系。

⑥ 单击“保存”按钮，打开“另存为”对话框，在“查询名称”文本框中输入“年龄大于等于 40 的职工信息”，然后单击“确定”按钮。

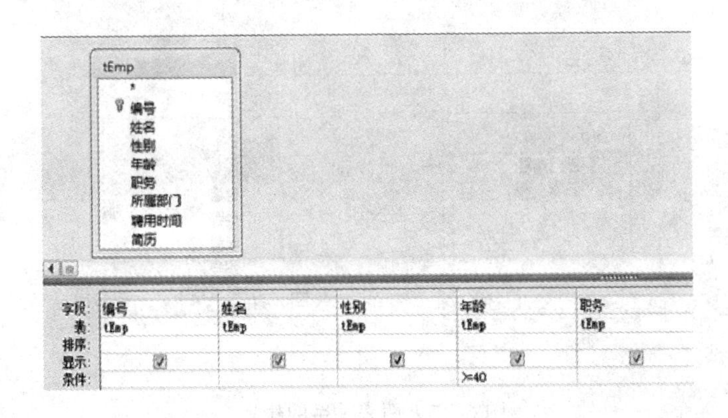

图 6-15　设置查询条件

⑦ 双击该查询，可以看到“年龄大于等于 40 的职工信息”查询执行的结果，结果如图 6-16 所示。

年龄大于等于40的职工信息

编号	姓名	性别	年龄	职务
000026	张汉望	男	55	主管
000032	刘力昆	男	45	职员
000038	王必胜	男	45	职员
000040	周湛刚	男	56	职员
000046	赵玉	女	56	职员
000047	白松	男	45	主管
000048	杜丽	女	55	经理
000052	杨柳	男	45	职员
000053	陈丽	女	45	职员
000055	赵起刚	男	59	主管
000056	张四	男	60	职员
000057	李三	女	58	职员

图 6-16　查询结果

（2）建立表对象“tEmp”的“所属部门”和“tGrp”的“部门编号”之间的多对一关系并实施参照完整性。创建一个查询，按照“部门名称”查找职工信息，显示职工的“编号”“姓名”及“聘用时间”三个字段的内容。要求显示参数提示信息为“请输入职工所属部门名称：”，将查询命名为“职工部门参数查询”。

① 单击“数据库工具”选项卡中的“关系”按钮，打开“显示表”对话框，分别添加表“tEmp”和“tGrp”，关闭“显示表”对话框。

② 选中表“tEmp”中的“所属部门”字段，拖动鼠标到表“tGrp”的“部门编号”字段，释放鼠标，在打开的对话框中勾选“实施参照完整性”复选框，然后单击“创建”按钮，设置结果如图 6-17 所示。

③ 按【Ctrl+S】组合键保存修改，关闭“关系”界面。

④ 单击“创建”→“查询设计”按钮，在“显示表”对话框双击表“tEmp”“tGrp”，关闭“显示表”对话框。

⑤ 分别双击“编号”、“姓名”、“聘用时间”和“名称”字段。

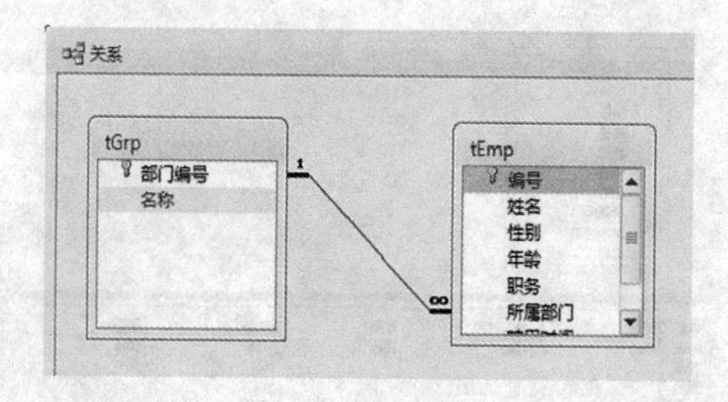

图 6-17　两表关系的建立

⑥ 在“名称”字段的“条件”行输入“[请输入职工所属部门名称：]”，单击“显示”行取消该字段的显示，设置结果如图 6-18 所示。

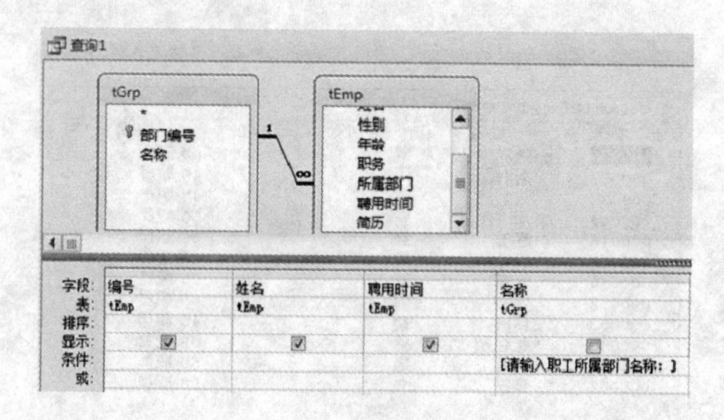

图 6-18　参数查询条件设置

⑦ 按【Ctrl+S】组合键保存修改，另存为“职工部门参数查询”，关闭设计视图。

⑧ 双击该查询即可运行，运行时按提示输入部门名称即可查询出相应结果，图 6-19 是生产部的查询结果。

（3）创建一个查询，将表“tBmp”中“编号”字段值的前面均增加“05”两个字符，将查询命名为“编号更新查询”。

① 单击“创建”→“查询设计”按钮，在“显示表”对话框双击表“tBmp”，关闭“显示表”对话框。

② 单击“设计”→“更新”按钮。

③ 双击“编号”字段，在“编号”字段的“更新到”行输入“05+[编号]”，设置结果如图 6-20 所示。

④ 单击“设计”→“运行”按钮，在弹出的对话框中单击“是”按钮。运行结果如图 6-21 所示。可以看出，编号的前面自动加上了“05”字符。

⑤ 按【Ctrl+S】组合键保存修改，另存为“编号更新查询”。关闭设计视图。

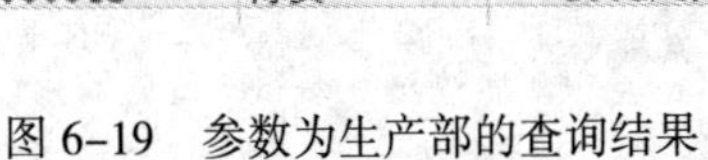

职工部门参数查询

编号	姓名	聘用时间
000007	王建钢	2000/1/5
000016	王民	1997/9/5
000017	李强	1995/3/11
000018	王经丽	1998/5/16
000019	李迪	1997/4/15
000039	田丽	1978/12/8
000040	周湛刚	1965/9/6
000041	王牌	1988/9/8
000042	朱小王	1995/8/8
000043	陈贺	1992/6/5

图 6-19 参数为生产部的查询结果

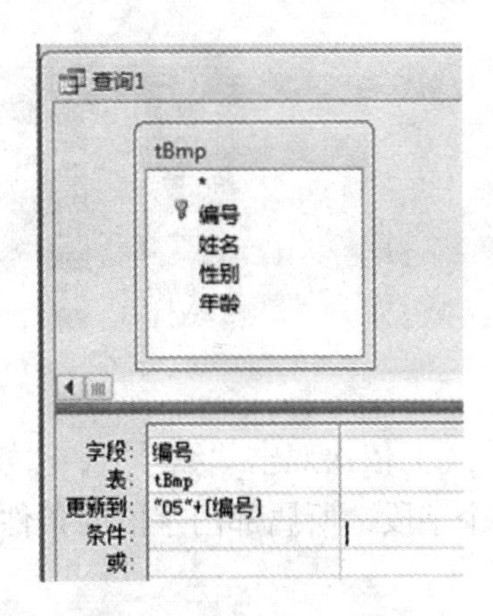

图 6-20 编号更新查询设置

（4）创建一个查询，删除表对象“tTmp”中所有姓名含有“红”字的记录，将查询命名为“姓名含红删除查询”。

① 单击“创建”→“查询设计”按钮，在“显示表”对话框双击表“tTmp”，关闭“显示表”对话框。

② 单击“设计”→“删除”按钮。

③ 双击“姓名”字段，在“姓名”字段的“条件”行输入“like"*红*"”，设置结果如图 6-22 所示。

tBmp

编号	姓名	性别	年龄	单击以添加
05000002	张三	女	23	
05000003	程鑫	男	20	
05000004	刘红兵	男	25	
05000005	钟舒	女	35	
05000006	江滨	女	30	
05000007	王建钢	男	19	
05000008	璐娜	女	19	
05000009	李小红	女	23	
05000010	梦娜	女	22	
05000011	吴大伟	男	24	
05000012	李磊	男	26	
05000013	郭薇	女	22	
05000014	高薪	女	25	
05000015	张丽	女	26	

图 6-21 编号更新查询结果

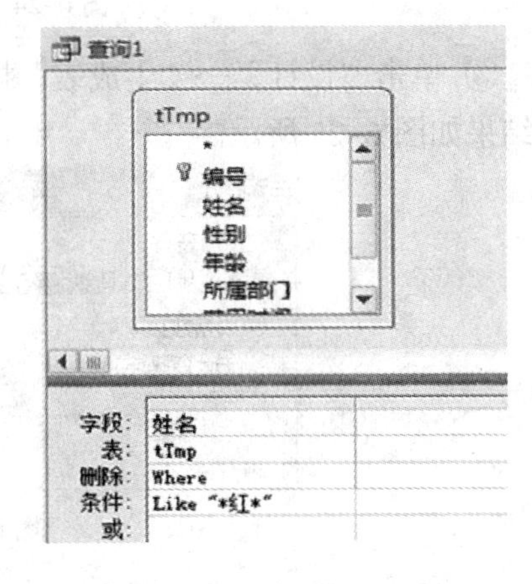

图 6-22 “姓名含红删除查询”条件设置

④ 单击“设计”→“运行”按钮，在弹出的对话框中单击“是”按钮。图 6-23 所示结果显示，表对象“tTmp”中所有姓名含有“红”字的记录都被删除。

⑤ 按【Ctrl+S】组合键保存修改，另存为“姓名含红删除查询”，关闭设计视图。

（5）根据“tEmp”表分别生成“部门 01”表和“部门 02”表，并命名为“1 号部门员工表”和“2 号部门员工表”。

① 单击“创建”→“查询设计”按钮，在“显示表”对话框双击表“tEmp”，关闭“显示表”对话框。

tTmp

编号	姓名	性别	年龄	所属部门	聘用时间	简历
000001	李四	男	24	04	1997/3/5	爱好：摄影
000002	张三	女	23	04	1998/2/6	爱好：书法
000003	程鑫	男	20	03	1999/1/3	组织能力强，善于表现自已
000005	钟舒	女	35	02	1995/8/4	爱好：绘画，摄影，运动
000006	江滨	女	30	04	1997/6/5	有组织，有纪律，爱好：相声，
000007	王建钢	男	19	01	2000/1/5	有上进心，学习努力
000008	璐娜	女	19	04	2001/2/14	爱好：绘画，摄影，运动 ，有
000010	梦娜	女	22	02	2001/3/14	善于交际，工作能力强

图 6–23　姓名含红删除查询结果

② 依次双击“编号”、“姓名”、“性别”、“职务”、“所属部门”和“聘用时间”六个字段，所属部门字段的条件设置为 01，但不显示，设置结果如图 6–24 所示。

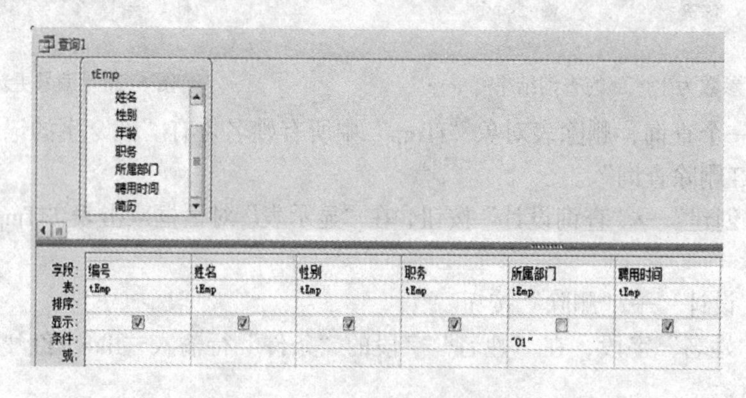

图 6–24　生成“部门 01”表查询设置

③ 单击“设计”→“生成表”按钮，打开“生成表”对话框，设置生成表的名称，设置结果如图 6–25 所示。

图 6–25　“生成表”对话框

④ 单击“设计”→“运行”按钮，在弹出的对话框中单击“是”按钮。图 6–26 结果显示，生成了一个新表数据是“1 号部门员工信息”。

⑤ 按照同样的步骤可以生成“2 号部门员工表”。

（6）建立交叉表查询，计算出各个部门男女职工的平均年龄，将查询命名为“各个部门男女职工的平均年龄”。

① 单击“创建”→“查询设计”按钮，在“显示表”对话框双击表“tEmp”，关闭“显示表”对话框。

② 单击“设计”→“交叉表”按钮。

1号部门员工表

编号	姓名	性别	职务	聘用时间
000007	王建钢	男	职员	2000/1/5
000016	王民	男	主管	1997/9/5
000017	李强	男	经理	1995/3/11
000018	王经丽	女	职员	1998/5/16
000019	李迪	女	职员	1997/4/15
000039	田丽	女	主管	1978/12/8
000040	周湛刚	男	职员	1965/9/6
000041	王牌	男	职员	1988/9/8
000042	朱小玉	女	职员	1995/8/8
000043	陈贺	男	职员	1992/6/5

图 6-26　“1 号部门表”员工信息

③ 依次双击“所属部门”“性别”“年龄”字段，将“所属部门”字段的“交叉表”行设置为行标题，将“性别”字段的“交叉表”行设置为列标题，将“年龄”字段的“交叉表”行设置为值，并将它的“总计”行设置为平均值，设置结果如图 6-27 所示。

④ 设置年龄字段的小数位数为 0，然后单击“设计”→“运行”按钮。图 6-28 所示的结果显示了各个部门男女职工的平均年龄。

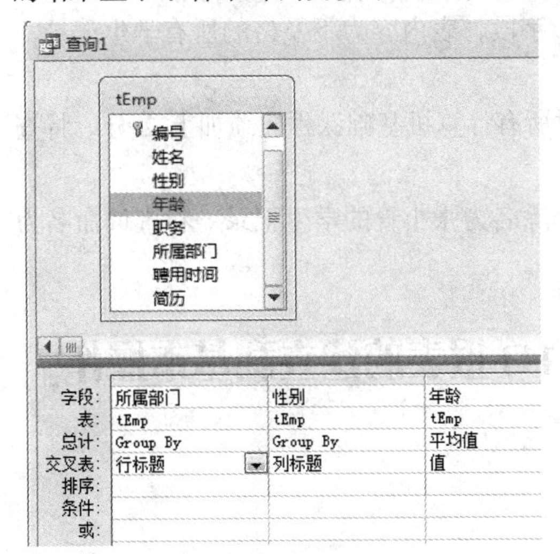

图 6-27　交叉表查询设置

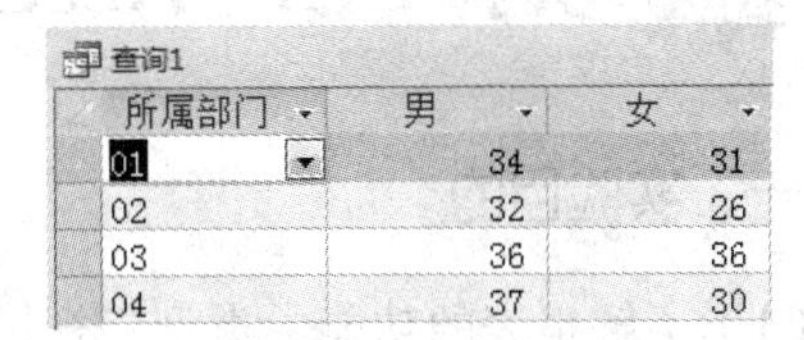

查询1

所属部门	男	女
01	34	31
02	32	26
03	36	36
04	37	30

图 6-28　交叉表查询结果

⑤ 按【Ctrl+S】组合键保存修改，另存为“各个部门男女职工的平均年龄”，关闭设计视图。

三、实验任务

【任务】在计算机的 E 盘建立一个学生课程信息的文件夹，将实验需要的文件存放到该文件夹下，该实验文件夹中有一个数据库文件“学生课程成绩.accdb”，里面已经设计好表对象“tStud”“tScore”“tCourse”，请按以下要求完成设计：

（1）创建一个查询，查找党员记录，并显示“姓名”、“性别”和“入校时间”。将查询命名为“党员学生信息”。

（2）创建一个查询，按学生姓名查找某学生的记录，并显示“姓名”、“课程名”和“成绩”。当运行该查询时，应显示提示信息：“请输入学生姓名：”。将查询命名为“学生姓名参数查询”。

（3）创建一个查询，查找年龄大于所有学生平均年龄的学生记录。将查询命名为“学生年龄大于平均年龄”。

（4）创建一个交叉表查询，统计并显示男女生各门课程的平均成绩，统计显示结果如图 6-29 所示。将查询命名为“男女生各门课程平均成绩”。

男女生各门课程平均成绩

性别	概率	高等数学	计算机基础	线性代数	英语
男	68	68	67	72	67
女	70	70	78	68	78

图 6-29　男女生各门课程的平均成绩交叉表查询结果

要求：使用查询设计视图，用已存在的数据表做查询数据源，并将计算出来的平均成绩用整数显示。

（5）创建一个查询，运行该查询后生成一个新表，表名为“不及格学生成绩表”，表结构包括“姓名”、“课程名”和“成绩”三个字段，表内容为不及格的所有学生记录。将查询命名为“不及格学生信息查询”。

（6）创建一个查询，运行该查询后，可以对所有计算机基础课程成绩加上 2 分。将查询命名为“计算机基础课程成绩更新查询”。

（7）创建一个查询，运行该查询后，可以删除名为张小青的学生记录。将查询命名为“删除张小青查询”。

实验 6-3　Access 2010 报表的建立和基本操作

一、实验目的

（1）了解报表的功能、类型、视图。

（2）学会使用向导创建报表。

（3）掌握使用设计视图修改报表。

（4）掌握标签报表的创建。

二、实验示例

【例 6-3】在 E 盘教务管理文件夹中有一个数据库文件“教师课程信息.accdb”，里面包含已经设计好的表对象“教师”、“课程表”和“课程名称”，请按以下要求完成设计：

1. 设计要求

（1）使用报表向导创建“按职称分组教师基本信息报表”。

（2）通过报表的设计视图和布局视图修改教师基本信息报表，以显示达到美观和符合打印需求。

（3）通过标签报表功能创建教师工作标签报表，标签中包含教师的工号、姓名、性别、职称和专业信息，修改教师工作标签报表，以显示达到美观和符合打印需求，最后将报表的名称命名为“教师工作标签”。

2．操作步骤

（1）使用报表向导创建“按按职称分组教师基本信息报表”。

① 打开“教师课程信息.accdb”数据库，单击“创建”对象按钮。

② 单击“报表向导”按钮，打开“报表向导”对话框。在“报表向导”对话框中指定“教师”作为数据来源，如图 6-30 所示。

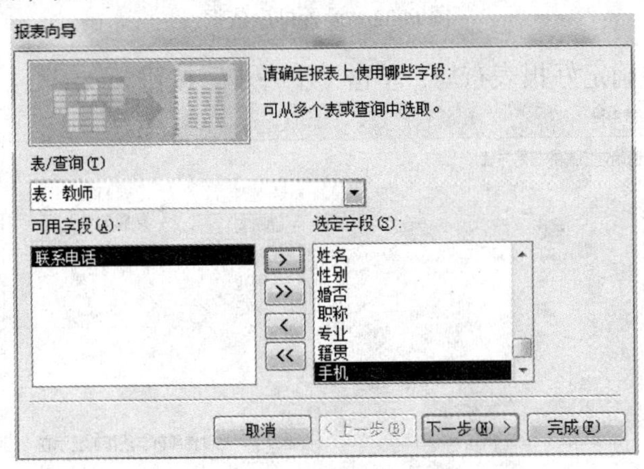

图 6-30　选择教师表字段

③ 在“可用字段”中，逐一双击要使用的字段，再单击“下一步”按钮。

④ 在图 6-31 中设置分组，双击“职称”字段以此为分组依据，单击“下一步”按钮。

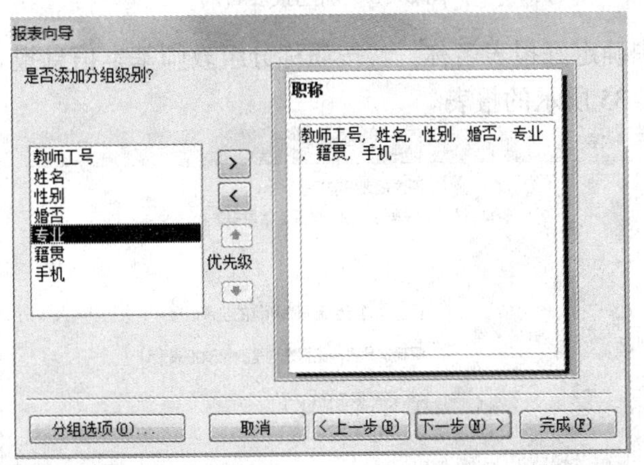

图 6-31　设置分组依据

⑤ 在图 6-32 中选取排序依据，表示预览及打印时，将以此字段作为排序依据，本例选择“教师工号”为排序字段，默认升序排列，然后单击“下一步”按钮。

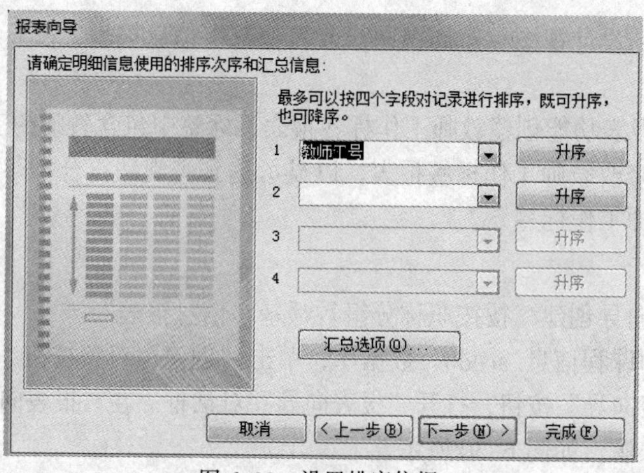

图 6-32　设置排序依据

⑥ 在图 6-33 中确定好报表布局，单击“下一步”按钮。

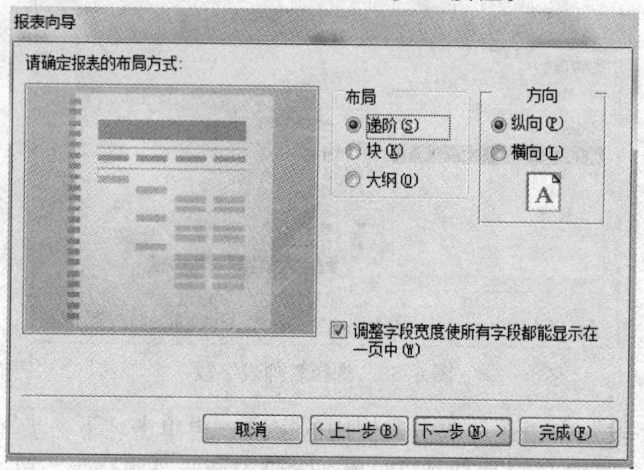

图 6-33　确定报表布局

⑦ 在图 6-34 中确定好报表名称：“按职称分组教师基本信息报表”，单击“完成”按钮，可以得到图 6-35 所示的报表。

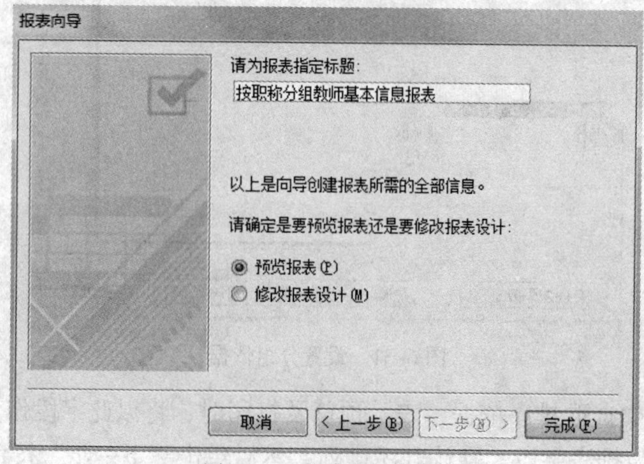

图 6-34　指定报表标题

按职称分组教师基本信息报表

按职称分组教师基本信息报表

职称	教师工号	姓名	性别
副教授			
	0006	洪强	女
	0008	刘萍香	女
	0014	李思叶	男
	0017	殷晶晶	女
	0018	李海威	男
	0023	黄曼文	男
	0024	向师节	女
	0031	张红梅	女
讲师			
	0004	李正峰	男
	0007	李江	男

图 6-35　报表向导生成报表结果

（2）通过报表的设计视图和布局视图修改教师基本信息报表，以显示达到美观和符合打印需求。

可以看出，图 6-35 所示的报表还未达到美观要求，也不符合打印需求，因此，可以通过调整各个控件的布局和大小、位置及对齐方式等，修正报表页面页眉节和主体节的高度，以合适的尺寸容纳其中包含的控件，得到图 6-36 所示的报表。

按职称分组教师基本信息报表

按职称分组教师基本信息报表

职称	教师工号	姓名	性别	婚否	专业	籍贯	手机
副教授							
	0006	洪强	女	Yes	音乐	湖南省衡东县	[illegible]
	0008	刘萍香	女	Yes	法学	湖南省隆回县	[illegible]
	0014	李思叶	男	Yes	法学	湖南省岳阳县	[illegible]
	0017	殷晶晶	女	Yes	中文	湖南省汨罗市	[illegible]
	0018	李海威	男	Yes	中文	湖南省临湘市	[illegible]
	0023	黄曼文	男	Yes	计算机	湖南省汉寿县	[illegible]
	0024	向师节	女	Yes	法学	湖南省澧县	[illegible]
	0031	张红梅	女	Yes	中文	湖南省冷水江市	[illegible]
讲师							
	0004	李正峰	男	Yes	英语	湖南省攸县	[illegible]
	0007	李江	男	Yes	音乐	湖南省常宁县	[illegible]
	0011	胡伟鹏	男	Yes	法学	湖南省武冈县	[illegible]
	0015	张佳仁	女	No	法学	湖南省岳阳县	[illegible]
	0019	杨雄	女	No	中文	湖南省华容县	[illegible]
	0020	袁文祥	女	No	中文	湖南省武陵区	[illegible]

图 6-36　经设计和布局视图修改报表结果

（3）通过标签报表功能创建教师工作标签报表，标签中包含教师的工号、姓名、性别、职称和专业信息，修改教师工作标签报表，以显示达到美观和符合打印需求，最后将报表的名称命名为“教师工作标签”。

① 在“教师课程信息. accdb”数据库窗口中，选择教师表，单击“创建”按钮，选择“标签”按钮，如图 6-37 所示。

② 单击“确定”按钮，打开“标签向导”第 1 个对话框，选择标签尺寸。如图 6-38 所示。如果需要自行定义标签的大小尺寸，可单击“自定义”按钮打开“新建标签”对话框进行具体设置。

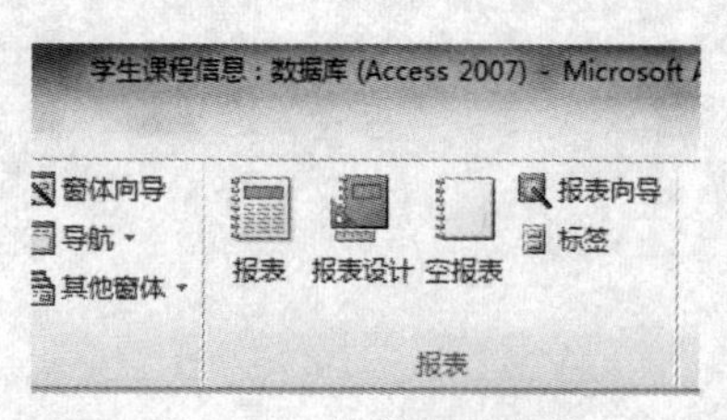

图 6-37　选择标签向导

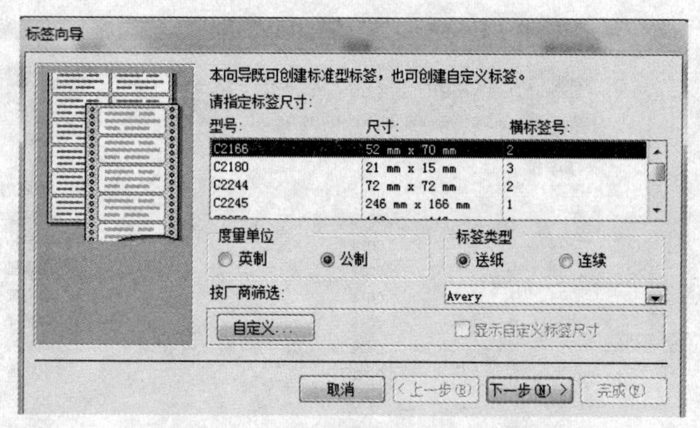

图 6-38　“标签向导”第 1 个对话框

③ 单击“下一步”按钮，打开“标签向导”第 2 个对话框，指定标签外观，包括设置标签文本的字体和颜色，如图 6-39 所示。

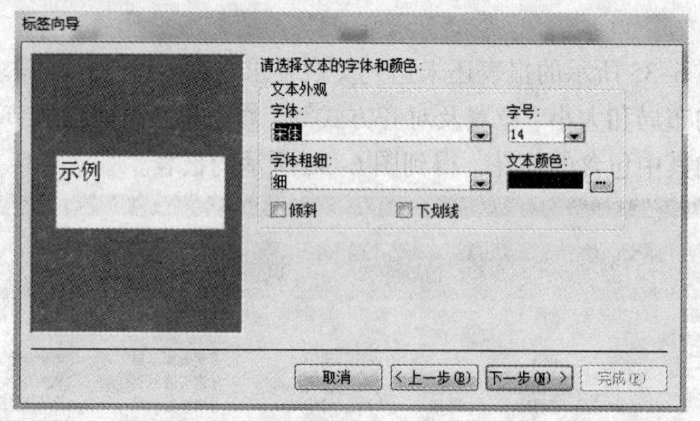

图 6-39　“标签向导”第 2 个对话框

④ 单击“下一步”按钮，打开“标签向导”第 3 个对话框，在“原型标签”框中指定字段及其结构。本例共添加了 5 个显示字段，并且在每个字段前面添加了提示文本，如图 6-40 所示。

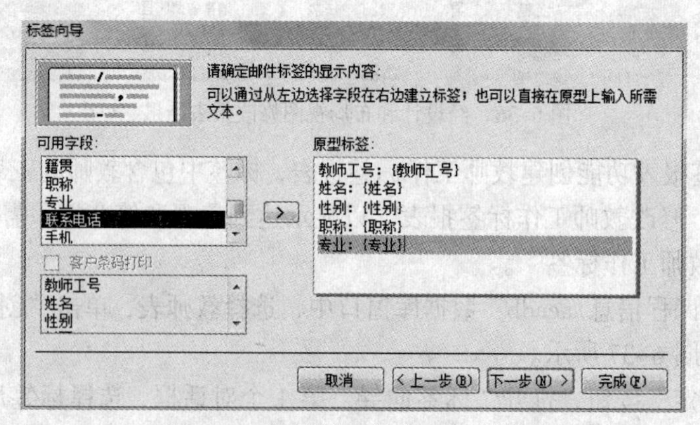

图 6-40　“标签向导”第 3 个对话框

⑤ 单击“下一步”按钮，打开“标签向导”第 4 个对话框，对整个标签进行排序。本例以“教师工号”为排序字段，如图 6-41 所示。

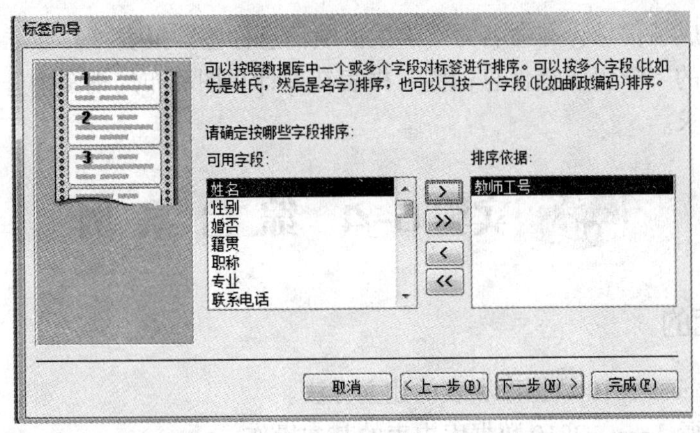

图 6-41　“标签向导”第 4 个对话框

⑥ 单击“下一步”按钮，设置报表的名称为“教师工作标签”。

⑦ 单击“完成”按钮，标签报表创建完成并自动保存，同时自动在“打印预览”视图中打开，如图 6-42 所示。

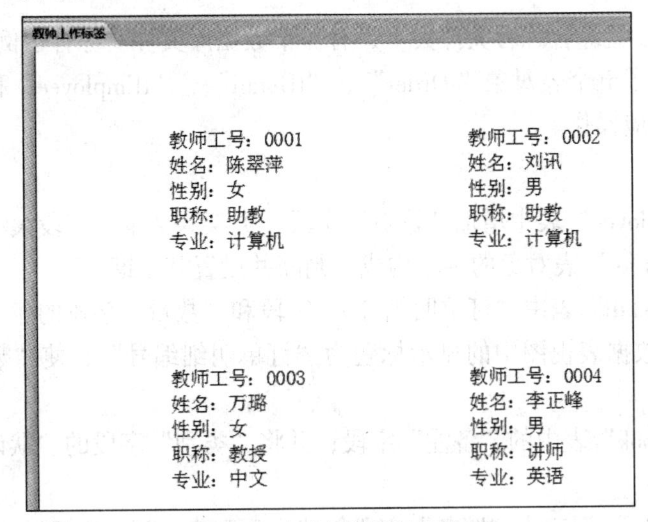

图 6-42　完成的教师标签报表

⑧ 适当修改教师工作标签报表，以显示达到美观和符合打印需求。

三、实验任务

【任务】在 E 盘建立一个学生信息的文件夹，将实验要完成的任务文件下载到该文件夹下，其中包含一个数据库文件“学生.accdb”，其中存在已经设计好的三个关联表对象“tStud”、“tCourse”和“tScore”。请在此基础上完成报表设计：

（1）通过报表向导创建基于“tStud”表的报表，并命名为“按院系分组的学生信息”报表。

（2）通过报表的设计视图和布局视图修改“按院系分组的学生信息”报表。使之符合美观和打印要求。

（3）通过标签报表功能创建学生成绩信息标签报表。要求标签上显示学生的学号、姓名、课程名称和成绩信息，并命名为“学生成绩信息标签”报表。

（4）将创建的“学生成绩信息标签”报表在设计视图和布局视图中进行修改，使之符合美观和打印要求。

实验6-4 综合案例

一、实验目的

（1）掌握 Access 2010 数据库和表的建立方法。

（2）熟练掌握 Access 2010 数据库中表的基本操作。

（3）熟练掌握 Access 2010 数据库中查询的设计。

（4）熟练掌握 Access 2010 数据库中报表的建立。

二、实验示例

【例 6-4】在 E 盘综合练习文件夹下，有一个数据库文件“综合示例.accdb”。在数据库文件中已经建立了五个表对象“tOrder”、“tDetail”、“tEmployee”和“tBook”。请按以下要求，完成相应操作。

1. 设计要求

（1）在“tEmployee”表中增加“籍贯”字段，类型为文本，字段大小为 16。

（2）分析“tOrder”表对象的字段构成，判断并设置其主键。

（3）设置“tDetail”表中“订单明细 ID”字段和“数量”字段的相应属性，使“订单明细 ID”字段在数据表视图中的显示标题为“订单明细编号”，使“数量”字段取值大于 0。

（4）删除“tBook”表中的“备注”字段；并将“类别”字段的“默认值”属性设置为“计算机”。

（5）为“tEmployee”表中“职务”字段创建查阅列表，列表中显示“经理”和“职员”两个值。

（6）分析“tEmployee”表、“tOrder”表和“tDetail”表并建立三个表之间的关系。

（7）创建一个查询，查找计算机类的图书中定价在 30~40 元之间的图书，并按定价升序顺序显示“书籍名称”“作者名”和“出版社名称”。所建查询名为“图书中定价在 30~40 元的计算机类图书”。

（8）创建一个查询，查找某雇员的售书信息，并显示“姓名”“书籍名称”“订购日期”“数量”和“单价”。当运行该查询时，提示框中应显示“请输入姓名：”。所建查询名为“姓名参数查询”。

（9）创建一个查询，计算每名雇员的奖金，显示标题为“雇员号”和“奖金”。并生成一个“每名雇员的奖金表”，所建查询名为“每名雇员的奖金”。

说明：奖金=每名雇员的销售金额（单价*数量）合计数×10%

（10）创建一个报表，按照雇员的姓名分组显示每个雇员的“姓名”“书籍名称”“订购日期”“数量”和“单价”信息，将报表命名为“雇员的姓名分组信息报表”。

2．操作步骤

（1）在“tEmployee”表中“简历”字段的前面增加“籍贯”字段，类型为文本，字段大小为 16。

打开数据库文件“综合示例.accdb，选中“tEmployee”表对象，右击选择设计视图命令，在“简历”字段处右击，选择“插入行”命令，在空行处输入“籍贯”，并设置该字段的类型和字段大小，如图 6-43 所示。

（2）分析“tOrder”表对象的字段构成，判断并设置其主键。

① 选中“表”对象，右击，选择“设计视图”命令，打开“tOrder”表设计视图。

② 经分析，“订单 ID”字段的值唯一确定一条记录，选中“订单 ID”行，右击，选择“主键”命令，按【Ctrl+S】组合键保存修改，关闭设计视图即可完成设置。

（3）设置“tDetail”表中“订单明细 ID”字段和“数量”字段的相应属性，使“订单明细 ID”字段在数据表视图中的显示标题为“订单明细编号”，使“数量”字段取值大于 0。

① 选中“表”对象，右击，选择“设计视图”命令，打开“tDetail”表设计视图。

② 单击“订单明细 ID”字段行，在“标题”行输入“订单明细编号”，如图 6-44 所示。单击“数量”字段行，在“有效性规则”行输入“>0”，如图 6-45 所示，按【Ctrl+S】组合键保存修改，关闭设计视图。

tEmployee

字段名称	数据类型
出生日期	日期/时间
职务	文本
照片	OLE 对象
籍贯	文本
简历	文本

常规　查阅

字段大小	16
格式	
输入掩码	

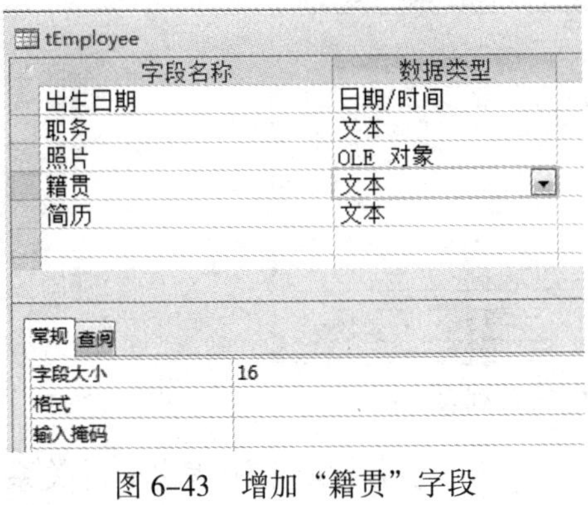

图 6-43　增加“籍贯”字段

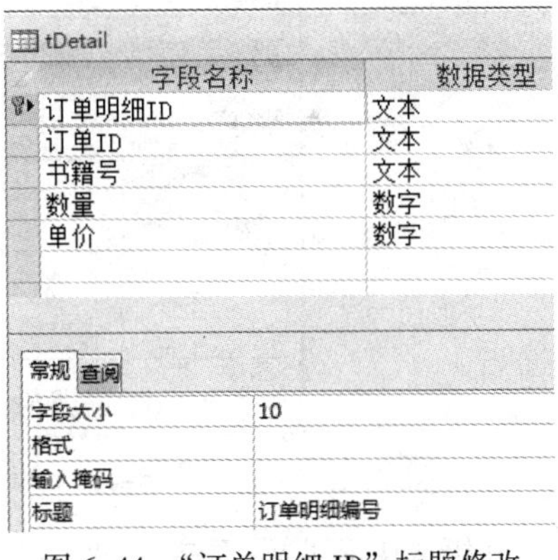

tDetail

字段名称	数据类型
订单明细ID	文本
订单ID	文本
书籍号	文本
数量	数字
单价	数字

常规　查阅

字段大小	10
格式	
输入掩码	
标题	订单明细编号

图 6-44　“订单明细 ID”标题修改

（4）删除“tBook”表中的“备注”字段；并将“类别”字段的“默认值”属性设置为“计算机”。

① 选中“表”对象，右击，选择“设计视图”命令，打开“tBook”表设计视图。

② 选中“备注”字段行，右击“备注”行，选择“删除行”命令，在弹出的对话框中单击“是”按钮。

③ 单击“类别”字段行，在“默认值”行输入“计算机”，如图 6-46 所示，按【Ctrl+S】组合键保存修改，关闭设计视图。

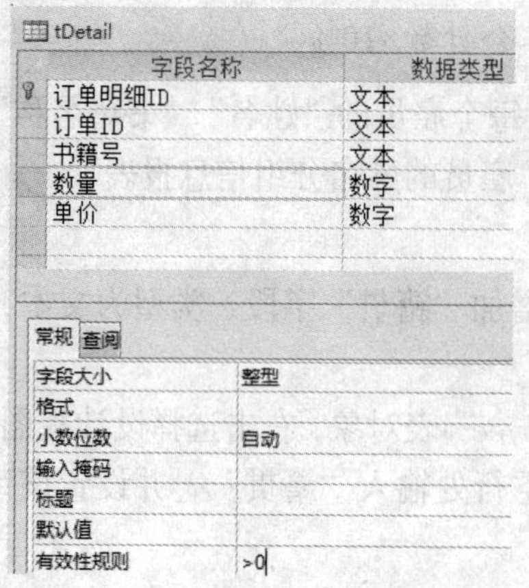

图 6-45 “数量”字段的有效性设置

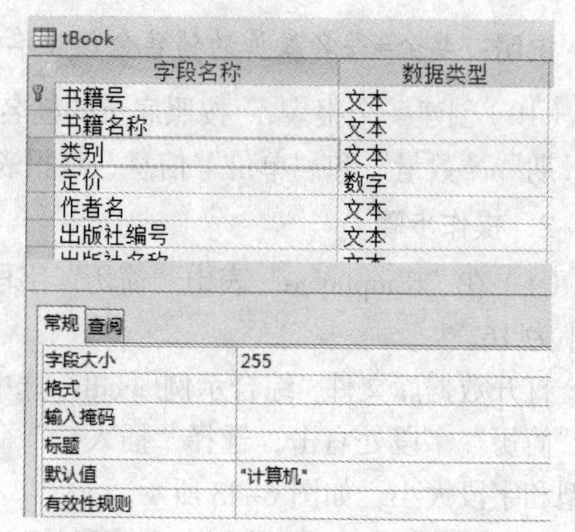

图 6-46 “类别”字段的默认值设置

（5）为“tEmployee”表中“职务”字段创建查阅列表，列表中显示“经理”和“职员”两个值。

① 选中“表”对象，右击，选择“设计视图”命令，打开“tEmployee”表设计视图。

② 在“职务”行“数据类型”列的列表中选中“查阅向导”，在打开的对话框中选中“自行键入所需要的值”，单击“下一步”按钮。

③ 在打开的对话框中依次输入“经理”“职员”，如图 6-47 所示，单击“下一步”按钮，然后单击“完成”按钮，按【Ctrl+S】组合键保存修改，关闭设计视图。

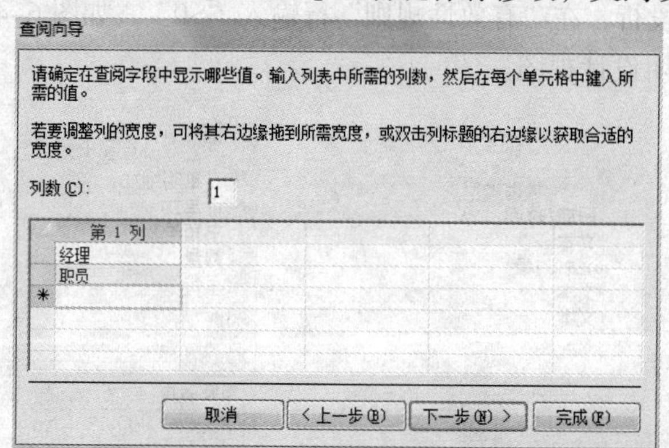

图 6-47 “职务”字段创建查阅列表设置

（6）分析“tEmployee”表、“tOrder”表和“tDetail”表并建立三个表之间的关系。

① 单击“数据库工具”→“关系”按钮，然后单击“显示表”按钮。

② 在“显示表”对话框中，单击“tEmployee”表，然后单击“添加”按钮，接着使用同样的方法将“tOrder”表和“tDetail”表添加到图 6-48 所示的“关系”对话框中。

③ 在三个表中，分析得出“tEmployee”表、“tOrder”表具有公共字段雇员号，选定“tEmployee”表中的“雇员号”字段，然后按下鼠标左键并拖动到“tOrder”表中的“雇员号”字段上，释放鼠标即可，同理，可以分析出“tOrder”表和“tDetail”表具有公共字段订单 ID，拖动公共字段即可以实现两表关联，最后得到三表的关系，如图 6-49 所示。

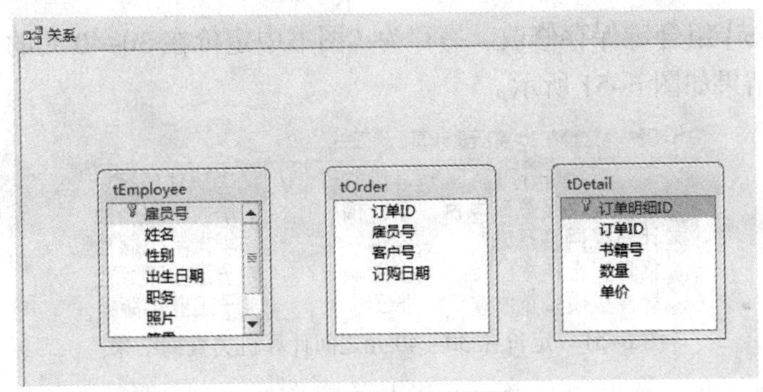

图 6-48　“关系”对话框

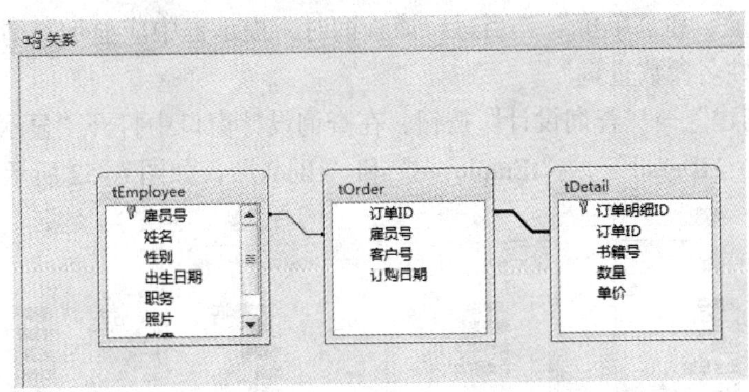

图 6-49　三表建立关系结果

（7）创建一个查询，查找计算机类的图书中定价在 30~40 元之间的图书，并按定价升序顺序显示“书籍名称”“作者名”和“出版社名称”。所建查询名为“图书中定价在 30~40 元的计算机类图书”。

① 单击“创建”→“查询设计”按钮，在查询设计视图中打开“显示表”对话框，双击表“tBook”，关闭“显示表”对话框。

② 分别双击字段“书籍名称”、“作者名”、“定价”、“出版社名称”和“类别”字段。

③ 在“定价”字段条件行输入“>=30 And <=40”，取消该字段的显示，在“排序”行选择“升序”，在“类别”字段的“条件”行输入“计算机”，取消该字段显示，设置如图 6-50 所示。

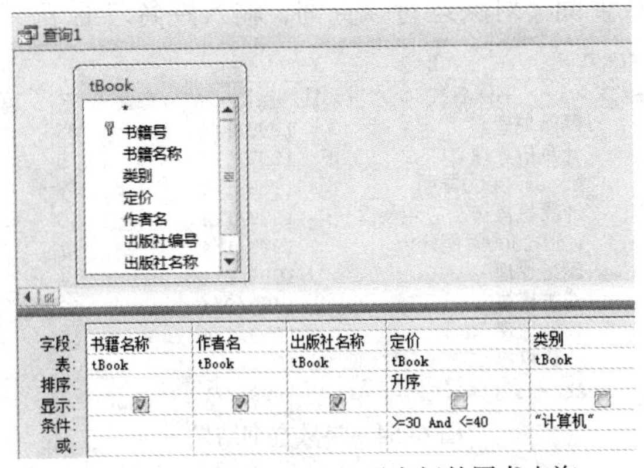

图 6-50　定价在 30 ~ 40 元之间的图书查询

④ 按【Ctrl+S】组合键保存修改，另存为“图书中定价在 30–40 元的计算机类图书”。双击该查询得出结果如图 6–51 所示。

图书中定价在30-40元的计算机类图书

书籍名称	作者名	出版社名称
计算机网络基础案例	李一楠	清华大学出版社
计算机网络基础	李楠	清华大学出版社
信息安全技术	张工城	电子工业出版社
计算机网络技术	张工	电子工业出版社

图 6–51　定价在 30 ~ 40 元之间计算机类查询结果

（8）创建一个查询，查找某雇员的售书信息，并显示“姓名”、“书籍名称”、“订购日期”、“数量”和“单价”。当运行该查询时，提示框中应显示“请输入姓名：”。所建查询名为“姓名参数查询”。

① 单击“创建”→“查询设计”按钮，在查询设计窗口中打开“显示表”对话框，双击表“tOrder”、“tDetail”、“tEmployee”和“tBook”，如图 6–52 所示。

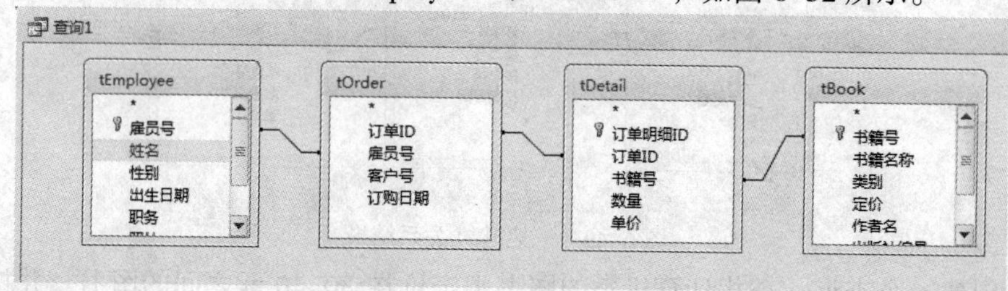

图 6–52　添加查询所需的表

② 双击“姓名”、“书籍名称”、“订购日期”、“数量”和“单价”字段，在“姓名”的“条件”行输入“[请输入姓名：]”，设置如图 6–53 所示。

字段:	姓名	书籍名称	订购日期	数量	单价
表:	tEmployee	tBook	tOrder	tDetail	tDetail
排序:					
显示:	☑	☑	☑	☑	☑
条件:	[请输入姓名：]				
或:					

图 6–53　查询条件的设置

③ 按【Ctrl+S】组合键保存修改，另存为“姓名参数查询”。关闭设计视图。

④ 双击“姓名参数查询”对象运行该查询，输入姓名“王宁”，结果如图 6–54 所示。

姓名查数查询

姓名	书籍名称	订购日期	数量	单价
王宁	网络原理	1999/1/4	23	15
王宁	计算机原理	1999/1/4	5	12
王宁	Access2000导引	1999/1/4	7	23
王宁	计算机操作及应用教程	1999/1/4	45	45
王宁	WORD2000案例分析	1999/1/4	47	35
王宁	网络原理	1999/2/4	4	56
王宁	成本核算	1999/2/4	32	32
王宁	会计原理	1999/2/4	65	20
王宁	计算机操作及应用教程	1999/2/4	65	32
王宁	Access2000导引	1999/2/1	78	12

图 6–54　参数查询结果

（9）创建一个查询，计算每名雇员的奖金，显示标题为“雇员号”和“奖金”。并生成一个表“每名雇员的奖金表”，所建查询名为“每名雇员的奖金”。

① 单击“创建”→“查询设计”按钮，在查询设计视图中打开“显示表”对话框，双击表“tEmployee”“tOrder”“tDetail”，如图 6-55 所示。

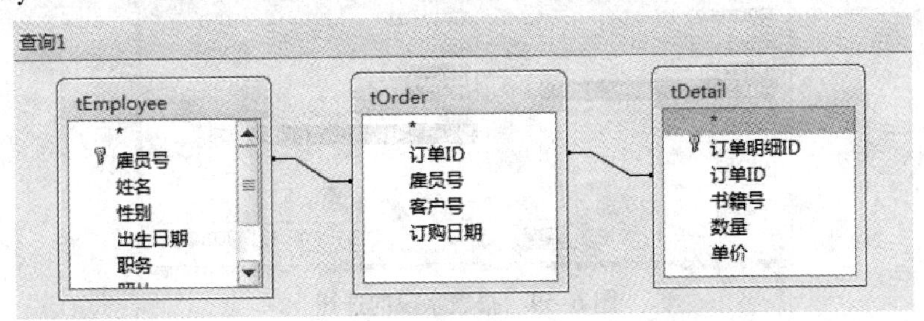

图 6-55 添加查询所需的表

② 单击“设计”选项卡中“汇总”，双击“雇员号”字段，在“总计”行选择 Group By，在下一字段行输入“奖金:sum([单价]*[数量]*0.1) ”，在“总计”行选择 Expression，如图 6-56 所示。

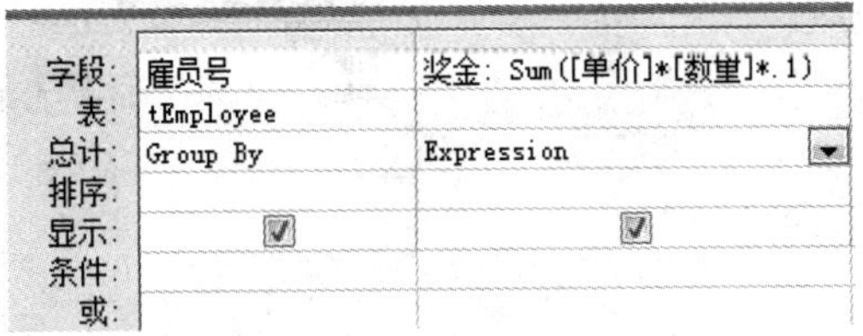

图 6-56 查询设置

③ 按【Ctrl+S】组合键保存修改，另存为“每名雇员的奖金”。关闭设计视图。

④ 打开“每名雇员的奖金”设计视图，单击“设计”→“生成表”按钮，在打开的对话框中输入生成表的名称，如图 6-57 所示。

⑤ 单击“设计”→“运行”按钮，单击“是”按钮，可以看到生成了一个新表“每名雇员的奖金表”，表数据如图 6-58 所示。

图 6-57 设置生成表的名称

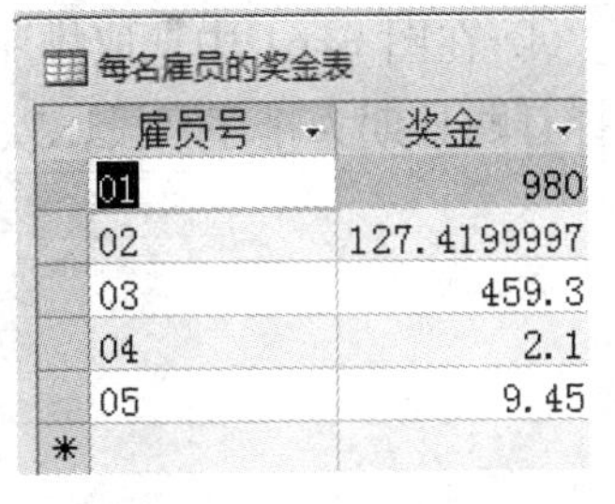
每名雇员的奖金表

雇员号	奖金
01	980
02	127.4199997
03	459.3
04	2.1
05	9.45

图 6-58 奖金表数据

（10）创建一个报表，按照雇员的姓名分组显示每个雇员的“姓名”、“书籍名称”、“订购日期”、“数量”和“单价”信息，将报表命名为“雇员的姓名分组信息报表”。

① 分析并建立好表“tOrder”、“tDetail”、“tEmployee”和“tBook”的关系，如图 6-52 所示，关闭关系窗口。

② 单击“创建”→“报表向导”按钮，依次选择“姓名”、“书籍名称”、“订购日期”、“数量”和“单价”字段，如图 6-59 所示，单击“下一步”按钮。

③ 在图 6-60 中设置分组，双击“姓名”字段以此为分组依据，单击“下一步”按钮。

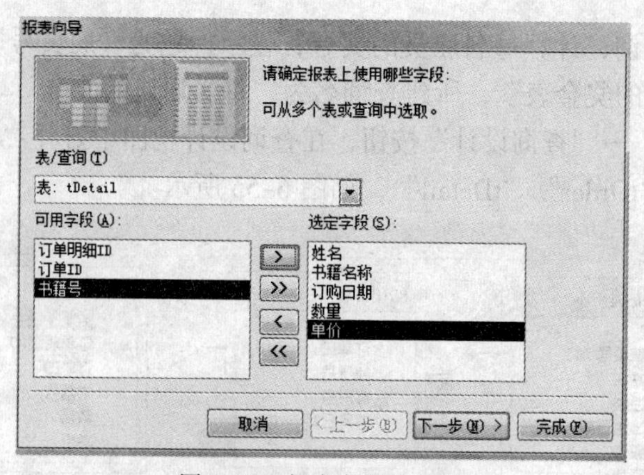

图 6-59　报表字段的选择

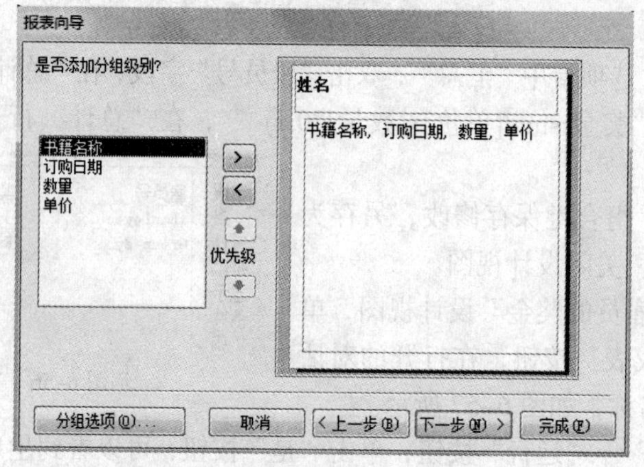

图 6-60　设置分组依据

④ 在图 6-61 中选取排序依据，表示预览及打印时，将以此字段作为排序依据，本例选择订购日期为排序字段，默认升序排列，然后单击“下一步”按钮。

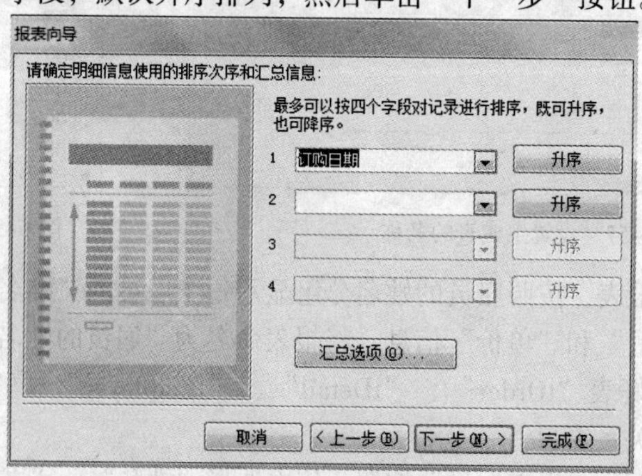

图 6-61　设置排序依据

⑤ 在图 6-62 中确定好报表布局，单击“下一步”按钮。

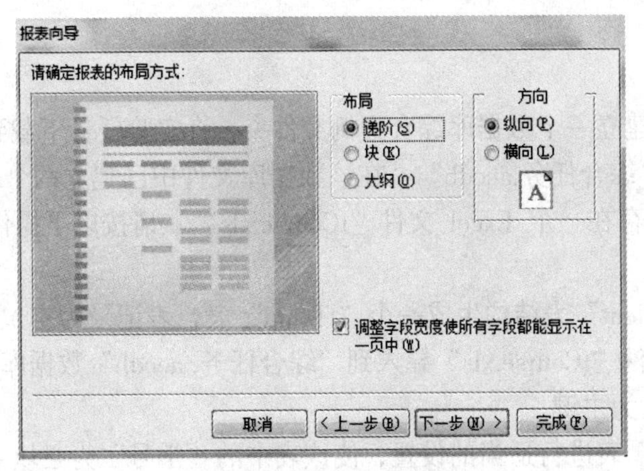

图 6-62　确定报表布局

⑥ 在图 6-63 中确定好报表名称：雇员的姓名分组信息报表，单击“完成”按钮，经过一定的布局修改即可得到满足要求的报表，如图 6-64 所示。

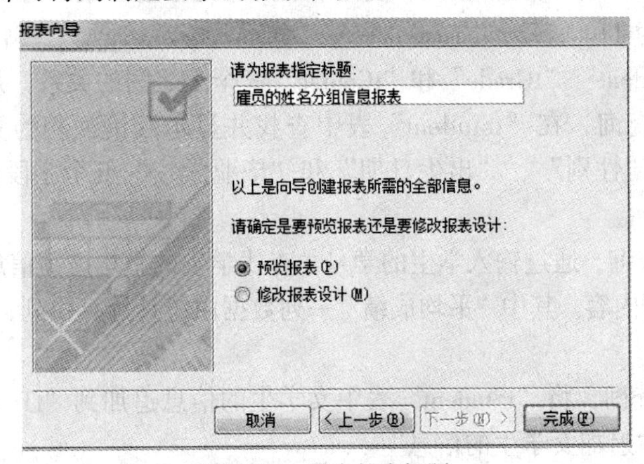

图 6-63　指定报表标题

雇员的姓名分组信息报表

雇员的姓名分组信息报表

姓名	书籍名称	订购日期	数量	单价
李清				
	计算机原理	1999/1/5	8	22.4
	成本会计	1999/1/5	45	21
	Excel2000应用教程	1999/1/5	12	12.5
王创				
	网络原理	1999/2/3	41	34
	WORD2000案例分析	1999/3/4	45	65
	计算机原理	1999/3/4	14	12.5
	Access2000导引	1999/3/4	9	11
王宁				
	网络原理	1999/1/4	23	15
	计算机原理	1999/1/4	5	12
	Access2000导引	1999/1/4	7	23
	计算机操作及应用教程	1999/1/4	45	45
	WORD2000案例分析	1999/1/4	47	35
	Access2000导引	1999/2/1	78	12
	网络原理	1999/2/4	4	56
	成本核算	1999/2/4	32	32

图 6-64　报表向导生成报表结果

三、实验任务

【任务】在E盘建立一个数据库综合案例文件夹，将实验任务下载到该文件夹下，其中有一个数据库文件“综合任务.accdb”，在该数据库文件中已建立两个表对象“tGrade”和“tStudent”，同时还存在一个 Excel 文件“tCourse.xls”。请按以下操作要求，完成相应任务：

（1）根据“tStudent”表结构生成一个“tTemp”表，表记录为空。

（2）将Excel文件“tCourse.xls”导入到“综合任务.accdb”数据库文件中，表名不变，设“课程编号”字段为主键。

（3）对“tGrade”表进行适当的设置，使该表中的“学号”为必填字段，“成绩”字段的输入值为非负数，并在输入出现错误时提示“成绩应为非负数，请重新输入！”信息。

（4）将“tGrade”表中成绩低于60分的记录全部删除。

（5）设置“tGrade”表的显示格式，使显示表的单元格显示效果为“凹陷”、文字字体为“宋体”、字号为11。

（6）建立“tStudent”“tGrade”和“tCourse”三个表之间的关系，并实施参照完整性。

（7）创建一个查询，在“tStudent”表中查找并显示政治面貌为党员的学生的“学号”、“姓名”、“性别”、“出生日期”和“毕业学校”五个字段内容，将查询命名为“党员学生信息”。

（8）创建一个查询，通过输入学生的学号，查找学生的平均成绩信息，并显示“学号”和“平均成绩”两列内容。其中“平均成绩”一列数据由统计计算得到，将查询命名为“学生平均成绩查询”。

（9）创建一个查询，将“tStudent”表中女学生的信息追加到“tTemp”表对应的字段中，将查询命名为“追加女学生的信息”。

（10）创建一个标签报表，要求标签上打印出学生的学号、姓名、课程名称和成绩信息，将标签命名为“学生课程成绩标签”。

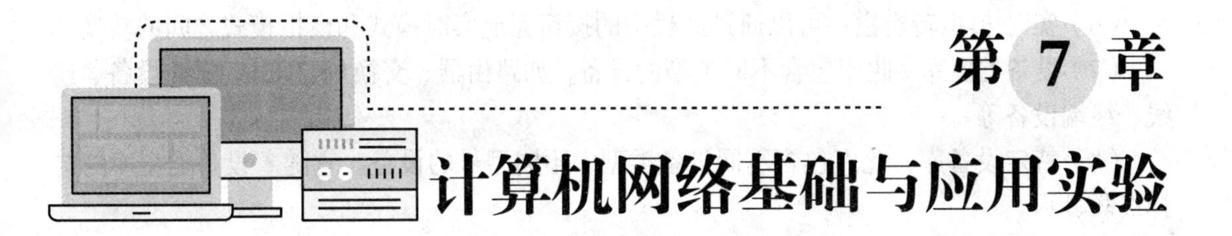

第 7 章 计算机网络基础与应用实验

网络技术发展迅速、应用广泛，网络基础应用实验是计算机基础实验教学的重要组成部分。实验的目的是为了让学生使用网络仿真软件模拟小型局域网的组建过程，初步了解IP地址和子网掩码的使用场所，也能使用FTP工具软件进行文件的下载和上传等。

实验 7-1 局域网的模拟组建

一、实验目的

（1）熟悉 Packet Tracer 的系统环境及主要功能。

（2）学习使用 Packet Tracer 进行网络拓扑的搭建。

（3）学习使用 Packet Tracer 对设备进行配置，并进行简单的测试。

（4）验证多台连接在网络设备的计算机之间的连通性。

二、实验示例

【例 7-1】Packet Tracer 的基本操作。

Packet Tracer 是 Cisco 公司为思科网络技术学院开发的一款模拟软件，可以用来模拟局域网的实验。用户使用该仿真软件模拟在PC上搭建网络环境，可以在图形用户界面上直接使用拖动的方法建立网络拓扑，这样就不需要购买昂贵的网络设备，降低了普通用户学习网络知识的门槛。本教材使用 Packet Tracer 6.2 Student Version 免费版本。

1. 认识 Packet Tracer 6.2 的基本界面

打开 Packet Tracer 6.2 Student Version 时界面如图 7-1 所示。

（1）菜单栏：此栏中有文件、选项和帮助按钮，在此可以找到一些基本的命令如打开、保存、打印和选项设置，还可以访问活动向导。

（2）主工具栏：此栏提供了“文件”按钮中命令的快捷方式，还可以单击右边的“网络信息”按钮，为当前网络添加说明信息。

（3）逻辑/物理工作区转换栏：通过此栏中的按钮可完成逻辑工作区和物理工作区之间的转换。

（4）工作区：此区域中可以创建网络拓扑，监视模拟过程查看各种信息和统计数据。

（5）常用工具栏：此栏提供了常用的工作区工具，包括选择、整体移动、备注、删除、查看、添加简单数据包和添加复杂数据包等。

（6）实时/模拟转换栏：可以通过此栏中的按钮完成实时模式和模拟模式之间的转换。

（7）设备类型库：此库包含不同类型的设备，如路由器、交换机、Hub、无线设备、连线、终端设备等。

（8）特定设备库：此库包含不同设备类型中不同型号的设备，它随着设备类型库的选择级联显示。

（9）用户数据包窗口：此窗口管理用户添加的数据包。

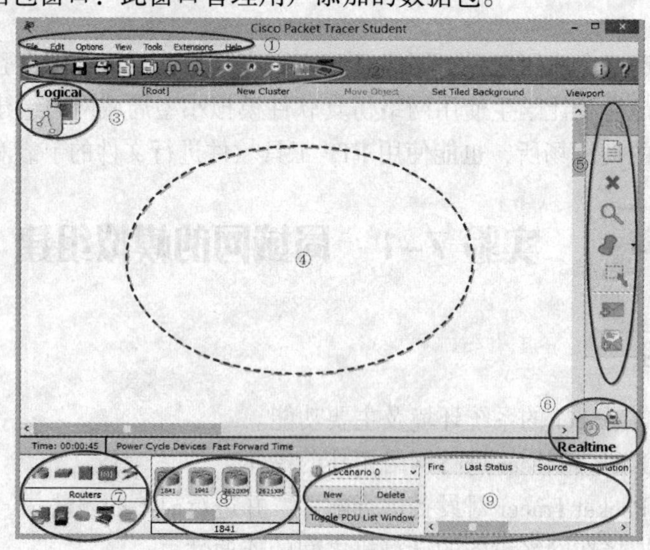

图 7-1　Packet Tracer 6.2 基本界面

2. 选择网络设备及 PC 构建网络拓扑

我们在工作区中添加一个 2600 XM 路由器。首先在设备类型库中选择路由器，特定设备库中单击 2600 XM 路由器，然后在工作区中单击就可以把 2600 XM 路由器添加到工作区中。我们用同样的方式再添加一个 2950-24 交换机和两台 PC。注意可以按住【Ctrl】键再单击相应设备以连续添加设备，如图 7-2 所示。

图 7-2　设备添加

接下来要选取合适的线型将设备连接起来。可以根据设备间的不同接口选择特定的线型来连接，如果只是想快速地建立网络拓扑而不考虑线型选择时可以选择自动连线，如图 7-3 所示。

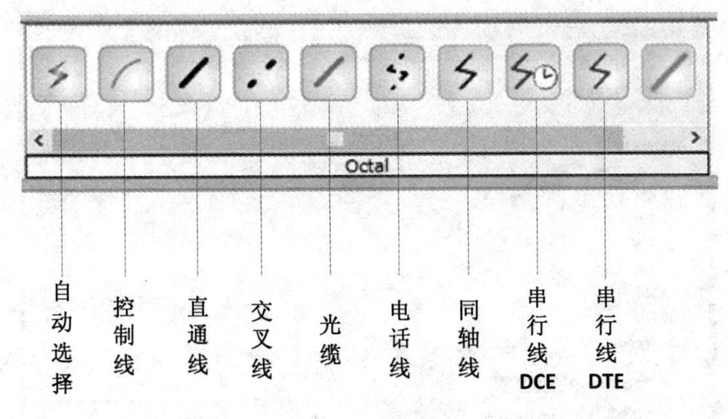

图 7-3　线型介绍

在图 7-2 的基础上，再添加一个 2950-24 交换机和一台 PC，如图 7-4 所示。

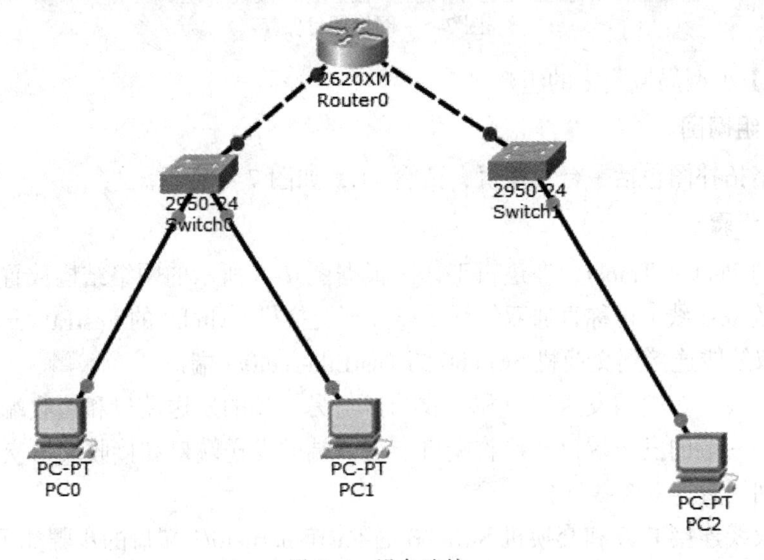

图 7-4　设备连接

看到各线缆两端有不同颜色的圆点，它们分别表示的含义如表 7-1 所示。

表 7-1　线缆两端亮点含义

链路圆点的状态	含　义
亮绿色	物理连接准备就绪，还没有 Line Protocol status 的指示
闪烁的绿色	连接激活
红色	物理连接不通，没有信号
黄色	交换机端口处于“阻塞”状态

线缆两端圆点的不同颜色有助于进行连通性的故障排除。

网络拓扑建好后，单击“File”→“Save as”命令，保存该项目，命名为 zyw_test1.pkt。下次在 Packer Tracer 软件中打开该项目就可以测试、配置自己的网络，如图 7-5 所示。

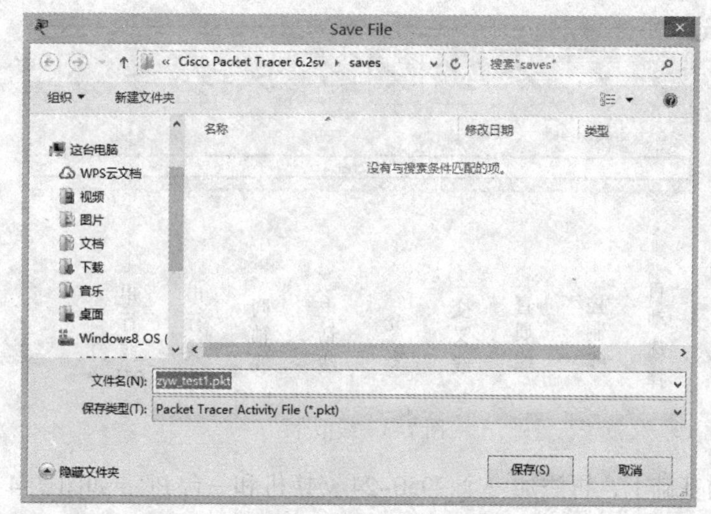

图 7-5　网络项目保存

【例 7-2】小型局域网络的组建。

1．实验组网图

实验网络拓扑图包括一台交换机，两台 PC，如图 7-6 所示。

2．实验步骤

（1）启动 Packet Tracer，在逻辑工作区根据图 7-6 所示的网络结构放置和连接设备，将 PC0 用直连双绞线（也称直通双绞线）连接到交换机 Switch0 的 FastEthernet0/1 端口，将 PC1 用直连双绞线连接到交换机 Switch0 的 FastEthernet0/2 端口。

直连双绞线将一端的发送端口和接收端口与另一端的发送端口和接收端口直接连接。交叉双绞线将一端的发送端口和接收端口与另一端的发送端口和接收端口交叉连接。终端和交换机之间用直连双绞线连接。

直连双绞线连接 PC0 和交换机 Switch0 的 FastEthernet0/1 端口的步骤如下，在设备类型选择框中单击连接线（Connections），在设备选择框中单击直连双绞线（Copper Straight-Through），出现水晶头形状的光标。将光标移到 PC0 并单击，出现图 7-7 所示的 PC0 接口列表，选择 FastEthernet 接口。

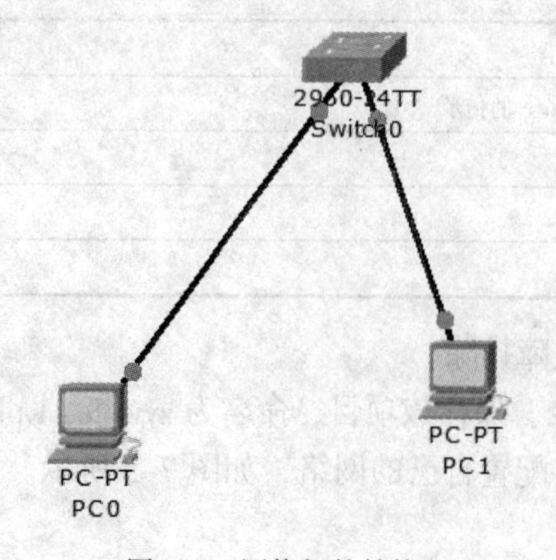

图 7-6　网络拓扑结构

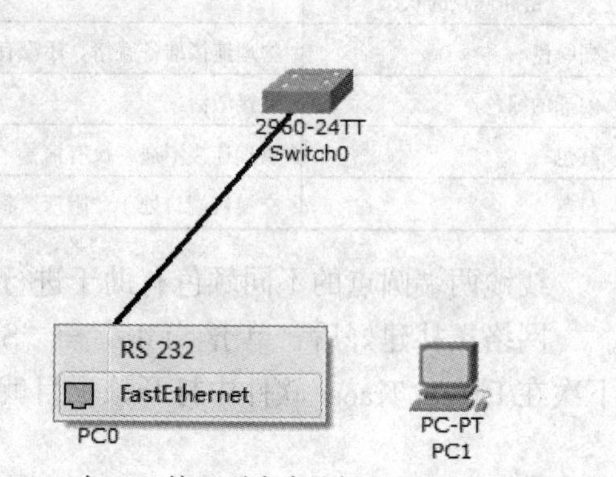

图 7-7　在 PC0 接口列表中选择 FastEthernet 接口

将光标移到交换机 Switch0 并单击，出现图 7–8 所示的交换机 Switch0 未连接的端口列表，选择 FastEthernet0/1 端口，完成直连双绞线连接 PC0 和交换机 Switch0 的 FastEthernet0/1 端口的过程。

用同样的步骤完成直连双绞线连接 PC1 和交换机 Switch0 的 FastEthernet0/2 端口的过程后，出现图 7–9 所示的逻辑工作区界面。

图 7–8　在 Swtch0 端口列表中选择 FastEthernet0/1 端口

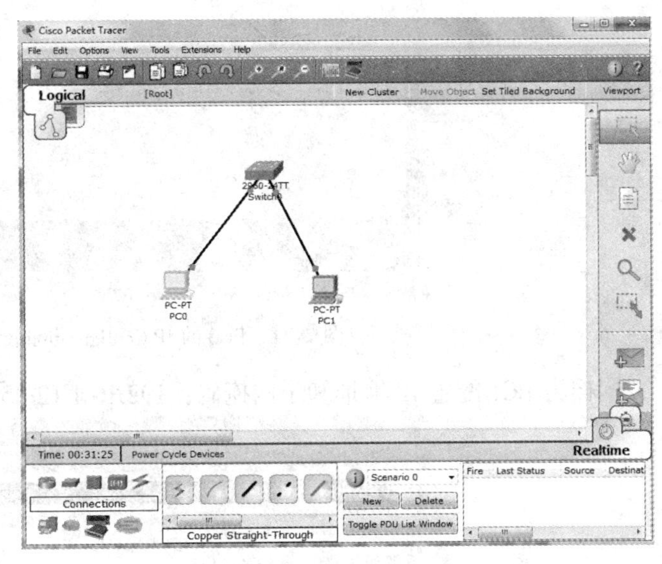

图 7–9　放置和连接设备后的逻辑工作区

（2）为 PC0 配置 IP 地址和子网掩码：192.10.1.11/255.255.255.0，双击网络拓扑中的 PC0，打开 PC0 对话框界面，如图 7–10 所示。

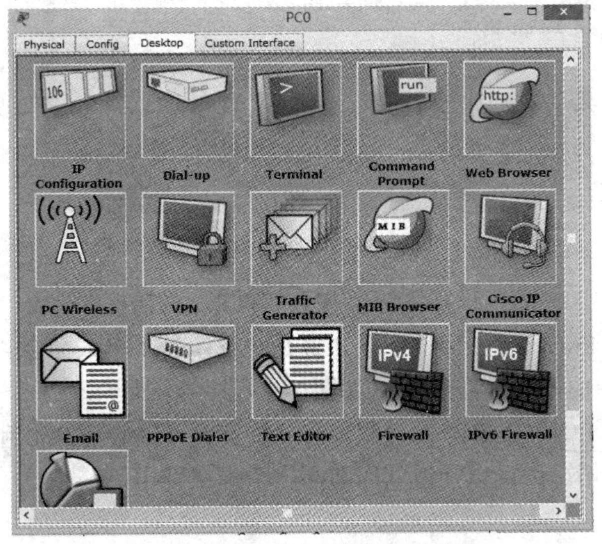

图 7–10　PC0 以太网接口配置界面

选择“Desktop”选项卡，然后单击“IP Configuration”图标，在打开的“IP Configuration”界面中，填入 IP 地址和子网掩码，如图 7-11 所示。

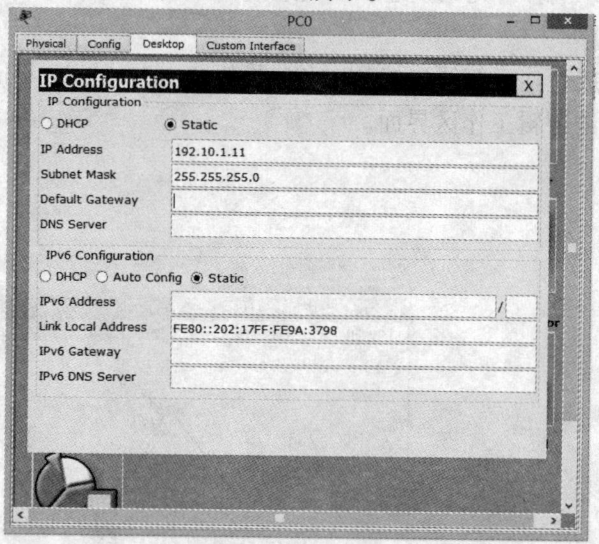

图 7-11　PC0 的 IP Configuration 配置界面

同样为 PC1 配置 IP 地址和子网掩码：192.10.1.12/255.255.255.0，如图 7-12 所示。

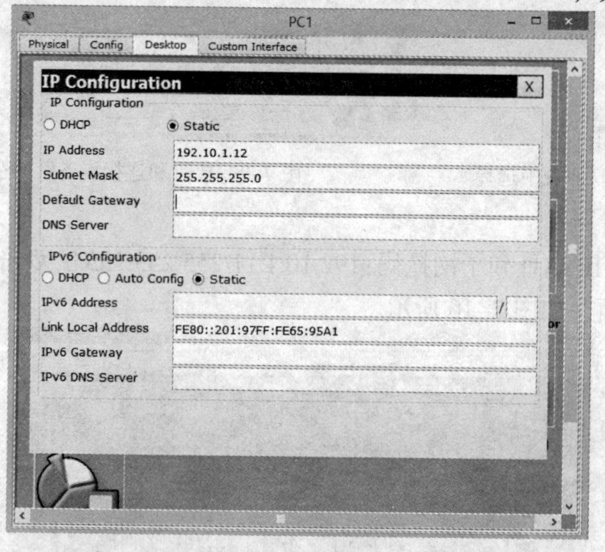

图 7-12　PC1 的 IP Configuration 配置界面

（3）在网络拓扑中，双击 PC0 图标，打开“PC0”对话框，选择“Desktop”选项卡，然后单击“Command Prompt”图标，可在 PC0 命令提示符下输入命令“ping 192.10.1.12”，完成 PC0 和 PC1 之间的一次 ping 操作，如图 7-13 所示。

同样也可以测试 PC1 ping PC0 的过程，通过该实验可以验证 PC0 和 PC1 连通性是正常的，根据它们的配置情况，可以知道它们在同一个局域网中。

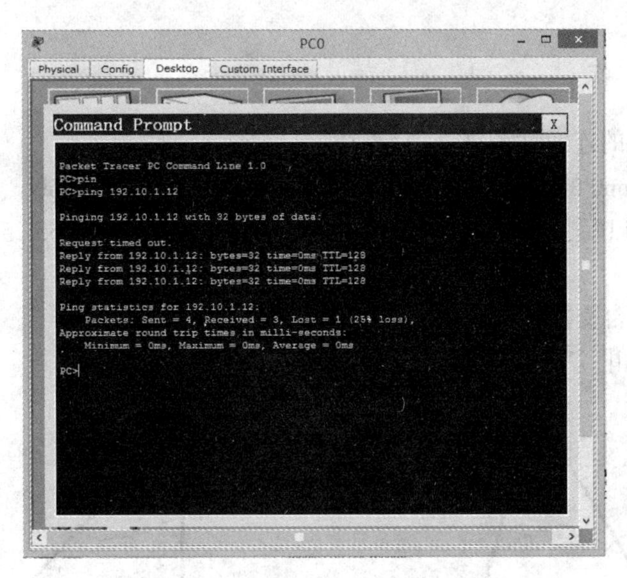

图 7-13　PC0 ping PC1 的测试界面

三、实验任务

【任务一】带无线路由器的小型局域网连接。

（1）网络拓扑如图 7-14 所示。

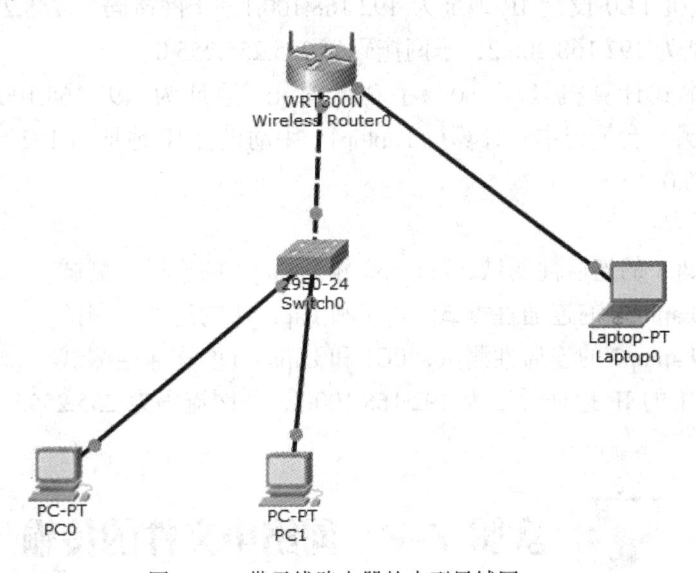

图 7-14　带无线路由器的小型局域网

其中，台式机 PC0 设置 IP 地址为 192.168.0.1，子网掩码为 255.255.255.0；台式机 PC1 设置 IP 地址为 192.168.0.2，子网掩码为 255.255.255.0 ；两台台式机的网关 192.168.0.1，DNS 服务器地址为 202.10.20.6。

还有一台笔记本式计算机 Laptop0，可以自动获取 IP 地址，也可以手动设置 IP 地址：192.168.0.3，子网掩码为 255.255.255.0；Laptop0 的网关 192.168.0.1，DNS 服务器地址：

202.10.20.6。

（2）测试要求：

① PC0 和 PC1 的连通性测试。

② PC0 和 Laptop0 的连通性测试，PC1 和 Laptop0 的连通性测试。

③ 若将 PC1 的 IP 地址设置为 192.168.10.2，子网掩码为 255.255.255.0，PC0 和 PC1 能否 Ping 通？

【任务二】带两台交换机的小型局域网连接。

（1）网络拓扑如图 7-15 所示。

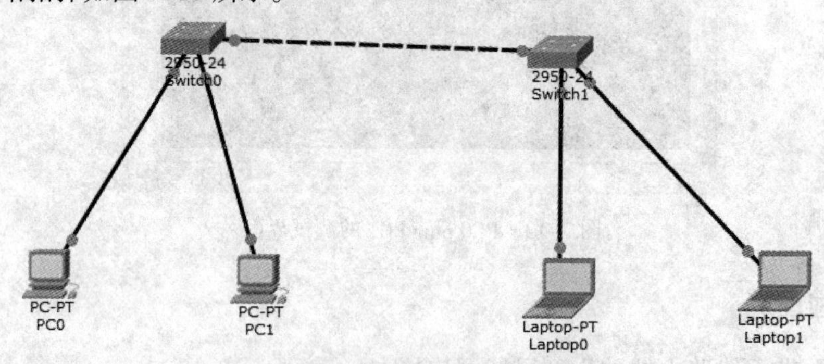

图 7-15　两台交换机连接的小型局域网

其中，台式机 PC0 设置 IP 地址为 192.168.100.1，子网掩码为 255.255.255.0；台式机 PC1 设置 IP 地址为 192.168.200.2，子网掩码为 255.255.255.0。

一台笔记本式计算机 Laptop0，手动设置 IP 地址为 192.168.100.3，子网掩码为 255.255.255.0；另一台笔记本式计算机 Laptop1，手动设置 IP 地址为 192.168.200.4，子网掩码为 255.255.255.0。

（2）测试要求：

① PC0 和 PC1 的连通性测试，Laptop0 和 Laptop1 的连通性测试。

② PC0 和 Laptop0 的连通性测试，PC1 和 Laptop1 的连通性测试。

③ PC0 和 Laptop1 的连通性测试，PC1 和 Laptop0 的连通性测试。

④ 若将 PC1 的 IP 地址设置为 192.168.100.2，子网掩码为 255.255.255.0，PC0 和 PC1 能否 ping 通？

实验 7-2　网络中文件的传输

一、实验目的

（1）掌握 FTP 命令的使用。

（2）掌握浏览器中访问 FTP 站点的方法。

（3）掌握手机和计算机文件的互传。

（4）掌握 FTP 工具软件的使用方法。

二、实验示例

【例 7-3】Packet Tracer 模拟搭建 FTP 服务器、客户机。

采用图 7-16 所示的拓扑，实现 FTP 中文件下载、上传功能。

PC-PT
PC0
172.16.1.2

Server-PT
Server0
172.16.1.1

图 7-16　FTP 网络拓扑

1. 配置 FTP 服务器用户名和密码

双击 FTP 网络拓扑中的 Server0，选择“Desktop”选项卡，单击“IP Configuration”图标，填入 IP 地址和子网掩码，如图 7-17 所示。

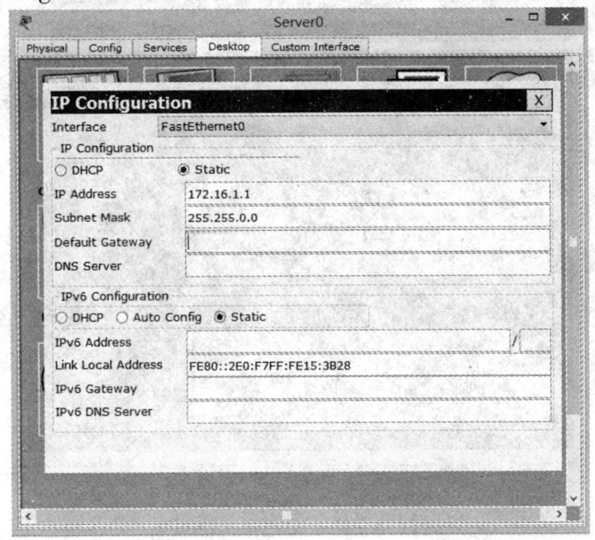

图 7-17　FTP 服务器 IP Configuration 配置界面

2. 配置 FTP 服务器用户名和密码

双击 FTP 网络拓扑中的 Server0，选择“Services”选项卡，如图 7-18 所示。

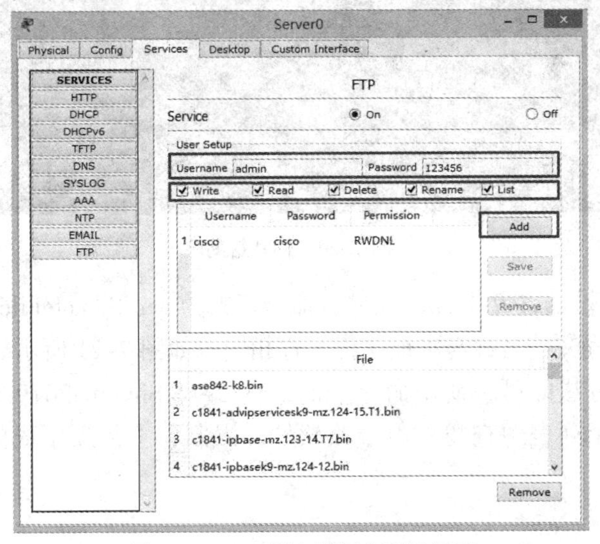

图 7-18　FTP 服务器用户配置界面

系统默认已存在用户名密码同为 cisco 的账户信息，新建用户名和密码同为 admin 的账户，添加 RWDNL 权限，密码为 123456，单击“添加”按钮。（注意这里默认没有 anonymous 用户，也不能创建 anonymous 用户，必须创建具有用户名密码的账户信息。）

3. FTP 客户机登录

在 FTP 客户机 desktop 中，单击“IP Configuration”图标，填入 IP 地址和子网掩码（172.16.1.1 和 255.255.255.0），然后单击“command prompt”图标（注意 Web browser 无登录 FTP 功能）。在弹出的对话框中输入如下内容，密码为 123456，如图 7-19 所示。

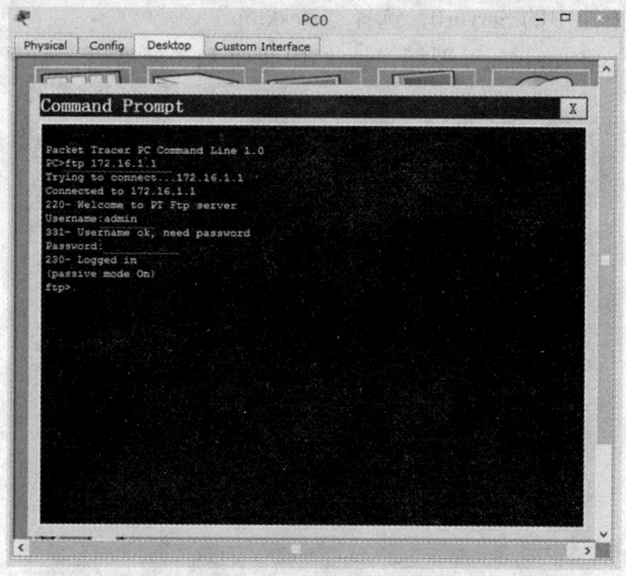

图 7-19　FTP 客户机登录界面

使用“帮助”命令查看可用命令，如图 7-20 所示。

```
ftp>help
        cd
        delete
        dir
        get
        put
        pwd
        quit
        rename
```

图 7-20　FTP 帮助

使用 get 命令下载 asa842-k8.bin 文件，命令格式为 get RemoteFile [LocalFile]，在此忽略 localfile，表示远程文件名称与本地文件名称相同，如图 7-21 所示。

上传使用同样方法即可，使用命令 put asa842-k8.bin abc2019.bin，注意：get、put 完成后，不要在这个列表中查找，由于该软件的限制，上传新生成的 abc2019.bin 是找不到的。

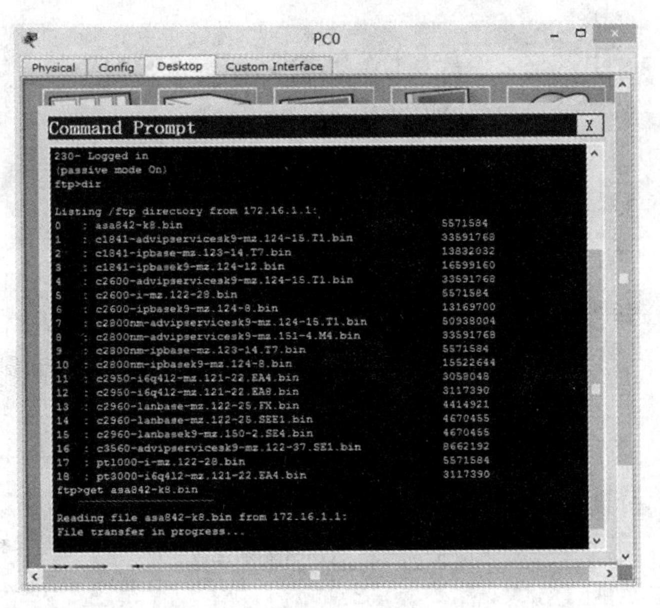

图 7-21　FTP 客户机下载文件

【例 7-4】使用 FlashFXP 软件工具。

在 E 盘上建立“网络基础练习”文件夹。

（1）下载并安装 FlashFXP 软件，百度即可以找到这个软件。

（2）安装完成以后，打开 FlashFXP 软件，如图 7-22 所示。

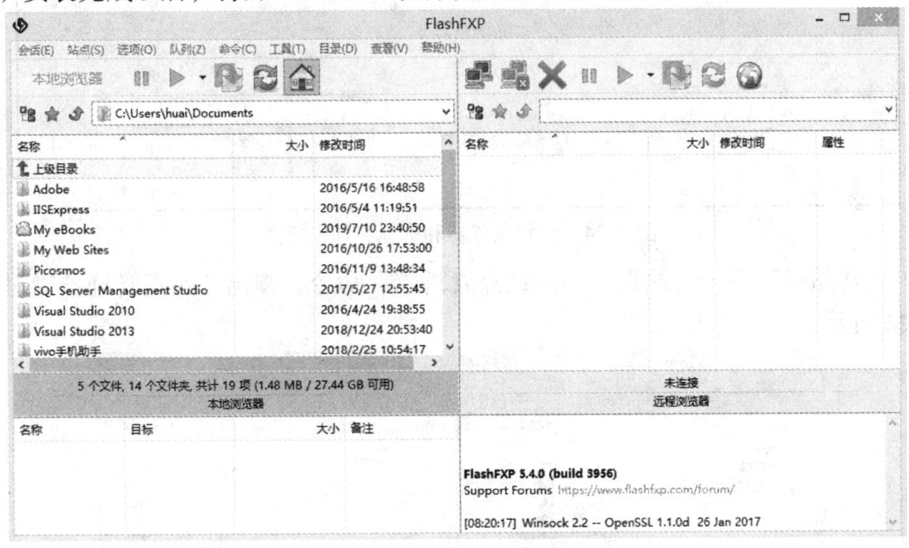

图 7-22　FlashFXP 软件初始界面

（3）设置 FlashFXP 的默认下载文件夹在（选项→参数选择→常规→默认下载文件夹）中选择，如图 7-23 所示。

（4）设置 FlashFXP 的界面（习惯左边是服务器的文件列表，右边是本地计算机的默认下载文件夹）。单击“地球”“房屋”按钮即可切换，如图 7-24 所示。

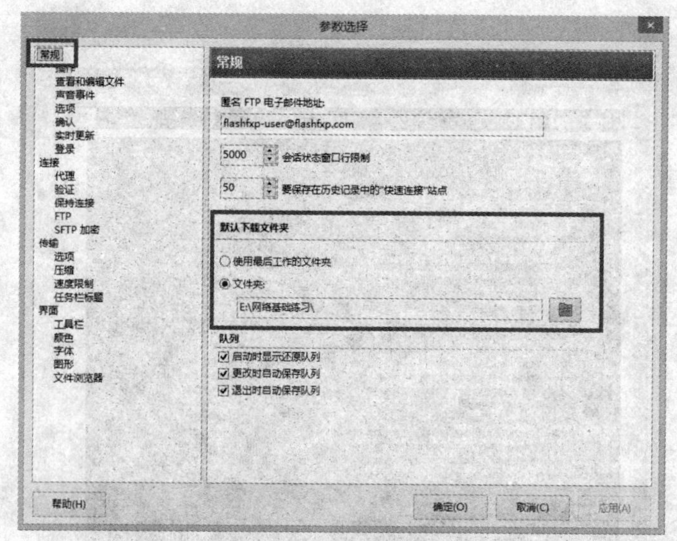

图 7-23　FlashFXP 参数选择

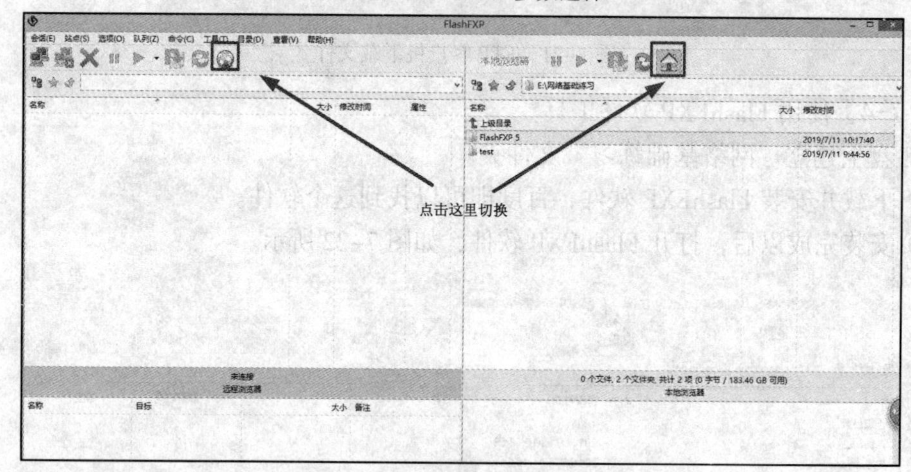

图 7-24　远程服务器和本地文件夹切换

（5）新建站点。单击“站点”→“站点管理器”命令，弹出“站点管理器”对话框，如图 7-25 所示。

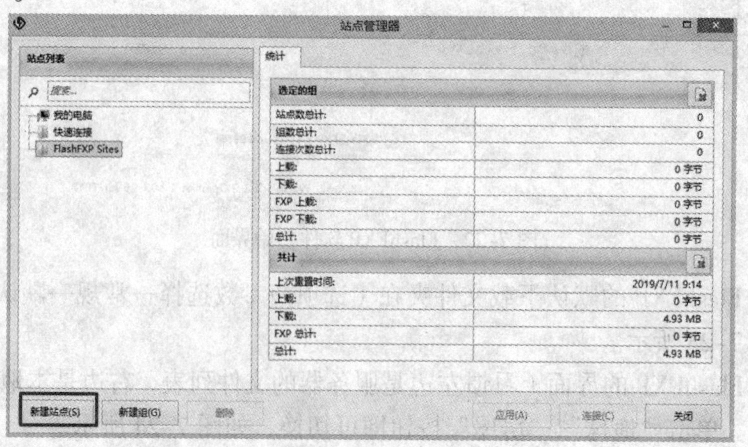

图 7-25　FlashFXP“站点管理器”对话框

单击“新建站点”按钮，输入站点名字“我的音乐 FTP”，如图 7–26 所示。

（6）输入 FTP 的服务器地址“ftp.scene.org”（有些是网址，有些是 IP 地址），端口一般是 21（不修改）、账号是“匿名”、远程路径是“/music/groups”，本地路径等信息，如图 7–27 所示。

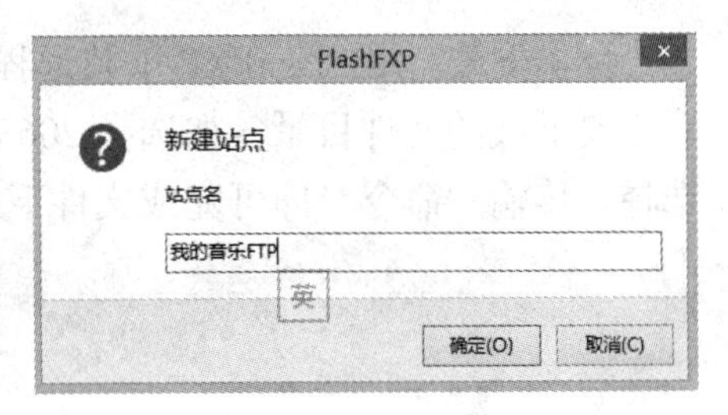

图 7–26　FlashFXP 新建站点对话框

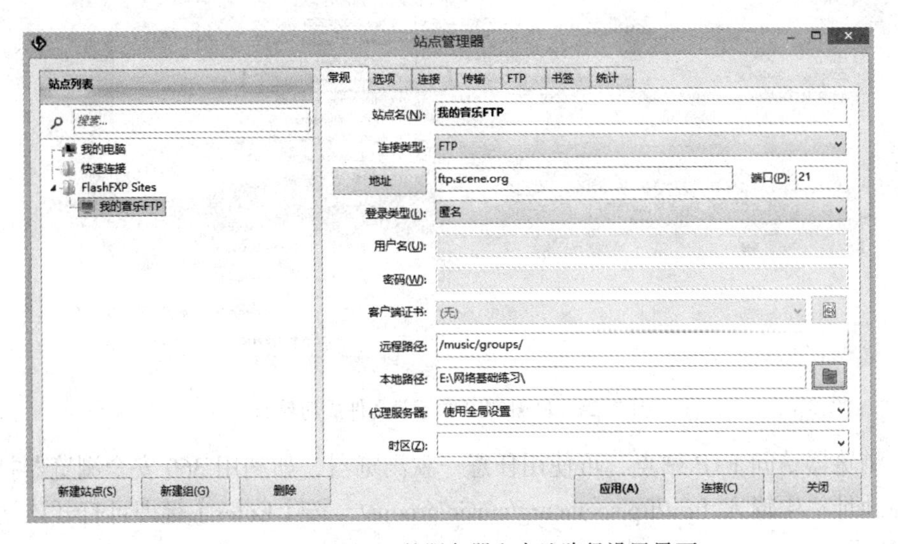

图 7–27　FlashFXP 的服务器和本地路径设置界面

（7）FTP 站点信息录入完毕以后，显示“列表”完成: 20KB 耗时 2 秒 (11.2 KB/s)”，如图 7–28 所示。

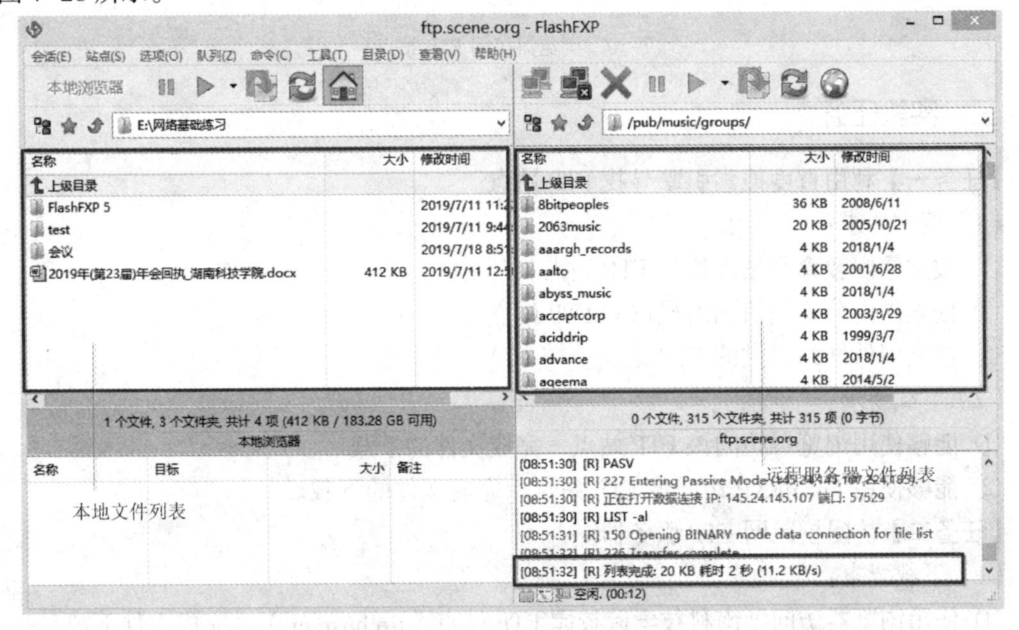

图 7–28　FlashFXP 的连接成功界面

（8）下载。用 FlashFXP 下载远程服务器文件至本地计算机，在右边窗口找到远程服务器需要下载的文件目录，如选择 2063music 文件夹，选中需要下载的文件和文件夹，右击，选择“传输”命令。即可完成文件下载，如图 7-29 所示。

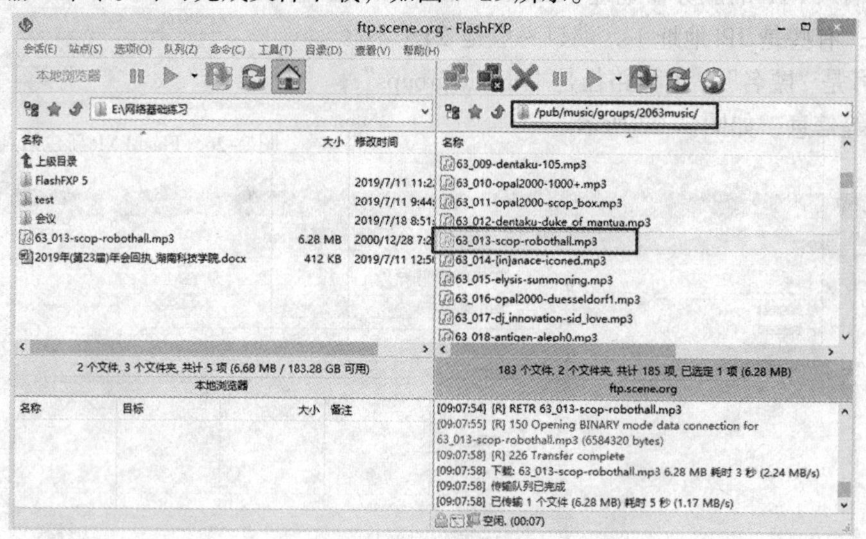

图 7-29 FlashFXP 的下载文件成功界面

（9）浏览器访问 FTP 站点，可使用任意一款浏览器，如利用 360 安全浏览器打开 FTP 站点，在地址栏中输入 ftp://ftp.scene.org/music/groups/，按【Enter】键即可打开该站点，如图 7-30 所示。

7-30 浏览器访问 FTP 站点

三、实验任务

【任务一】利用百度搜索引擎寻找 FTP 站点。

（1）搜索要求：

① 搜索国内教育网站提供的 FTP 站点。

② 搜索国内公共通信网络提供的 FTP 站点。

③ 搜索国外网站提供的 FTP 站点。

（2）下载要求：

① 能够使用浏览器访问该 FTP 站点，完成文件的下载。

② 能够使用 FlashFXP 访问该 FTP 站点，完成文件的下载。

【任务二】访问校园网 FTP 服务器。

（1）下载要求：

① 使用浏览器访问湖南科技学院校园 FTP 站点（ftp.huse.cn），完成文件下载。

② 使用FlashFXP访问湖南科技学院校园FTP站点，完成文件的下载。

③ 使用FlashFXP软件后，断开远程服务器与本地计算机的连接。

（2）上传要求：

① 在湖南科技学院校园FTP站点temp文件夹中，找到学生所在的院系，教师建立任课班级的文件夹。

② 学生将本地计算机的某个文件传输到教师建立任课班级的文件夹中。

③ 学生浏览后并删除刚传输的文件，禁止删除他人上传的文件。

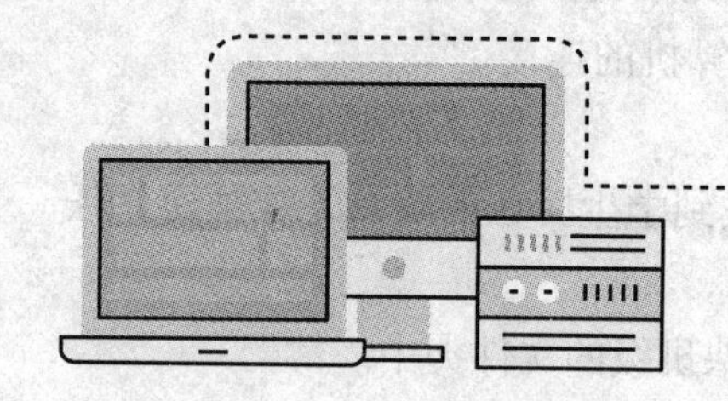

附录 A

2019 年全国计算机等级考试一级 MS Office 考试大纲

1. 基本要求

（1）具有微型计算机的基础知识（包括计算机病毒的防治常识）。

（2）了解微型计算机系统的组成和各部分的功能。

（3）了解操作系统的基本功能和作用，掌握 Windows 的基本操作和应用。

（4）了解文字处理的基本知识，熟练掌握文字处理 MS Word 的基本操作和应用，熟练掌握一种汉字（键盘）输入方法。

（5）了解电子表格软件的基本知识，掌握电子表格软件 Excel 的基本操作和应用。

（6）了解多媒体演示软件的基本知识，掌握演示文稿制作软件 PowerPoint 的基本操作和应用。

（7）了解计算机网络的基本概念和因特网（Internet）的初步知识，掌握 IE 浏览器软件和 Outlook Express 软件的基本操作和使用。

2. 考试内容

1）计算机基础知识

（1）计算机的发展、类型及其应用领域。

（2）计算机中数据的表示、存储与处理。

（3）多媒体技术的概念与应用。

（4）计算机病毒的概念、特征、分类与防治。

（5）计算机网络的概念、组成和分类；计算机与网络信息安全的概念和防控。

（6）因特网网络服务的概念、原理和应用。

2）操作系统的功能和使用

（1）计算机软、硬件系统的组成及主要技术指标。

（2）操作系统的基本概念、功能、组成及分类。

（3）Windows 操作系统的基本概念和常用术语，文件、文件夹、库等。

（4）Windows 操作系统的基本操作和应用：

① 桌面外观的设置，基本的网络配置。

② 熟练掌握资源管理器的操作与应用。

③ 掌握文件、磁盘、显示属性的查看、设置等操作。
④ 中文输入法的安装、删除和选用。
⑤ 掌握检索文件、查询程序的方法。
⑥ 了解软、硬件的基本系统工具。

3）文字处理软件的功能和使用

（1）Word 的基本概念，Word 的基本功能和运行环境，Word 的启动和退出。

（2）文档的创建、打开、输入、保存等基本操作。

（3）文本的选定、插入与删除、复制与移动、查找与替换等基本编辑技术；多窗口和多文档的编辑。

（4）字体格式设置、段落格式设置、文档页面设置、文档背景设置和文档分栏等基本排版技术。

（5）表格的创建、修改；表格的修饰；表格中数据的输入与编辑；数据的排序和计算。

（6）图形和图片的插入；图形的建立和编辑；文本框、艺术字的使用和编辑。

（7）文档的保护和打印。

4）电子表格软件的功能和使用

（1）电子表格的基本概念和基本功能，Excel 的基本功能、运行环境、启动和退出。

（2）工作簿和工作表的基本概念和基本操作，工作簿和工作表的建立、保存和退出；数据输入和编辑；工作表和单元格的选定、插入、删除、复制、移动；工作表的重命名和工作表窗口的拆分和冻结。

（3）工作表的格式化，包括设置单元格格式、设置列宽和行高、设置条件格式、使用样式、自动套用模式和使用模板等。

（4）单元格绝对地址和相对地址的概念，工作表中公式的输入和复制，常用函数的使用。

（5）图表的建立、编辑和修改以及修饰。

（6）数据清单的概念，数据清单的建立，数据清单内容的排序、筛选、分类汇总，数据合并，数据透视表的建立。

（7）工作表的页面设置、打印预览和打印，工作表中链接的建立。

（8）保护和隐藏工作簿和工作表。

5）PowerPoint 的功能和使用

（1）中文 PowerPoint 的功能、运行环境、启动和退出。

（2）演示文稿的创建、打开、关闭和保存。

（3）演示文稿视图的使用，幻灯片基本操作（版式、插入、移动、复制和删除）。

（4）幻灯片基本制作（文本、图片、艺术字、形状、表格等插入及其格式化）。

（5）演示文稿主题选用与幻灯片背景设置。

（6）演示文稿放映设计（动画设计、放映方式、切换效果）。

（7）演示文稿的打包和打印。

6）因特网的初步知识和应用

（1）了解计算机网络的基本概念和因特网的基础知识，主要包括网络硬件和软件，TCP/IP 协议的工作原理，以及网络应用中常见的概念，如域名、IP 地址、DNS 服务等。

（2）能够熟练掌握浏览器、电子邮件的使用和操作。

3. 考试方式

上机考试，考试时长 90 分钟，满分 100 分。

1）题型及分值

单项选择题（计算机基础知识和网络的基本知识）20 分；

Windows 操作系统的使用 10 分；

Word 操作 25 分；

Excel 操作 20 分；

PowerPoint 操作 15 分；

浏览器（IE）的简单使用和电子邮件收发 10 分。

2）考试环境

操作系统：中文版 Windows 7。

考试环境：Microsoft Office 2010。

附录 B

全国计算机等级考试二级 MS Office 高级应用考试大纲（2018 年版）

1. 基本要求

（1）掌握计算机基础知识及计算机系统组成。

（2）了解信息安全的基本知识，掌握计算机病毒及防治的基本概念。

（3）掌握多媒体技术基本概念和基本应用。

（4）了解计算机网络的基本概念和基本原理，掌握因特网网络服务和应用。

（5）正确采集信息并能在文字处理软件 Word、电子表格软件 Excel、演示文稿制作软件 PowerPoint 中熟练应用。

（6）掌握 Word 的操作技能，并熟练应用编制文档。

（7）掌握 Excel 的操作技能，并熟练应用进行数据计算及分析。

（8）掌握 PowerPoint 的操作技能，并熟练应用制作演示文稿。

2. 考试内容

1）计算机基础知识

（1）计算机的发展、类型及其应用领域。

（2）计算机软硬件系统的组成及主要技术指标。

（3）计算机中数据的表示与存储。

（4）多媒体技术的概念与应用。

（5）计算机病毒的特征、分类与防治。

（6）计算机网络的概念、组成和分类；计算机与网络信息安全的概念和防控。

（7）因特网网络服务的概念、原理和应用。

2）Word 的功能和使用

（1）Microsoft Office 应用界面使用和功能设置。

（2）Word 的基本功能，文档的创建、编辑、保存、打印和保护等基本操作。

（3）设置字体和段落格式、应用文档样式和主题、调整页面布局等排版操作。

（4）文档中表格的制作与编辑。

（5）文档中图形、图像（片）对象的编辑和处理，文本框和文档部件的使用，符号与数学公式的输入与编辑。

（6）文档的分栏、分页和分节操作，文档页眉、页脚的设置，文档内容引用操作。

（7）文档审阅和修订。

（8）利用邮件合并功能批量制作和处理文档。

（9）多窗口和多文档的编辑，文档视图的使用。

（10）分析图文素材，并根据需求提取相关信息引用到Word文档中。

3）Excel的功能和使用

（1）Excel的基本功能，工作簿和工作表的基本操作，工作视图的控制。

（2）工作表数据的输入、编辑和修改。

（3）单元格格式化操作、数据格式的设置。

（4）工作簿和工作表的保护、共享及修订。

（5）单元格的引用、公式和函数的使用。

（6）多个工作表的联动操作。

（7）迷你图和图表的创建、编辑与修饰。

（8）数据的排序、筛选、分类汇总、分组显示和合并计算。

（9）数据透视表和数据透视图的使用。

（10）数据模拟分析和运算。

（11）宏功能的简单使用。

（12）获取外部数据并分析处理。

（13）分析数据素材，并根据需求提取相关信息引用到Excel文档中。

4）PowerPoint的功能和使用

（1）PowerPoint的基本功能和基本操作，演示文稿的视图模式和使用。

（2）演示文稿中幻灯片的主题设置、背景设置、母版制作和使用。

（3）幻灯片中文本、图形、SmartArt、图像（片）、图表、音频、视频、艺术字等对象的编辑和应用。

（4）幻灯片中对象动画、幻灯片切换效果、链接操作等交互设置。

（5）幻灯片放映设置，演示文稿的打包和输出。

（6）分析图文素材，并根据需求提取相关信息引用到PowerPoint文档中。

3. 考试方式

上机考试，考试时长120分钟，满分100分。

1）题型及分值

单项选择题20分（含公共基础知识部分10分）；

Word操作30分；

Excel操作30分；

Power Point 操作 20 分；

2）考试环境

操作系统：中文版 Windows 7。

考试环境：Microsoft Office 2010。

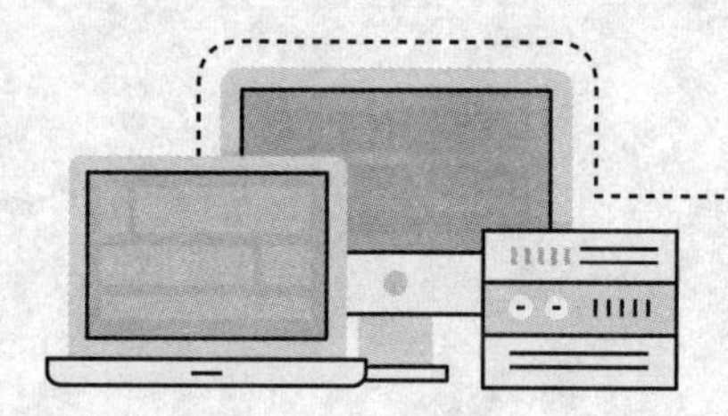

附录 C 全国计算机等级考试二级公共基础知识考试大纲（2018年版）

1. 基本要求

（1）掌握算法的基本概念。

（2）掌握基本数据结构及其操作。

（3）掌握基本排序和查找算法。

（4）掌握逐步求精的结构化程序设计方法。

（5）掌握软件工程的基本方法，具有初步应用相关技术进行软件开发的能力。

（6）掌握数据库的基本知识，了解关系数据库的设计。

2. 考试内容

1）基本数据结构与算法

（1）算法的基本概念；算法复杂度的概念和意义（时间复杂度与空间复杂度）。

（2）数据结构的定义；数据的逻辑结构与存储结构；数据结构的图形表示；线性结构与非线性结构的概念。

（3）线性表的定义；线性表的顺序存储结构及其插入与删除运算。

（4）栈和队列的定义；栈和队列的顺序存储结构及其基本运算。

（5）线性单链表、双向链表与循环链表的结构及其基本运算。

（6）树的基本概念；二叉树的定义及其存储结构；二叉树的前序、中序和后序遍历。

（7）顺序查找与二分法查找算法；基本排序算法（交换类排序、选择类排序、插入类排序）。

2）程序设计基础

（1）程序设计方法与风格。

（2）结构化程序设计。

（3）面向对象的程序设计方法、对象、方法、属性及继承与多态性。

3）软件工程基础

（1）软件工程基本概念，软件生命周期概念，软件工具与软件开发环境。

（2）结构化分析方法，数据流图，数据字典，软件需求规格说明书。

（3）结构化设计方法，总体设计与详细设计。

（4）软件测试的方法，白盒测试与黑盒测试，测试用例设计，软件测试的实施，单元测试、集成测试和系统测试。

（5）程序的调试，静态调试与动态调试。

4）数据库设计基础

（1）数据库的基本概念：数据库、数据库管理系统、数据库系统。

（2）数据模型，实体联系模型及 E-R 图，从 E-R 图导出关系数据模型。

（3）关系代数运算，包括集合运算及选择、投影、连接运算，数据库规范化理论。

（4）数据库设计方法和步骤：需求分析、概念设计、逻辑设计和物理设计的相关策略。

3. 考试方式

（1）公共基础知识不单独考试，与其他二级科目组合在一起，作为二级科目考核内容的一部分。

（2）上机考试，10 道单项选择题，占 10 分。

参 考 文 献

[1] 柴欣，史巧硕. 大学计算机基础实验教程[M]. 7 版. 北京：中国铁道出版社，2017.

[2] 周利民，吴建，夏维.计算机应用基础上机指导[M]. 西安：电子科技大学出版社，2015.

[3] 李连胜，刘倩兰，胡丽霞. 大学计算机基础实践教程[M]. 北京：人民邮电出版社，2019.

[4] 刘艳，蒋慧平. 大学计算机应用基础上机实训（Windows 7+Office 2010）[M]. 西安：电子科技大学出版社，2018.

[5] 文海英，王凤梅，宋梅. Office 高级应用案例教程[M]. 北京：人民邮电出版社，2017.

[6] 未来教育教学与研究中心. 全国计算机等级考试上机考试题库二级 MS Office 高级应用[M]. 西安：电子科技大学出版社，2017.

[7] 甘勇，尚展垒. 大学计算机基础实践教程[M]. 2 版. 北京：人民邮电出版社，2012

[8] 段跃兴，王幸民. 大学计算机基础进阶与实践[M]. 北京：人民邮电出版社，2011

[9] 宗明魁，关绍云. 新编大学计算机基础实践教程[M]. 4 版. 北京：中国铁道出版社，2018.